全国高等学校计算机规划教材

办公自动化任务驱动教程

黄培周　江速勇　陈加元　编著

中国铁道出版社
CHINA RAILWAY PUBLISHING HOUSE

内 容 简 介

本书共分 4 篇,即办公理论篇、办公软件篇、办公网络篇和办公设备篇。其中,办公理论篇介绍办公自动化的基本知识、系统组成和功能,以及与办公紧密相关的文秘工作和办公礼仪知识;办公软件篇介绍文稿编辑、表格制作、数据处理、演示文稿制作;办公网络篇介绍办公局域网的组建和应用、互联网资源的获取和利用;办公设备篇介绍常用办公设备的使用、维护和简单维修方法。

本书采用"任务驱动"的方法进行编写,每个任务都分为"任务分析→任务实现→拓展知识"几个模块,且每章后面附有相关习题,便于读者练习和巩固。

本书适合作为高等学校各专业办公自动化课程和企事业办公自动化培训的教材,也可以作为文秘以及相关从业人员的自学用书。

图书在版编目(CIP)数据

办公自动化任务驱动教程/黄培周,江速勇,陈加元编著. —北京:中国铁道出版社,2015.5

全国高等学校计算机规划教材

ISBN 978-7-113-20133-3

Ⅰ. ①办… Ⅱ. ①黄… ②江… ③陈… Ⅲ. ①办公自动化—应用软件—高等学校—教材 Ⅳ. ①TP317.1

中国版本图书馆 CIP 数据核字(2015)第 055457 号

书　　名:办公自动化任务驱动教程

作　　者:黄培周　江速勇　陈加元　编著

策　　划:祁　云　　　　　　　　　　读者热线:400-668-0820

责任编辑:祁　云　彭立辉

封面设计:刘　颖

封面制作:白　雪

责任校对:汤淑梅

责任印制:李　佳

出版发行:中国铁道出版社(100054,北京市西城区右安门西街 8 号)

网　　址:http://www.51eds.com

印　　刷:北京尚品荣华印刷有限公司

版　　次:2015 年 5 月第 1 版　　　　2015 年 5 月第 1 次印刷

开　　本:787 mm×1 092 mm　1/16　印张:23.5　字数:573 千

印　　数:1~3 000 册

书　　号:ISBN 978-7-113-20133-3

定　　价:46.00 元

随着以计算机技术、通信技术为代表的信息技术的发展，办公自动化在政府机关、企事业单位和公司的管理与经营活动中发挥着越来越重要的作用，成为了提高办公效率和企业效益的重要因素。

高等学校各专业的学生，相当部分毕业后到公司或企业中成为文秘或管理人员。为了适应就业市场的需求，很多高等学校开设了"办公自动化"课程。

目前，国内图书市场上"办公自动化"教材的版本不算少，遗憾的是为数众多的"办公自动化"教材重复"计算机应用基础"的内容，教材的内容不能体现本课程的教学目的和特点。教材建设成为提高"办公自动化"教学质量的瓶颈。

众所周知，高等学校学生在中学阶段已掌握了一定的信息技术基础知识。入学的第一学期一般都开设"计算机应用基础"课程，然后参加计算机等级（一级）考试，以此作为高等学校基础教育的基本要求。"办公自动化"这门课是在此基础上开设的，其目的是在已有计算机知识的基础上，进一步拓展使用现代技术处理日常办公事务知识和技能。

2008 年，笔者曾在中国铁道出版社出版《办公自动化案例教程》一书。时过多年，计算机硬件和软件已升级几代。此次编写的《办公自动化任务驱动教程》，绝大多数内容采用最新的知识，编写方法也进行了新的探索。

本书将内容分为四部分：办公理论篇、办公软件篇、办公网络篇和办公设备篇。办公理论篇主要介绍办公自动化的基本知识、系统组成和功能，以及与办公相关的文秘工作和办公礼仪知识；办公软件篇介绍文稿编辑、表格制作、数据处理、演示文稿制作等；办公网络篇介绍办公局域网的组建和应用、互联网资源的获取和利用；办公设备篇主要介绍常用办公设备的使用和维护。

本书采用"任务驱动"的方法进行编写，每个任务都分为"任务分析→任务实现→拓展知识"几个部分，使学生在实际任务实现过程中，逐步掌握办公自动化的知识和技能。每章内容根据任务需要进行编排，摒弃传统以举例作为章节内容佐证的传统编写套路，且每章后面附有相关习题，便于学生练习和巩固所学内容。本书采用的软件环境是 Windows 7 + Office 2010。

本书适合作为高等学校各专业办公自动化课程和企业办公自动化培训的教材。各学校、各专业对"办公自动化"这门课的要求不尽相同，教学中可根据实际需要和计划学时，对教材内容进行取舍。

本书由黄培周、江速勇、陈加元编著，其中第 1~4 章由江速勇编写，第 5~8 章由黄培周编写，第 9~11 章由陈加元编写，全书由黄培周总撰和统稿。本书在编写过程中得到中国铁道出版社领导的支持，林强、林峰、陈健、郑爱媛、张景林、林翔、陈欢、朱娟老师对本书的编写提出许多有益的建议，在此一并表示感谢。

由于时间仓促，编者水平有限，疏漏与不妥之处在所难免，欢迎同行批评指正。

编　者
2014 年 11 月于福州

目 录

办公理论篇

办公软件篇

办公网络篇

办公设备篇

办公自动化任务驱动教程

办公理论篇

　　本篇主要介绍办公的基本概念、办公自动化的系统组成和基本功能、低碳办公的策略和准则，以及与办公相关的文秘工作和办公礼仪知识。

　　本篇的学习要求：了解办公的基本概念和办公自动化的基本知识，熟悉办公自动化系统的组成和基本功能，领会低碳办公的策略和准则，识记办公礼仪的要领，为后续篇章的学习奠定理论基础。

第 1 章　办公自动化基础

20 世纪 60 年代以来，随着计算机技术和通信技术的飞速发展，信息技术得以快速发展和广泛应用。政府机构和公司企业开始了"办公室革命"，将涉及办公和管理的事务活动纳入自动化、网络化和数字化范畴。

近些年，Internet 的发展和普及以及电子政务的实施进一步促进了办公自动化的发展。当今，办公自动化的水平已成为现代化管理的重要标志之一。

1.1　办公的基本概念

在介绍办公自动化之前，先介绍一些有关办公的基本概念。

1.1.1　办公

办公是指人类处理集体事务的一种活动。广义地说，凡是从事非物质生产的信息处理和管理活动都可以称为办公，人们通常把完成这些事务的活动统称为办公。

1．办公任务

办公活动主要有以下三项基本任务：

（1）制订方案（安排）。

（2）组织实施（落实）。

（3）监督控制（检查）。

无论是部门负责人还是普通办事员，其职责都是完成或协助完成这三项办公基本任务。

2．办公活动

办公活动主要包括日常办公事务管理和办公信息处理两方面。日常办公事务管理包括工作计划安排、组织实施、信息沟通、协调控制、检查总结和奖励惩罚等方面的管理工作；信息处理通常是办公活动主体内容，它包括如下四方面的活动：

（1）信息采集

信息采集包括听取汇报或报告、阅读文件、调查记录或召开会议等活动。

（2）信息加工

信息加工包括思考、讨论、摘录、汇总、计算、排序、分类和筛选等活动。

（3）信息存储

信息存储包括归档、备份和复制等活动。

（4）信息传递

信息传递包括面谈、公函、电话、传真、电子邮件、网络公告和会议传达等活动。

1.1.2　办公室

顾名思义，办公室是处理办公事务的场所，即管理人员和文职人员日常工作的场所。

随着计算机技术和通信技术的发展，办公室被注入新的含义。

1. 传统办公室

传统办公室是配备有办公设备（如办公桌、办公椅、文具、电话、传真机、计算机、打印机和复印机等）和办公资料（如书籍、文件和信函等）非露天的房间，它是办公人员在办公时间（一段固定的时间，通常是上午 8:00 到下午 5:00）从事脑力活动的空间场所。

传统办公室存在局限性，会造成一些负面的社会效果。传统办公室将办公活动局限于一个固定空间和时间，离开了办公室就难以从事办公活动，不在办公时间内也无法从事办公活动。每天办公人员从四面八方汇聚到办公室上班，下班后又匆匆离开办公室回家。办公人员要将宝贵的时间耗费在上下班的途中，同时增加了交通流量，占用了大量的社会资源。

2. 新型办公室

随着互联网和通信技术的飞速发展，催生了新型办公方式 SOHO 和移动办公。新型办公方式突破了传统办公室在时间和空间的局限性。在时间上实现全天候，在空间上实现零距离。

（1）SOHO

SOHO（Small Office & Home Office）即小型办公和家庭办公。

早期从事 SOHO 的人员主要是自由职业者，如自由撰稿人、律师、平面设计师、工艺品设计师、艺术家等。近几年，随着互联网快速发展，越来越多的人选择 SOHO 工作方式。一大批新型的 SOHO 商人，或创办独立的网店，或借助电子商务网站，通过现代物流将物美价廉的产品销售给客户。

SOHO 代表了一种更为自由、开放、有弹性的工作方式。从事 SOHO 的人员与传统上班族最大的区别在于：工作与生活不再分割，办公室与居家合而为一。一些房地产公司抓住商机，专门为 SOHO 族设计并开发了商、住合一的公寓。

SOHO 办公的特点是虚拟性：虚拟公司、虚拟办公室、虚拟市场……互联网为 SOHO 族提供了广阔的活动平台。

（2）移动办公

"移动办公"又称"3A 办公"，即办公人员可在任何时间（Anytime）、任何地点（Anywhere）处理与业务相关的任何事情（Anything）。办公信息可以随时随地通畅地进行交互流动，工作将更加轻松有效，整体运作更加协调。

这种全新的办公方式，让办公人员摆脱时间和空间的束缚。办公人员可以在搭乘出租车时，使用手机洽谈业务；或者在候机厅里，使用笔记本式计算机通过 Wi-Fi 上网办公。

利用手机的移动信息化软件，建立手机与计算机互联互通的企业软件应用系统，摆脱时间和空间局限，企业管理者可以随时进行随身化的公司管理和沟通，从而提高企业办公效率。

1.2 办公自动化的基本知识

下面介绍办公自动化的基本知识，包括办公自动化的起源与发展，办公自动化的定义、层次、系统组成和基本功能。

1.2.1 办公自动化的起源与发展

办公自动化起源于以美国为代表的西方发达国家。随着技术的进步，办公自动化经历了从低级到高级的发展过程。虽然我国的办公自动化起步较晚，但进入 21 世纪后，办公自动化得到快速发展，在政府机关和企事业的管理或经营活动中发挥着越来越重要的作用，成为提高办公效率和企业效益的关键因素。

1．办公自动化的起源

20 世纪 60 年代初，美国 IBM 公司研制出一种半自动化打字机，它具有编辑功能，是现代文字处理机的雏形。进而 IBM 公司研制出具有录入、编辑、保存和打印功能的文字处理机，从而揭开了办公自动化的序幕。

20 世纪 70 年代初，由于微电子技术的发展，特别是大规模集成电路技术的发展，能够把计算机的控制器和运算器集成在一个芯片（中央处理器）上，从而制造出了体积小、价格低、性能可靠、使用方便的微型计算机。微型计算机很快就在办公自动化领域得到普及和广泛应用。

20 世纪 80 年代，由于微电子技术、光电技术、通信技术和计算机技术的发展，出现了计算机网络和各类专用的办公光电设备，为办公自动化奠定了坚实的物质基础，大大加快了办公自动化发展的进程，从而形成了一个新的综合性学科——办公自动化。

2．办公自动化的发展

办公自动化是随着社会的需求和技术的进步而发展的，它经历了单机、局域网、互联网、移动办公 4 个阶段。

（1）单机阶段

20 世纪 80 年代前中期是办公自动化技术发展的第一阶段，设备以单机为中心。使用的设备有文字处理机、微型计算机、复印机、传真机等，用以完成秘书工作人员的办公事务。使用单机减少了办公人员的手工劳动，提高了工作效率，实现了单项业务的自动化。

（2）局域网阶段

20 世纪 80 年代后期是办公自动化技术发展的第二阶段。这一阶段在单机应用的基础上，各单位内部的办公计算机连成局域网，从而实现在本单位内部局域网中共享办公资源。

（3）互联网阶段

20 世纪 90 年代中期至今为第三阶段。随着互联网的发展，各单位、公司和企业的办公局域网接入了互联网，通过互联网获取和传送办公信息。这阶段更多管理和协同工作的办公软件被开发出来并投入使用。新型办公设备（如扫描仪、数码照相机、摄像机、投影机和一体化数码复合机等）逐渐普及。政府机关的办公自动化发展到电子政务阶段。

（4）移动办公阶段

随着 4G 网络和 Wi-Fi 的发展，办公自动化进入了移动办公阶段。移动办公使得办公人员可以在任何时间任何地点办公。例如，基于 GPS 的考勤、现场信息采集、移动审批等。移动办公把办公自动化推向新的阶段。

1.2.2 办公自动化的定义

办公自动化（Office Automation，OA）是由美国通用汽车公司的 D.S.哈特于 1936 年首次提出。

1．季斯曼的 OA 定义

20 世纪 70 年代，美国麻省理工学院教授 M.C.Zisman 为办公自动化下了一个较为完整的定义：办公自动化就是将计算机技术、通信技术、系统科学及行为科学应用于传统的数据处理难以处理的数量庞大且结构不明确的、包括非数值型信息的办公事务处理的一项综合技术。

2．我国专家的 OA 定义

1985 年，我国第一次 OA 规划讨论会给出的定义是：办公自动化是指办公人员利用先进的科学技术，不断使人的办公业务活动物化于人以外的各种设备中，并由这些设备与办公人员构成服务于某种目标的人–机信息处理系统，以达到提高工作质量、工作效率的目的。

3．办公信息系统

在 2000 年 11 月的办公自动化国际学术研讨会上，有专家建议将办公自动化更名为办公信息系统（OIS）。办公信息系统是以计算机科学、信息科学、地理空间科学、行为科学和网络通信技术等现代科学技术为支撑，以提高专向和综合业务管理及辅助决策的水平效果为目标的综合性人机交互系统。在该系统中，指导思想是灵魂，规范标准是基础，信息资源是前提，硬件设备和软件系统是工具，系统管理和维护是保证，系统应用是目的。

1.2.3 办公自动化的层次

办公自动化系统一般可分为 3 个层次：事务处理型、信息管理型和决策支持型。

1．事务处理型

事务处理型的 OA 系统面向基层办公人员，其功能是处理日常的办公业务，目的是提高办公效率，改进办公质量。

事务处理是办公自动化的最基本的应用，它包括文字处理、电子排版、日程安排、行文办理、函件处理、资料管理、报表处理、人事管理、通讯录管理和会议管理等。

2．信息管理型

信息管理型的 OA 系统是第二个层次，面向管理人员。它是把事务型 OA 系统和综合信息（数据库）紧密结合起来的一种办公信息处理系统。

随着办公信息的不断增加，在办公系统中，对与本单位工作目标关系密切的综合信息的需求日益增加。例如，在政府机关，这些综合信息包括政策、法令、法规；上级部门和下属机构的公文、信函等政务信息；公用服务单位的综合数据库，包括服务项目及其有关的信息；有关公司和企业方面的综合信息，包括工商法规、经营计划、市场动态、供销业务、库存统计、用户信息等。

政府机关或企事业单位，为了提高办公效率和质量，建立了供本单位各部门共享的综合信息数据库，构成信息管理型的 OA 系统。

3．决策支持型

决策支持型的 OA 系统是第三个层次，面向决策领导。它在信息管理型的基础上，使用综合数据库系统所提供的信息，针对某个课题构造或选用决策数字模型，由计算机执行决策程序，给出相应的决策方案，供领导参考或采用。

1.2.4　办公自动化的系统组成

办公自动化系统综合体现了人、机器和信息三者之间的关系。信息是被加工的对象，机器是加工信息的工具，人是加工过程中的设计者、实施者和成果的享用者。

办公自动化系统涉及办公人员、办公信息、办公软件和办公设备四方面的因素。

1．办公人员

人是办公的决定因素。办公人员分为上、中、下 3 个层次，相应的是决策领导、中层管理者、普通工作人员和辅助人员（如秘书、录入员、通信员、系统管理员和软硬件维护人员等）。

办公人员必须具备现代化的思想，掌握一定的现代科学知识、现代管理知识和相关的专业知识；必须具备办公的基本技能、一定的理论修养和良好的工作作风；还必须具有较强的事业心、责任感和敬业精神。

2．办公信息

办公信息是 OA 系统的处理对象，它所处理的数据已从单一的文本数据发展到包括文本、图形、图像、语音、动画、视频等的多媒体数据。

原始的办公信息经办公人员处理后增加了附加值，成为有使用意义的信息，提供给管理层作为管理的依据，或提供给决策层作为决策的依据。

3．办公软件

办公软件指安装在计算机中的办公程序，它分为通用的办公软件和专用的办公软件。通用的办公软件有操作系统、文字处理程序、电子表格程序等；专用的办公软件是模拟办公的整个流程而设计的软件，它能够极大地提高办公的质量和效率。

4．办公设备

办公设备是办公活动的物质基础。古代的办公设备是文房四宝：笔、墨、纸、砚；传统的办公设备有笔记本、钢笔、电话、蜡纸、油印机等；现代的办公设备有计算机、打印机、扫描仪、传真机、复印机、数码照相机、摄像机和一体化数码复合机等。

办公设备的水平将影响到办公的质量和效率。

1.2.5　办公自动化系统的基本功能

办公自动化系统有大型、中型和小型之分，虽然其复杂程度和功能有较大差异，但是它们通常都包含以下几方面的基本功能。

1．日常事务管理

日常事务管理包含：值班与休假安排、请假与出差管理、人事管理、固定资产管理、办公用品管理、图书期刊管理、车辆管理等。

2．文档资料管理

文档资料管理包括印信管理、公文管理、档案管理、书刊管理。

各种印章，包括公、私印章总称为印信。印信是行使权力的信物，具有法律效力。印信管理主要包括印章保管和印章使用。印章保管工作一般由秘书担任，按照保密要求，保管者不得委托他人代取和代用印章。印章要放在保险柜内，随用、随取、随锁。

使用印章须慎重。盖单位印章须经单位主要负责人审核签名批准。秘书在用印前须认真审核用印的内容和目的，确认符合用印手续，在用印登记簿登记后，方可用印。印章保管者一定要坚持原则，不为利诱，不为情动，按照规定用印。

公文管理通常包含收文管理和发文管理两个子系统。

收文系统实现公文上报、登记、拟办、中转、转发、领导审核、承办单位办理、归档、相关单位查询公文等。

发文系统主要完成发文所涉及的一系列操作：秘书拟稿、领导审签、文字初审、文字复审、领导签发、文书印发等。办公自动化系统对发文的整个流程进行跟踪，详细记录公文运作的进程和状态。

档案管理包含文档资料的归档、立卷、借阅和统计。首先将文档资料归档集中，然后进行立卷。根据各类文档的保密级别，采用不同的安全策略。设置文档资料的查询以及借阅的权限。统计个人借阅档案的次数和数量，以及各个档案被借阅次数和频率。

办公室书刊管理包括图书管理和报刊管理。

办公室图书一般由专人统一保管。如需借阅需进行登记。普通图书借期为 15 天，专用工具书籍的借阅期限视具体情况限定。超过借阅期限，需办理续借手续。归还时，如有破损或遗失，照价赔偿。

办公室每日收取报刊，由专人整理并置放在公共阅览资料架上供阅览。阅览架上的报纸每星期更换一次，期刊每月更新一次。每年年底将期刊装订成册，归档备用；报纸每季度整理一次。

3．会议管理

会议管理主要包含以下几方面内容：

（1）会议策划

会议策划包括：在会议召开前确定会议的议题和内容，并上报有关部门审批。

（2）会议内容

会议内容包括：确定会议主题、召集人、主持人、发布时间、会议地点、参加人员、会议类型、会议日期、开始时间、结束时间、议事日程等信息。

（3）会议准备

会议准备包括：通知会议参加人员、安排会议场地和准备会议文件，以电子邮件或打印会议单的方式发放会议通知等。

（4）会议管理

会议管理包括：对出席情况、议题讨论结果、会议决议等内容做记录并整理会议纪要。

4．领导日程管理

领导日程管理应充分考虑到单位领导工作量大、工作时间和地点的流动性较强、日常应酬多等具体情况，为领导提供一个完善的日常性事务处理系统。同时，可实现对领导每周和月度活动进行动态登记和协调。

5．公共信息

公共信息包含：最新动态、规章制度、公文信息、内部通讯录、飞机航班、列车时刻表、电子公告、电子刊物、电子论坛和留言板等。

1.3　低　碳　办　公

人类进入后工业文明时代，经济快速发展，人口剧增，消费扩张，二氧化碳排放量越来越大，全球变暖，使得南极冰川融化，海平面升高，导致各种自然灾害频繁发生。不断恶化的环境已经严重威胁到人类的生存和可持续发展。

人类面临从工业文明时代向生态文明时代的转折，各国提倡低碳生产模式、低碳生活方式，建设资源节约型、环境友好型的社会。

低碳（Low Carbon）旨在倡导一种以低能耗、低污染、低排放为基础的经济模式。低碳主要体现在节能、减排和回收 3 个环节。

低碳的内涵包含低碳经济、低碳生活等人类活动的方方面面。其中，低碳办公是低碳经济的一个重要领域。

低碳办公指在办公活动中尽量减少能量的消耗，节约资源，利用可回收的物品，减少污染物的产生和排放，从而减少碳，特别是二氧化碳的排放。

1.3.1　低碳办公策略

实现低碳办公主要通过以下三方面的策略。

1．无纸化办公

21 世纪，人类进入信息化社会。越来越多的信息都是以数字形式表示和存储，电子货单、电子发票和电子账单正逐渐替代纸质单据。无纸化办公是办公自动化的发展方向。

无纸化办公即办公少用或不用纸张，通过计算机、iPad、手机等现代化办公设备和网络传输技术，处理各类办公业务。

在无纸化办公环境中，计算机、应用软件、通信网络是 3 个最基本的要素。

行政机关、企事业单位，常对内对外发布公文、新闻、公告、通知。传统办公流程是打印、粘贴、投递。流动性差，受众面窄，效果不佳，且耗费纸张、油墨、电能、机器维修保养费和工作时间。无纸化办公通过计算机网络，将数字化信息传递到各个办公人员的计算机，简化工作流程，节省各种耗费。无纸化办公不但减少了碳排放，还提高了办公效率。

2．网络办公

办公自动化是利用技术手段提高办公的效率。计算机的应用使办公自动化发生深刻变化，而计算机网络在 21 世纪办公自动化中发挥越来越重要的作用。

（1）实现资源共享

在网络化的办公系统中，用户可通过计算机网络资源共享功能，共用网络中昂贵的硬件设备，如绘图仪、彩色激光打印机和大容量存储器等，从而避免重复投资；同时还可以共享网络中各种软件资源，包括应用软件和数据（如存放在数据库中的各种统计报表），避免重复劳动，从而大大提高了工作效率。

办公自动化网络系统具有整合企事业单位全部资源的功能，包括整个单位的人力资源、客户资源、知识资源、经验资源、设备资源、制度资源、文化资源等，使之集成在统一平台上进行管理和使用。

（2）加快信息传递

利用计算机网络的通信功能，可实现办公信息快速传送和发布。例如，通过电子邮件发送公文、报表等，通过 QQ 群、微信群、内部短信平台，发布新闻消息和通知，可以在很短的时间内将信息传达给所有相关人员，减少不必要的中间环节，节省了出差、会议和物流等多项办公成本。

同时，还可以利用计算机网络，实现单位内部各部门办公人员的协同工作，整合单位内、外各类信息资源，提高日常办公的效能，迅速搭建起面向具体业务的办公环境，提高办公水平和办公效率。

（3）远程移动办公

利用计算机网络，可实现远程移动办公。即使单位领导在外地出差，通过网络也能像在办公室一样实时地处理办公事务。

（4）综合信息服务

通过计算机网络可以向网络用户提供综合信息服务。例如，各种经济信息、科技情报、常用政策和法规、图书资料等；提供英汉字典、网站链接等；发布单位内部的刊物。

计算机网络办公的应用和推广，将办公自动化推进到一个更高的阶段。它能有效地整合各部门资源，拓宽办公自动化领域。

计算机网络办公实现了资源共享，且交互迅捷、协同互动、超越时空、远程操控、综合服务，使资源得到整合和高效利用，极大地减少了物资和人力的资源消耗，从而有力地推进了低碳办公的进程。

3．选用低碳办公设备

选择低碳办公设备是实现低碳办公的重要环节。

在打印办公设备中，喷墨打印机耗电量最小，一般工作时功率为 15～20 W，待机功率约为 0.8 W。

激光打印机的功耗是喷墨打印机的几十倍。普通的激光打印机工作时功率为 300～500 W，待机功率为 3～5 W。

数码复合机集成了 A3 幅面的打印、复印、扫描功能，是耗电大户。普通数码复合机功率为 1 300～1 600 W。

在购置办公设备时，首选根据需要制订采购项目，在此基础上尽可能选用低碳设备。例如，在采购打印机时，选用省墨、省纸（双面打印）、省电的打印机。

1.3.2　低碳办公准则

低碳办公，节能减排不但是绿色环保的责任，也是可持续发展的动力。低碳办公要从身边的小事做起，珍惜每一度电、每一滴水、每一张纸。低碳办公应真正落实到办公的全过程，成为办公人员的行为准则。

1．尽量多使用传真、电子邮件和即时通信工具 QQ、微信等

通过网络传输电子文件，实现数字办公，减少纸张耗费，同时提高了工作效率。

2．双面使用纸张

双面使用纸张，相当于少砍伐 50%用于造纸的树木。

3．尽量少使用打印机、复印机

打印机、复印机消耗大量的电力、耗材，并在工作时排放有害气体，污染空气，尽量少使用。

4．及时关闭办公设备电源

临时离开办公室，或午餐休息时间、下班时间，要及时关闭办公设备的电源。

据调查数据显示：如果有 10 万用户在每天工作结束时及时关闭计算机，就能节省高达 2 680 kW·h 的电，减少 3 500 磅（1 磅=0.4536 kg）的二氧化碳排放量，这相当于每月减少 2 100 多辆汽车上路。

一项来自 IBM 的评估则表明，该公司全球范围仅因鼓励员工在不需要时及时关闭设备和照明，一年就将节省 1 780 万美元，相当于减少了 5 万辆汽车行驶的排放量。

5．设置合适的空调温度

办公室里的空调夏天不要低于 26℃，冬天不要高于 20℃，这样既不影响舒适度，又能大幅减少能源消耗。

6．循环利用材料

办公废纸、包装纸箱以及收集到的各类传单，不要当作垃圾扔掉，让它们进入再生循环。

7．尽量不用一次性用品

购买办公用品应考虑低碳准则，尽量少用一次性用品，如一次性纸杯。公司员工使用自带水杯，既卫生又环保。

8．绿化办公环境

办公室内种植一些净化空气的植物，如吊兰、绿萝、万年青、文竹、芦荟等，这些植物不但会净化空气，吸收办公设备排放的二氧化碳、苯等气体，又营造出充满生机、赏心悦目的绿色办公环境。

1.4　办公室文秘工作

根据调查数据显示：近些年，不少高等学校的学生毕业后不能专业对口就业，而在公司或企业中成为文秘人员。为了适应就业市场的需求，大学生有必要掌握一些办公室文秘工作的相关基本知识。

1.4.1　文秘工作概述

文秘工作的三大职能是处理事务、辅助决策和协调关系。文秘学的内容很多，本书根据实际需要，仅介绍与办公紧密相关的部分内容。

1．文秘工作的基本任务

文秘人员通常被称为秘书，为领导提供精力和智力的补偿服务。文秘工作的基本任务可概括为：一是处理事务；二是充当参谋。处理事务是基础的、最基本的职能；充当参谋是在处理事务中体现的，是对处理事务的提高与拓展。在许多情况下，处理事务与充当参谋两个职能不能截然分开，而是融合在一起的。

（1）处理事务

秘书要办理的事务主要是：办事、办会、办文。

① 日常事务工作：操办各种日常事务是秘书最基本的工作，包括办公室管理、接待工作、值班管理、车辆管理、生活管理等。秘书把这些日常事务工作处理好，就可以帮助领导从烦琐的事务中解脱出来，去考虑和处理其他重要的事情。

② 会务工作：秘书是会务工作的主要操办者。会务工作包括会议前期准备、会议期间服务和会后事务处理。具体内容是：安排会议议题，分发会议通知，布置会场，接待与会人员，担任会议记录，撰写会议纪要和会议简报等。

③ 文档工作：秘书既是文书的拟定者，又是文档的管理者。文档工作包括起草和撰写公文以及其他公务应用文；文档处理包括收文处理和发文处理等；档案工作包括立卷和归档等。此外，还包括整理材料、编写简报和编辑内部刊物等文字方面的工作。

（2）充当参谋

现代秘书与传统秘书有很大的区别。现代秘书是智能型的秘书，已经从办公室打杂的角色转变到业务主管，从"传声筒"转变到沟通枢纽，从命令执行者转变到决策的参谋。

现代秘书除了办理日常事务工作，促进整个单位工作的良好运转之外，还要发挥助手和参谋的作用，辅助领导管理和决策。

决策就是对特定的问题做出决定，将关系到单位重大的利益。领导的基本责任就是做出决策，秘书的职责就是为领导正确决策提供多方位的服务。在决策的准备阶段，要搜集材料，调查研究，汇集意见，为领导提供真实的情况；在决策进行阶段，要形成材料，参与论证；在实施阶段，要检查落实，收集反馈意见，进行总结和完善。

信息是决策的基础。秘书的辅助决策作用主要体现在信息服务上。在决策活动中，秘书需要将与决策事项相关的大量信息收集起来，经过"去粗存精，去伪存真；由此及彼，由表及里"的分析过程，为领导决策提供可靠的依据。因此，秘书要有丰富的信息储备，及时为领导提供全面、客观和有前瞻性的信息。

秘书的参谋工作在于为领导决策提供辅助性的从属性服务。秘书要摆正自身的角色位置，不可喧宾夺主。秘书不是顾问，不是咨询对象，一般不参与最后决策。

（3）协调关系

综合协调是秘书工作的重要职能，秘书要根据对上、对下、对内和对外的不同对象，注重协调的方式和方法，把握好协调艺术，以提高协调的实效；要及时化解工作中产生的矛盾，凝聚各方面的力量，形成工作合力；要顾大局，多沟通，常联系，勤思考，把坚持原则的坚定性与策略方法的灵活性统一起来，协调好同事之间的关系、本部门领导之间的关系、本部门与有关部门的关系等。

在协调与本部门领导的关系时，要做到尊重领导，维护领导的威信，适应领导的工作习惯、工作方法、工作风格以及工作特点。尊重领导不等于无原则地服从，或一味迎合喜好，讨领导欢心，那样就违背了秘书的职业道德，领导也不会欣赏这种人品的秘书。

2．秘书工作的基本要求

秘书工作的基本要求是：树立最佳服务意识和正确把握角色定位。

（1）树立最佳服务意识

① 勤奋敬业，无私奉献；让而不争，勤而不怨；尽心服务是秘书工作的本分。

② 办事稳妥，处事严谨，做人诚实，作风正派，廉洁自律，处事公正是做好秘书工作的保证。

③ 对待当事人要热情周到，庄重大方，言行得体，不卑不亢，树立良好的部门形象。凡是能立即办理的事，不要推三阻四；不要摆出官僚衙门的作风，更不要沾染市侩的习气。

总之，秘书工作不但要让上级和领导满意，也要让同事和下属满意。

（2）正确把握角色定位

秘书工作是联系上下、沟通各方的桥梁，也是各方面矛盾的汇集点。如果找不准自己的角色定位，就会导致失职或越位，首先要正确认识自己的工作意义和价值，给自己的角色定位，每项工作都力争高标准、高质量、高效率完成。同时，秘书工作的性质是服务，不是决策，要力求找准服务领导的对接点，找准参谋与尽职尽责的融合点，做到工作到位，而不越位。

3．秘书与领导的关系

秘书的角色是充当领导工作的助手、领导事务的管家、领导思维的延伸、领导沟通的枢纽、领导的信息资源中心、领导生活的"保姆"和领导公关活动的组织者和随员。

领导与秘书的关系是领导与被领导、为主与从属、主导与辅助、决策与参谋的关系。

（1）尊重而不奉承

对领导的尊重主要体现在对领导工作的支持和协助，对领导人格的尊重，对领导感情的理解。要顾及领导的尊严，不能当众纠正领导的过失，更不能冲撞领导。领导处理问题出现疏漏时，秘书要及时圆场和补救。

与多位领导相处时，一定要以事业为重，从工作出发，尽力维护领导班子的团结和威信，不能从感情出发、看人行事；不能表现出靠近谁、疏远谁，听从谁、不听从谁的倾向。

（2）主动而不越位

勤奋工作，埋头务实；忠于职守，安于本分；不争名图利，甘当无名英雄。秘书工作带有很强的服务性质，最根本的一条就是踏踏实实、尽心尽责地工作。

同时还要发挥工作主动性，做到敏于观察，拾遗补缺；勤于思考，敢于建议。但是，秘书不是决策者，不能随意"做决定"。

总之，秘书要做到尊重领导，却无奴颜媚骨；竭力服务，又能自尊自重；敢于进言，而不越俎代庖。

1.4.2　公文的作用与规范

公务文书简称公文，是人类在治理社会和管理国家、企事业公务活动中使用的具有法定权威和规范格式的应用文。

1．公文的特点

公文是在社会活动中形成和使用的具有规范格式和法定权威的应用文，它区别于图书、情报、资料等，其主要特点是：具有法定的制作者和执行效用，具有规范的行文格式和履行程序，具有特定的使用对象和时效。

2．公文的种类

公文的种类很多，包括：命令、议案、决定、公告、通告、通报、报告、请示、批复、意见、信函、会议纪要等。

企业和公司的公文一般是商务公文，主要是：信函、请示、讲话稿、会议纪要、工作计划、公司与产品介绍、可行性报告、工作总结和市场调查报告等。

3．公文的规范格式

公文一般包括文件版头、公文编号、签发人机密等级、紧急程度、标题、正文、附件、发文机关、发文日期、主题词、阅读范围、主送机关、抄送单位等。

（1）文件版头

正式公文一般都有版头，标明是哪个机关的公文。版头通常以大红套字印上"×××××（机关）"，下面加红线衬托。

（2）公文编号

公文编号一般由机关代字、年号和发文顺序号组成。例如，"国发[2007]5 号"，代表的是国务院 2007 年第 5 号发文。"国发"是国务院的代字，"[2007]"是年号（年号要使用方括号"[ ]"），"5 号"是发文顺序号。

编号的位置：凡有文件版头的，编号放在标题的上方，版头红线下面的正中位置；无文件版头的，编号放在标题下的右侧方。编号用于统计发文数量，便于公文的管理和查找；在引用公文时，可以作为公文的代号使用。

（3）签发人

一些文件如请示或报告，需要印有签发人名，以示对所发文件负责。签发人应排在文头部分，即在版头红线右上方，编号的右下方，字体较编号稍小。一般格式为"签发人：×××"。

（4）机密等级

机密公文应根据机密程度划分机密等级，分别注明"绝密""机密""秘密"等字样。机密等级由发文机关根据公文内容所涉及的机密程度来划定，并据此确定其送递方式，以保证机密的安全。密级的位置：通常放在公文标题的左上方醒目处。机密公文还要按份数编上号码，印在文件版头的左上方，以便查对、清退。

（5）紧急程度

这是对公文送达和传输时限的要求，分为"急件""紧急""特急"几种。标明紧急程度是为了引起特别注意，以保证公文的时效，确保紧急事件能够及时处理。紧急程度的标明，通常也是放在标题左上方的明显处。

（6）标题

公文标题由发文机关、发文事由、公文种类三部分组成，称为公文标题"三要素"。例如，《延华集团董事局关于表彰 2007 年度先进工作者的通知》这一公文标题中，"延华集团董事局"是发文机关，"关于表彰 2007 年度先进工作者"是发文事由，"通知"是公文种类。公文标题应当准确、简要地概括公文的主要内容。公文标题的位置在公文的开首，位于正文的上方中央。

（7）正文

正文是公文的主体，是叙述公文具体内容的，是公文最重要的部分。正文内容要求准确地表达发文意图和内容，写法力求简明扼要，条理清楚，实事求是，合乎文法，切忌冗长杂乱。

（8）附件

附件指附属于正文的文字材料也是某些公文的重要组成部分。附件不是每份公文都有，它是根据需要一般作为正文的补充说明或参考材料的。公文如有附件，应当在正文之后、发文机关之前，注明附件的名称和件数，不可只写"附件如文"或者"附件×件"。

（9）发文机关

发文机关写在正文的下面偏右处，又称落款。一般要写发文机关的全称；也可以使用印章代替，印章盖在公文末尾年月日的上面，作为公文生效的凭证。

（10）发文日期

公文必须注明发文日期，以表明公文从何时开始生效。发文日期位于公文的末尾，发文机关的下面，用汉字将年、月、日填写完整，"零"写为"○"。发文日期一般以领导人签发的日期为准。

（11）主题词

一般将文件的核心内容概括成几个词组列在文尾发文日期下方作为公文的主题词，如"人事　任免　通知"，"财务　管理　规定"等。词组之间不使用标点符号，用醒目的黑体字标示，以便分类归档。

（12）主送机关

上级机关对下级机关发出的指示、通知、通报等公文，称为普发公文，凡下级机关都是受文机关，即发文的主送机关；下级机关向上级机关报告或请示的公文，一般只写一个主送机关，如需同时报送另一机关，可采用抄报形式。主送机关一般写在正文之前、标题之下，顶行写。

（13）抄报、抄送单位

抄报、抄送单位是指需要了解此公文内容的有关单位。若送往单位是上级机关，则列为抄报；若送往单位是平级或下级机关，则列为抄送。抄报、抄送单位名称列于文尾，即公文末页下端。为了整齐美观，文尾处的抄报抄送单位、印刷机关和印发时间，一般用上下两条横线隔开，主题词印在第一条线之上，文件份数印在第二条线之下。

（14）阅读范围

根据工作需要和机密程度，有些公文还要明确其发送和阅读范围，通常写在发文日期之下，抄报、抄送单位之上偏左的地方，并加上括号，如"（此件发至县团级）"。行政性、事务性的非机密性公文，下级机关对上级机关的行文都不需要特别规定阅读范围。

（15）公文用纸

公文纸一般用 16 开纸（也可以使用 A4 纸），左侧装订。

（16）公文用字

公文字体一般用宋体，秘密等级、紧急程度和重点字句可用黑体。公文字号按发文单位标识、标题、小标题、正文和注释的顺序从大到小选用，发文单位标识一般使用宋体初号字，标题、小标题可使用宋体或黑体二号、三号字，主题词使用三号的加粗黑体字，正文、主送、抄送、附件说明、公文编号、成文日期、印发说明等使用仿宋体三号或四号字。

（17）公文书写

公文文字一般从左至右横写、横排。誊写公文，一律使用钢笔或毛笔，严禁使用圆珠笔和铅笔，也不能使用复写。现代办公一般使用打印机输出公文。

4．公文拟写的步骤

由于公文本身的性质和作用及其写作方面的特殊要求，其拟写的步骤与方法同一般文章有所不同。公文的拟写通常按以下步骤进行：

（1）明确发文主旨

任何一份公文都是根据工作中的实际需要来拟写的。因此，在动笔之前，首先要弄清楚发文的主旨，即发文的主题与目的，必须考虑以下几方面：

① 明确文件的中心内容。比如，改善某项工作，文件内容是说明目前情况、存在问题、解决方式、需协助事项；又如，请求事项，文件内容是拟请上级机关答复或解决问题等。

② 确定公文的文种。根据文件内容，确定采用什么文种。例如，汇报工作情况，是写专题报告还是写情况简报；针对下级来文所反映的问题，是写一个指示或复函，还是一个带有规定性质的通知等。

③ 明确文件发送范围和阅读对象。例如，是向上级汇报工作，还是向有关单位推广、介绍经验；是给领导和有关部门人员阅读，还是向全体人员传达。

④ 明确发文的具体要求。例如，是要求对方了解，还是要求对方答复，是要收文机关贯彻执行，还是参照执行、研究参考、征求意见等。

总之，发文必须明确要采取什么方式，主要阐述哪些问题，具体要达到什么目的，只有对这些问题做到心中有数，才能够落笔起草。

（2）搜集有关资料，进行调查研究

发文的目的和主题明确之后，就可以围绕这个主题搜集材料和进行调查研究。当然，这也要根据具体情况，并不是拟写每一份公文都要进行这一步工作。例如，拟写一份简短的通知、公告，一般来说不需要专门搜集材料和调查研究，在明确发文主旨之后，稍加考虑就可以提笔拟写。对于较为复杂的问题，如拟订篇幅较长的文件和工作计划、进行工作总结、起草规章、条例、拟写工作指示等，一般都需要搜集有关材料和进行调查研究。

（3）拟出提纲，安排结构

在收集材料的基础上，草拟出一个写作提纲。提纲是要拟写文件的内容要点；安排结构是把内容的主要框架勾画出来，以便正式动笔之前，对全篇做到通盘安排，使写作顺利进行，尽量避免半途返工。

提纲的详略，可以根据文件的具体情况和个人的习惯与写作的熟练程度而定。提纲的文字不需要很多，也不需要在文字上推敲。

（4）落笔起草、拟写正文

结构安排好后，按照提纲所列的顺序，开宗明义、紧扣主题，拟写正文。写作中应注意以下两点：

① 观点鲜明，用材得当。也就是说，要用观点来甄选材料，使材料为观点服务。运用的材料要能说明问题，做到材料与观点统一。

在写作当中，要注意观点明确，用词不能含糊不清、模棱两可、词不达意、似是而非、难以信服，而只罗列材料没有鲜明的观点，会使人弄不清发文的意图。

② 语句简练，交代清楚。拟写文件既要尽量节省篇幅、用字简练、干脆明了，又要把问题交代清楚。

（5）几种常用的商务公文

① 请示：下级向上级请求决断、指示或批准事项所使用的呈批性公文。

请示的特点：针对性、呈批性、单一性和时效性。

② 报告：下级向上级汇报工作、反映情况、提出意见或建议、答复询问的陈述性上行公文。

报告是陈述性文体。写作时要以真实材料为主要内容，以概括叙述为主要的表达方式。撰写报告的目的是让上级了解本单位的工作状况及要求，使上级领导能及时给予指导和支持，为上级机关处理问题、布置工作或做出决策提供依据。"下情上达"是制发报告的目的。所以，报告的内容要求以反映事实为主，要客观地反映实际情况，不要过多地采用议论和说明，表达方式以概括为主，语气要委婉、谦和，不宜用指令性语言。

③ 公告：用于对企业或公司内、外宣布重要事项的公文。

公告是一种严肃、庄重的公文，它内容较为单一、篇幅较短、表达直截了当、语言简洁明了。

④ 会议纪要：一种记载、传达会议情况及议定事项的纪实性公文。它用于记录和归纳各机关、企事业单位召开的工作会议、座谈会、研讨会等。

会议纪要通过记载会议的基本情况、会议成果、会议议定事项，综合概括反映会议精神，以便使与会者统一认识，作为会后全面如实地进行传达组织开展工作的依据。会议纪要可以多向行文，具有上报、下达以及与同级单位进行交流的作用。

1.4.3 公文处理

公文处理是指公文的拟制、办理、立卷、归档等一系列相互关联、衔接有序的工作。

公文处理的基本任务就是及时、准确、有效地拟制、办理和管理公文，为公务活动提供依据。其主要环节如下：

1. 公文拟制

对与公务活动有关的信息材料进行系统的收集、筛选和整理，根据所掌握的材料，拟写文稿，然后进行核校、修改和完善。

2. 公文办理

公文办理分为收文办理和发文办理。

（1）收文办理

收文办理的过程包括公文的签收、登记、分发、拟办、批办、承办、催办等环节。

（2）发文办理

发文办理的过程包括公文的拟稿、审核、签发、印刷、用印、登记、分发等环节。

3. 公文办毕处置

对于已办理完毕的公文，根据一定的标准，分别做出不同的安排：清退、暂存、销毁或立卷归档。

1.5 办公礼仪

现代社交礼仪的职能是塑造形象、沟通信息、联络感情和增进友谊。办公礼仪是现代社交礼仪的重要组成部分。

1.5.1 办公的基本礼仪

办公礼仪是指公司或企业的文秘或普通职员在工作岗位上和处理日常事务中所应遵循的基本礼仪。

文秘人员和普通职员良好的办公礼仪，有利于公司或企业对外创立良好的公共形象，开拓业务和联系客户。

1．办公服装礼仪规范

整洁、美观、得体是办公着装的基本礼仪规范。职员在穿着方面应表现出稳重、大方、干练、富有涵养的形象。

（1）办公着装

作为职业文员，大量的工作时间是在办公室中度过的。办公着装要整齐、稳重、大方，上班时不能穿短裤、运动服和超短裙。

（2）特定场合的穿着

在社交场合的穿着大致可分为礼服和便服两种。礼服是出席正式、隆重、严肃的场合时的着装，男性可穿颜色深一点的西装，加上白色的衬衣和领带，女性可穿套裙或旗袍。便服是在一般场合、日常社交中的穿戴，可以相对随意一些，各式短衣、衬衣、皮衣等都可以。

2．办公仪容礼仪规范

仪容包括发型、面容、气味等。具体来说，一是在仪表整理，二是在脸部化妆。

注意个人卫生，保持整洁美观。头发要经常梳理，男士的胡须要刮净，鼻毛应剪短；双手清洁，指甲应剪短。服装要清洁、整齐，特别注意衣领和袖口要干净；男士穿西装时，应系领带，穿长袖衬衣要将下摆塞在裤内，袖口不要松开或卷起，不得穿短裤、T 恤衫或赤脚穿凉鞋出入公众场合；女士夏天穿裙子时，袜子口不能露在衣裙之外。

办公仪容应符合职业特点，对于女性职员，一般以淡妆为宜，给人的印象应该是端庄美丽、稳重大方，切忌浓妆艳抹、过分修饰。

3．办公电话礼仪规范

办公电话的礼仪可归纳为 6 个字：礼貌、简洁和明了。

（1）打电话

在打电话之前要有准备，将所要说的问题和顺序梳理一下，这样打电话时就不会啰啰嗦嗦或者丢三落四。

拨通电话后，应当先自报一下家门和证实一下对方的身份。如果你找的人不在，可以请接电话的人转告。这时可以先说一句"对不起，麻烦您转告×××……"，然后将你所要转告的话告诉对方，最后，别忘了向对方道一声谢，并且问清对方的姓名。切不要"咔嚓"一声就把电话挂掉，这样做是不礼貌的，即使你不要求对方转告，但他为你接了这个电话，你也应说一声："谢谢，打扰您了。"

使用电话交谈时，要注意语言简洁和明了。电话用语要言简意赅，将自己所要讲的事用最简洁、明了的语言表达出来。事情说完，道一声"再见"，便及时地挂上电话，不可占线过久。

（2）接电话

当听到电话声响起时，应迅速起身去接，拿起听筒，若对方没有发话，可先自报家门："您好！这是×××公司的×××部"，让对方了解你的身份。在通话过程中，接话人要仔细聆听对方的讲话，并及时作答，给对方以积极的反馈。

如果对方请你代传电话，应弄明白对方是谁，要找什么人，以便与对方要找的人联系。传呼时，请告知对方"稍等片刻"，并迅速找人。如果不放下听筒呼喊距离较远的人，可用手轻捂话筒，然后再呼喊对方要找的人。

如果对方要找的人不在，打电话的人要求你转告的话，应做好记录，要记清：打电话者的姓名、所属单位；转告的具体内容；是否需要回电，以及回电号码、时间；对方打电话时的日期、时间。记录完毕后，最好向对方复述一遍，以免遗漏或记错。

当接到拨错的电话时，应礼貌温和地告诉对方"您打错了"，而不要粗暴地挂上电话。对方若说"对不起"，可以回答"没关系，再见！"

通话结束时，作为接话人，一般来说，应等对方先挂电话后再放下话筒。

1.5.2　办公室礼仪

办公室是职员工作的公共场合。做好办公室礼仪是顺利开展工作和处理好与领导及同事关系的保证。

1．办公室环境

办公室环境影响工作人员的情绪和工作效率。每一个工作人员要保持工位整洁、大方，避免陈列过多的私人物品。同时，要注意维护办公室公共环境卫生。

2．办公室行为和举止

工作人员在办公室中举止要端庄。不能手舞足蹈、大声喧哗，说话的音量应控制在彼此都能够听到为好，避免打扰其他人的工作。要保持良好的坐姿和站姿。

遵守上下班时间。办公时间不要翻阅杂志、吃零食或做其他与办公无关的事情；接到私人电话时不可长时间闲谈，也不要把私人约会活动带到办公室。

在办公室中，不要与同事谈论薪水、升降或他人隐私。背后议论他人的隐私，会损害他人的名誉，导致同事之间关系紧张甚至恶化。

3．办公室人际关系

对上级要尊重，要认真听取上级的指令，及时准确地完成任务。若有不同的意见，应选择以适当的方式提出，切不可越权行事。要有保密观念，不该问的不问，不该说的不说。

相互尊重是处理同事之间人际关系的基础。同事之间在物质方面的往来应一清二楚。对同事的困难应主动问询，表示关心，对于力所能及的事应尽力帮忙，这样，会增进双方之间的感情，使关系更加融洽。同事之间经常相处，一时的失误在所难免。如果出现失误，应主动向对方道歉，征得对方的谅解；对于误会应主动向对方说明，不可耿耿于怀。

1.5.3 接待的礼仪

接待来宾是文秘人员日常的工作。接待的礼仪主要包含三方面：见面的礼仪、引导的礼仪和介绍的礼仪。

1. 见面的礼仪

客人来访时，应立即从座位上站起，有礼貌地说声"请进"。一般情况下，不用主动和来访者握手，除非来者非常重要或年事很高，但如果来者主动把手伸过来，也不要使对方的手悬空，要顺其自然。

对于预约的来客，要热情地将其引入准备好的会客室。按预定的议程做好接待；对于没有预约的来客，根据来客的身份和来意，请客人稍等，同时联系其他同志协助接待，切忌让客人坐"冷板凳"。离开办公室时，应将办公桌上的文件、资料整理好，以免泄密或丢失。

如果需要请领导或其他同志与客人交谈，应将客人请到适当的交谈场所，为其倒茶水后再离去，离去时要向客人致意。

2. 引导的礼仪

在走廊时，应走在客人左前方一米处的位置。转弯或上楼时要有礼貌地说声"请这边走"，到达时也让客人先出；若电梯无人服务，应自己先进去，再让客人进，到达时则让客人先出。

如果距离较远，走的时间较长，不要闷头各走各的路，要适时讲一些比较得体的话。

引导到办公室或接待室门前时，要注意，如门往外开，应请客人先进；如往里开，要自己先进去，按住门，然后再请客人进来。

3. 介绍的礼仪

介绍的方式可分为：为他人作介绍、被人介绍和自我介绍3种。

（1）为他人作介绍

当你要将某人介绍给另一个人时，按礼宾顺序应该是：向年长者引见年轻者，向女士引见男士，向职位高的引见职位低的人，同时简单地介绍双方的单位和职称。

介绍的语言应简洁清楚，不能含糊其辞。可以简要地提供一些情况，如双方的职业、籍贯等，以便于不相识的两人相互交谈。介绍某人时，切不可用手指指指点点，而应有礼貌地以手掌示意。

（2）被人介绍

当自己被介绍给他人时，应该面对着对方，显示出想结识对方的诚意。等介绍完毕后，握手时说"你好！""幸会！"或"久仰！"等客气话表示友好。

如果你是一位男士，被介绍给一位女士，应该主动点头并稍稍欠身，然后等候对方的反应。按一般规矩，男士不必先伸手，如果对方不伸手就不必握手。如果对方伸出手来，男士便应立即伸手轻轻一握。如果你是一位女士，被介绍给一位男士时，一般来说，女士微笑点头也就是合乎礼貌了。如果愿意和对方握手，可以先伸出手来。

（3）自我介绍

如果想同某人结识，却又一时没有找到合适的介绍人，不妨作自我介绍。作自我介绍时，可主动打招呼说声"你好！"来引起对方的注意，然后报出自己的姓名、身份。也可一边伸手跟对方握手，一边作自我介绍。在作介绍的过程中，介绍者的态度要热情得体、举止大方，在整个介绍过程中应面带微笑。

1.5.4　洽谈的礼仪

洽谈是公务活动的主要内容之一。洽谈的礼仪主要包含握手的礼仪、称谓的礼仪、名片使用的礼仪和交谈的礼仪等方面。

1．握手的礼仪

在见面和告别时，握手是最常用和最通行的礼节。文秘人员学习和掌握握手礼节，应当从握手的姿势、伸手的顺序、握手的力度和时间等方面加以注意。

（1）握手的姿势

握手时，一般应趋向站立，迎向对方，在相距约 1 m 左右伸出右手，握住对方的右手掌，稍许上下晃动一两下，手掌呈垂直状态。

（2）握手的神态

握手时，应神态专注、认真、友好。在正常情况下，应目视对方的双眼，面含笑容，问候对方。

（3）伸手的顺序

握手时，在上下级之间，应上级先伸出手后，下级才能接握；在长幼之间，应长辈先伸出手后，晚辈才能接握；在男女之间，应女方先伸出手后，男方才能接握。

（4）握手的力度和时间

一般情况下，相互间握一下即可。如果是热烈握手，可以使劲摇晃几下，这是十分友好的表示。

握手的时间通常以 3～5 s 为宜，除了关系亲近的人可以长时间握手外，一般都是握一下即可。

（5）握手的注意事项

① 应伸出右手，决不能伸左手与人相握。

② 应脱掉手套，拿掉墨镜。

③ 切不可掌心向下握住对方的手，这通常是傲慢无礼的表示。

④ 不要有气无力，也不要过分用力。

2．称谓的礼仪

称谓礼仪可概括为"称谓得体，有礼有序"。

（1）正确使用称谓

称谓应符合身份。可以使用对方的职务，例如"王处长"，意在表现对方的身份；也可以使用对方的职称，特别是对于拥有高级技术职称者，可使用"黄教授"等，以示己方敬意。

在对方身份不明的情况下，采用以性别相称"某先生""某小姐"或称其为"某老师"，亦不失为一个权宜之计，特别是后者，既表示尊敬又不使人觉得不妥。

对年长者称呼要恭敬，不可直呼其名，可敬称"老张""老王"；如果是有身份的人，可以将"老"字与其姓相倒置，这种称呼是一种尊称，如"张老""王老"；称呼时可借助声调、热情的笑容和谦恭的体态表示尊敬。对同辈人，则可称呼其姓名，有时甚至可以去姓称名；称呼时态度要诚恳，表情自然，体现出真诚。对年轻人则可在其姓前加"小"相称，如"小张""小李"，抑或直呼其姓名；称呼时要注意谦和、慈爱，表达出对年轻人的喜爱和关心态度。

（2）称谓使用的禁忌

在公务正式场合，使用不合适的称谓，既失礼于对方，又有失自己的身份。

① 不可以用绰号称呼对方。

② 不可以用地域性的俗称，诸如"大哥""老表"等。

③ 不可以用简化称谓，例如，不可将"陈处长"简称为"陈处"，将"金局长"简称为"金局"。

3. 名片使用的礼仪

从业人员使用名片可以帮助自己被公众认识和了解，同时也可以通过名片了解其他人的信息。借助名片可以建立起一个广泛的公众联络网，便于展开工作。

名片的一般规格是：名片的正面上方印有工作单位，中间印有姓名、职务，下方印有地址、电话、手机和电子邮件地址等。

当向他人递送自己的名片时，应说"请多多指教"，同时身体微微前倾，低头示意，最好是用双手呈上名片，将名片放置手掌中，用拇指夹住名片，其余四指托住名片的反面。名片的字迹应面向对方，便于对方阅读。

接受他人的名片时，也应恭敬。当对方说"请多多指教"时，可礼貌地应答一句"不敢当"。接过名片，一定要看一遍，绝对不可不看一眼就收藏起来，这样会使人感到欠缺诚意。

4. 交谈的礼仪

交谈的礼仪包括交谈时的态度、形体动作、语速和音量等方面。

（1）交谈时的态度

交谈时应尊重对方、谦虚礼让、善于理解对方，然后因势利导地谈论话题。对方说话时，应当认真倾听，让对方阐明自己的想法。对正确的意见，应表示赞同；对不同的看法，若无原则性问题，不妨可以姑且听之，不必细究；若是事关原则，可以婉转相告，表述自己的看法，但不要得理不饶人，使对方难堪。在言谈中，不要说触及他人感情的话，要避免固执己见、独断专行的一言堂。

（2）交谈时的形体动作

两人交谈时，目光交流应保持同一水平，表示相互尊重。说话时不要东张西望，也不要目不转睛地盯着对方或目光冷漠地看着对方。谈话时也可以适当运用一些手势来加强语气、强调内容。但手势不能太多，幅度不能过大，切忌用手指点对方。

（3）交谈时的语速和音量

交谈时要注意语速和音量，吐字要清晰，语速和音量大小要适中，以对方能够听清和不妨碍他人交谈为宜。

5. 拒绝的礼仪

公司或企业的职员在处理外部业务或日常事务中，有时需要对客户或对同事说"不"字。这就需要讲究拒绝的技巧，做到委婉地拒绝他人而又不失礼貌。

（1）位置互换法

要拒绝对方时，可以以朋友的口吻相待，将自己的难处陈述出来，请对方站在自己的角度体察和谅解。要是己方态度诚恳，对方就容易接受。

（2）先肯定再否定

若要否定对方提出的问题，可先选取一个局部的枝节方面予以肯定，然后再对问题的主要方面提出否定。不要采用一口否定的形式，要给对方一个下台的阶梯，这样就比较容易被接受了。

（3）延迟否定法

拒绝别人时不要太快，拖延一段时间，让气氛缓和后再拒绝。例如，你可以说："让我考虑一下。"这样做，不仅可以避免当面拒绝时的尴尬，又可使对方觉得你对他提出的问题，确实是经过慎重考虑后才做出了回答。

6．道歉的礼仪

由于工作中的疏忽或失误，影响或损害了客户或公众的利益，小则是一些误解和纠纷，大则造成公司或企业的"公关危机"。

一旦发现过错在于己方，应当主动道一声"对不起"。主动认错对消除人与人之间的怨恨和恢复感情有很好的效果。道歉时，态度要真诚，表达发自内心的歉意，绝不可敷衍自己的过失，也不要奴颜婢膝，纠正自己的过错是一件值得尊敬的事，应当堂堂正正。

1.5.5　签字的礼仪

合同或协议的签字是谈判成果的公开化和固定化。签字的仪式是订立合同或协议的各方在文件正式签署时所举行的仪式。举行签字仪式时，要郑重其事，符合礼仪规范。

1．位次排列

签字时座次排列有 3 种形式，分别适用于不同的情形。

（1）并列式

并列式是最常见的双边签字仪式的排座形式。具体做法是：签字桌在室内面门横放。双方出席仪式的全体人员在签字桌后并排排列，双方签字人员居中面门而坐，客方居右，主方居左。

（2）相对式

相对式签字仪式的排座，与并列式签字仪式的排座基本相同。二者之间的主要差别，只是相对式排座将双边参加签字仪式的随员席移至签字人的对面。

（3）主席式

主席式排座，主要适用于多边签字仪式。其特点是：签字桌必须在室内横放，签字席必须设在桌后面对正门，但只设一个，并且不固定其就座者。举行仪式时，所有各方人员，包括签字人在内，皆应背对正门、面向签字席就座。签字时，各方签字人应以规定的先后顺序依次走上签字席就座签字，然后即应退回原处就座。

2．基本程序

签字仪式基本程序如下：

（1）宣布开始

宣布签字仪式开始，各方有关人员先后步入签字厅，在各自既定的位置上就座。

（2）签署文件

每一方签字人首先在己方保存的文本上签署，然后再交由他方签字人签署，这称为"轮换制"，以示各方地位平等。

（3）交换文本

签署之后，交换文本。各方签字人热烈握手，互致祝贺，并互换方才用过的签字笔，以示纪念。全场人员热烈鼓掌，以表示祝贺。

（4）饮酒庆贺

交换文本后，共饮一杯香槟酒，同庆签字成功。

课后习题 1

一、选择题

1. 信息处理通常是办公活动的主体内容，它包括（　　）。
   - A. 信息采集和辅助设计
   - B. 信息加工和信息存储
   - C. 信息存储与科学规划
   - D. 过程控制与信息传递
2. 虚拟办公突破了传统办公在时间和空间上的局限，其特点是（　　）。
   - A. 无办公资料
   - B. 无办公设备
   - C. 全天候和超距离
   - D. 无办公人员
3. 基层办公人员日常所从事的活动属于（　　）办公自动化。
   - A. 管理型
   - B. 决策型
   - C. 事务型
   - D. 辅助决策型
4. 现代的办公设备不包括（　　）。
   - A. 复印机
   - B. 油印机
   - C. 扫描仪
   - D. 数码照相机
5. 办公自动化发展的方向，不包括（　　）。
   - A. 无纸化
   - B. 网络化
   - C. 数字化
   - D. 个性化
6. 以下办公设备，最节能的是（　　）。
   - A. 针式打印机
   - B. 喷墨打印机
   - C. 激光打印机
   - D. 数码复合机
7. 低碳经济模式所倡导的不包括（　　）。
   - A. 低能耗
   - B. 低污染
   - C. 低投资
   - D. 低排放
8. 实现低碳办公的主要策略不包括（　　）。
   - A. 无纸化办公
   - B. 减少收发文件
   - C. 选用低碳办公设备
   - D. 网络办公
9. 使用计算机网络办公可实现（　　）。
   - A. 资源共享
   - B. 加快信息传递
   - C. 远程移动办公
   - D. 以上各项皆是
10. 秘书要办理的日常事务不包括（　　）。
    - A. 办事
    - B. 办文
    - C. 公关
    - D. 办会
11. 秘书与领导的关系是（　　）。
    - A. 领导与被领导
    - B. 为主与从属
    - C. 辅助与主导
    - D. 决策与参谋

12. 收文办理的环节中不包括（　　　）。

    A. 登记   B. 拟办   C. 用印   D. 催办

13. 发文办理的环节中不包括（　　　）。

    A. 拟稿   B. 承办   C. 审核   D. 签发

14. 办公着装的基本礼仪规范是（　　　）。

    A. 时尚、干净、艳丽   B. 简洁、前卫、高雅

    C. 整洁、美观、得体   D. 新潮、挺拔、合身

15. 办公室礼仪是顺利开展工作和处理好与领导及同事之间关系的保证。在办公室中可以（　　　）。

    A. 翻阅杂志、吃零食   B. 陈列私人化妆物品

    C. 谈论他人薪水和隐私   D. 问询同事的困难或病痛

16. 在见面和告别时，握手是最常用和最通行的礼节。握手时应当（　　　）。

    A. 伸出左手   B. 掌心向下

    C. 目视对方   D. 戴着手套

17. 在对方身份不明的情况下，宜使用的称谓是（　　　）。

    A. 大哥   B. 陈处   C. 林总   D. 某先生

二、填空题

1. 办公主要的三项基本任务是_____、_____和_____。

2. 办公活动包括信息处理和事务管理两方面，信息处理通常是办公活动的主体内容，它包括_____、_____、_____和_____四方面的活动。

3. 办公自动化系统综合体现了人、机器、信息资源三者之间的关系，它涉及_____、_____、_____和_____四方面。

4. 办公自动化随着社会的需求和技术的进步而发展，它经历了_____、_____、_____和_____4个阶段。

5. 办公自动化系统一般可分为3个层次：_____型、_____型和_____型。

6. 文档资料管理包括文档资料的_____、_____、_____和_____。

7. 低碳办公主要体现在_____、_____和_____3个环节。

8. 在无纸化办公环境中，_____、_____和_____是3个最基本的要素。

9. 秘书工作的三大职能是_____、_____和_____。

10. 对于已办理完毕的公文，根据一定的标准，分别做出不同的归宿安排_____、_____、_____和_____。

11. 现代社交礼仪的职能包括_____、_____、_____和_____四方面。

12. 办公电话的礼仪可归纳为6个字_____、_____和_____。

13. 接待的礼仪主要包含_____、_____和_____三方面。

14. 称谓礼仪可概括为_____和_____。

15. 公司或企业的职员在处理外部业务中，有时需要拒绝对方。要做到委婉拒绝他人而又不失礼貌，可使用_____、_____和_____的技巧。

16. 签字时座次排列有3种形式，分别是_____、_____和_____。

三、简答题

1. 什么是传统办公室？SOHO 办公的特点是什么？
2. 简述办公自动化技术发展所经历的 4 个阶段。
3. 简述办公自动化的季斯曼定义和我国专家的定义。
4. 办公自动化可分为哪 3 个层次？简述其面向的对象和功能。
5. 简述办公自动化系统的组成和基本功能。
6. 简述实现低碳办公的主要策略。
7. 简述低碳办公的准则。
8. 秘书工作的基本要求是什么？
9. 什么是公文？其特点是什么？
10. 简述公文的范式一般所包括的内容以及公文拟写的步骤。
11. 简述见面的礼仪、引导的礼仪和介绍的礼仪。

办公软件篇

本篇介绍办公的文档编辑、表格制作、数据处理和演示文稿制作。办公软件篇是全书的核心内容，也是学习的重点。

本篇的学习要求：熟练掌握各类办公文档的编辑和打印；能够综合使用 Word 和 Excel 软件制作各类办公文档和办公表格，并利用 Excel 对表格数据进行计算和分析；熟练掌握办公演示文稿软件的制作和播放。

第 2 章 办公文档的处理

Office 是微软公司推出的办公自动化系列套装软件，包括 Word、Excel、PowerPoint 和 Access 等组件，其应用越来越广泛，深受用户的喜爱。

Office 作为一个集成软件提供给用户，各个组件既能独立使用，具有各自特定的应用领域和功能，又能够互相沟通，协同工作，功能互补，从而形成一个有机的整体。

Office 各个组件具有相似的外观和操作方法，用户掌握了一个组件的使用方法之后，就能举一反三，触类旁通，大大节省学习其他组件的时间。

Office 2010 是在 Office 2007 的基础上改进和扩充的升级版本。其界面更加简洁明快，功能更加强大，使用更加便捷。

Word 2010 是功能强大的字处理软件，应用于制作各种文档，如公文、信件、传真、简历、书刊和报纸等。

利用 Word 建立的文件称为文档，Word 建立的文档是多媒体文档，不但可以包含文字和表格，还可以包含图形、图像、声音、视频等媒体对象。

本章拟通过若干个任务，从编辑简单文档、复杂文档、综合文档到长文档，循序渐进地介绍 Word 2010 的使用方法。

文字处理教材的传统编写方法是：以文档制作过程（"文档建立→文档编辑→文档编排→表格制作→图文混排→文档打印"）来组织内容，举例仅被作为内容表述的佐证。

在本章内容的编写中，编者摒弃传统的套路，以办公室文秘人员经常要制作的文档（如公文、简报、刊物、投标方案书等）为实例，按从易到难的原则来组织内容，以任务驱动的方法展开本章编写，读者能从实际问题切入，有的放矢地学习文字处理，并在"学的过程做、做的过程学"，以期"学做交融，事半功倍"。

2.1　制作简单文档

简单文档包括：通知、请假条、启事、证明、请柬、申请、公文等，其特点是：除文字之外，只包含少量简单的编排格式，即文档中只包含少量的字符格式化和段落格式化。

【任务 2-1】制作《寻物启事》

林某丢失物品之后，制作了"寻物启事"，如图 2-1 所示。具体要求如下：

（1）标题的字体为"黑体"，字号为"初号"，居中对齐。

（2）正文的字体为"宋体"，字号为"二号"。

（3）署名和时间右对齐。

寻物启事

本人于 2014 年 5 月 8 日 10 时不慎将手提包丢失在福州市台江区宝龙广场，内有现金 3000 元、信用卡 2 张，以及本人的身份证和护照等重要证件。

如有拾到者，请与失主联系，联系电话 1398066××××，必给重谢。

林某

2014 年 5 月 9 日

图 2-1　"寻物启事"示例文档

 任 务 分 析

创建 Word 文档一般使用以下 3 种方法之一：从"空白文档"开始创建所需文档；使用文档模板创建所需文档；"根据现有内容新建"所需文档。本任务是制作简单文档，使用从"空白文档"开始创建所需文档。

从空白文档创建文档的操作流程为：创建空白文档→输入文本→格式化文档→保存文档→打印文档。

任 务 实 现

"寻物启事"属于简单文档，采用从"空白文档"开始创建。

1．创建空白文档

创建空白文档的一般方法如下：

在 Word 2010 窗口中，单击"文件"→"新建"→"空白文档"→"创建"按钮，即创建一个空白文档。

创建空白文档的简便方法如下：

在 Word 2010 窗口中，按快捷键【Ctrl+N】，即创建一个空白文档，如图 2-2 所示。

新建文档暂时以"文档 1""文档 2"……命名，在保存文件时可重新命名。

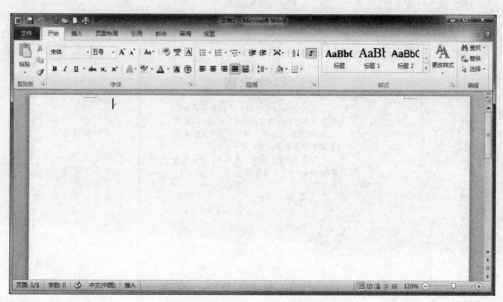

图 2-2 "空白文档"窗口

2. 输入文本

创建"空白文档"之后，即可在编辑区按照图 2-1 输入"寻物启事"示例文档的文本内容。输入的文本充满一行则自动换行，而保持文本在正文边界之内。如果需要强制换行，则按【Enter】键。

Windows 7 提供了多种中文输入法，此外，制作者也可以根据需要安装其他的中文输入法，如五笔字型输入法等。制作者可根据自己的爱好和习惯选用其中任意一种中文输入法。

3. 格式化文档

（1）格式化标题

① 选定文档标题"寻物启事"。

② 在"开始"选项卡的"字体"选项组中，单击所需的按钮，将其格式化为"黑体""初号"。

③ 在"开始"选项卡的"段落"选项组中，单击"居中"按钮。

（2）格式化正文

① 选定除标题之外的文字。

② 在"开始"选项卡的"字体"选项组中，单击所需的按钮，将其格式化为"宋体""二号"。

③ 选定最后 2 行文字。

④ 在"开始"选项卡的"段落"选项组中，单击"右对齐"按钮。

注意： 格式化文档的一般方法是先选定对象，然后执行命令。

4. 保存文档

保存文档的方法如下：

（1）单击"快速访问工具栏"中的"保存"按钮，或在"文件"菜单中选择"保存"命令，打开"另存为"对话框。在文件夹窗格选择文档要存放的文件夹；在"文件名"文本框中显示"寻物启事"（Word 2010 以文档的第一句作为默认文件名）；"保存类型"列表框中显示 Word 2010

默认文档格式"*.docx"，如图 2-3 所示。也可以在"保存类型"列表框中选择"Word 97-2003 文档*.doc"作为文档保存格式。

（2）单击"保存"按钮，完成文档保存。

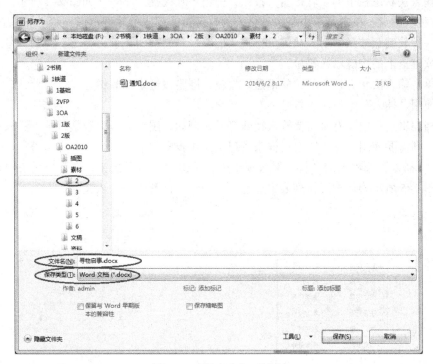

图 2-3 "另存为"对话框

1．Word 文档的格式

docx 是 Microsoft Office 2007 之后版本使用的文件格式，其文件扩展名则是在传统的文件扩展名后面添加字母 x（即以.docx 取代.doc，以.xlsx 取代.xls……）。

docx 文件是基于 XML 格式的压缩文件，本质上是一个 ZIP 文件。因此，docx 文件比 doc 文件所占用的空间小。将一个 docx 文件的扩展名改为 ZIP 后可以用解压软件打开或解压。

Word 2007-2010 能打开 docx 和 doc 格式的文件，但 Word 97-2003 不能打开 docx 格式的文件。

若要在 Word 2003 中打开 docx 文件，则需要从微软官方网站下载一个补丁程序 FileFormatConverters.exe，安装之后重启计算机即可。

2．输入符号

文档中除了汉字、英文字母之外，还包含各种符号，包括标点符号和特殊符号。

（1）使用 PC 键盘输入常见的中文标点符号

当键盘切换到中文输入状态时，可以用 PC 键盘直接输入常见的中文标点符号。例如，句号对应【.】键，逗号对应【,】键，顿号对应【\】键，破折号对应【—】键，省略号对应【^】键，书名号对应【<】键和【>】键等。

注意：各种不同的输入法，中文标点符号所对应的键位也有所不同。

（2）使用中文输入法软键盘输入符号

右击输入法状态栏中的"软键盘"按钮，弹出"软键盘"菜单，如图 2-4 所示。该菜单中提供了 13 种软键盘。单击菜单中某一种格式的软键盘，相应的软键盘即显示于屏幕上。

当某一种软键盘被激活后，从键盘上输入的符号将转换为该软键盘上对应的符号。也可以通过单击软键盘上的按键输入符号。

再次单击输入法状态栏上的"软键盘"按钮，则隐藏选定的软键盘。

（3）使用"插入"菜单输入符号

在文档编辑过程中，有时需要输入特殊符号，例如，图形符号、数学符号、版权符号、注册符号等，则需要使用"符号"对话框来实现。操作步骤如下：

① 在"插入"选项卡的"符号"选项组中，单击"符号"按钮，在下拉列表中显示常用符号，如图 2-5 所示。单击下拉列表中任意一个符号，该符号即插入文档。

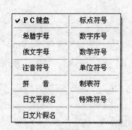

图 2-4　"软键盘"菜单

图 2-5　"符号"下拉列表

② 在"插入"选项卡的"符号"选项组中，单击"符号"按钮，在"符号"下拉列表中，选择"其他符号"命令，打开"符号"对话框。在此对话框中有"符号"和"特殊字符"两个选项卡，如图 2-6 所示。

图 2-6　"符号"对话框

③ 在"符号"对话框表中，选择要插入的符号，单击"插入"按钮，或者直接双击要插入的符号，所选择的符号就会插入到文档中插入点所在的位置。

④ 双击"近期使用过的符号"列表中的符号，可以快速插入近期使用过的符号。

【任务 2-2】制作公文

公文是具有法定权威和规范格式的应用文。公文的文体格式具有特殊的规范，本书的第 1 章已经对其做了较详细的介绍。示例公文如图 2-7 和图 2-8 所示。具体要求如下：

（1）公文版头为大红套字"××省教育厅"。

（2）公文标题的字体为"宋体"，字号为"二号"，居中对齐。

（3）公文正文的字体为"仿宋"，字号为"三号"。

（4）公文正文小标题加粗。

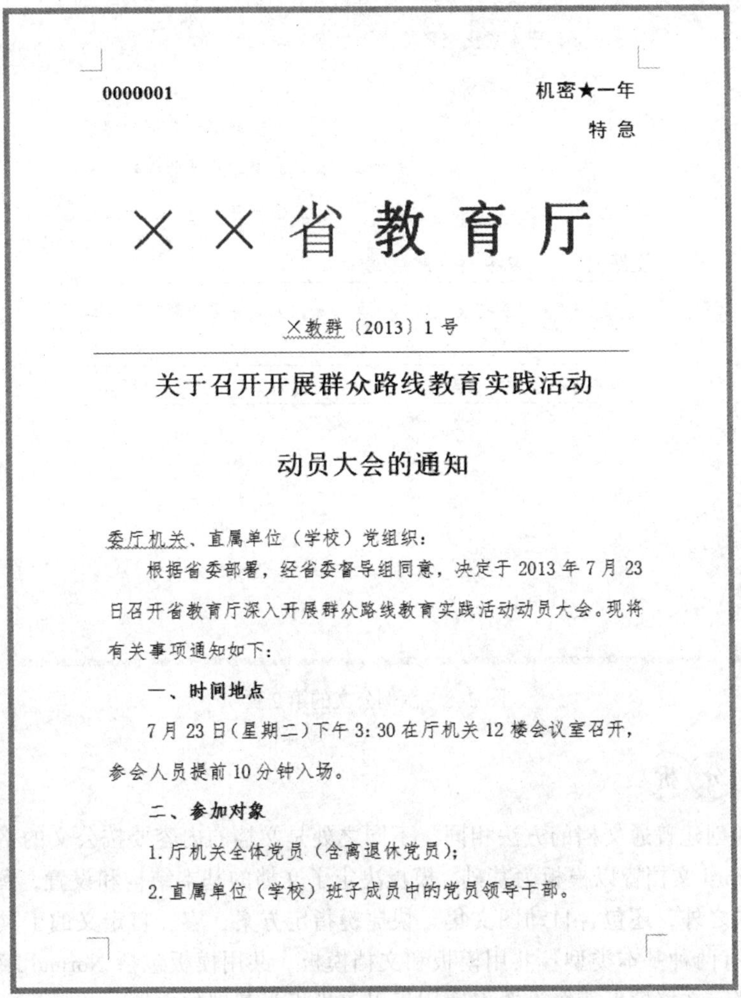

0000001 机密★一年

特 急

××省教育厅

×教群〔2013〕1 号

关于召开开展群众路线教育实践活动

动员大会的通知

委厅机关、直属单位（学校）党组织：

　　根据省委部署，经省委督导组同意，决定于 2013 年 7 月 23 日召开省教育厅深入开展群众路线教育实践活动动员大会。现将有关事项通知如下：

一、时间地点

7 月 23 日（星期二）下午 3：30 在厅机关 12 楼会议室召开，参会人员提前 10 分钟入场。

二、参加对象

1.厅机关全体党员（含离退休党员）；

2.直属单位（学校）班子成员中的党员领导干部。

图 2-7　示例公文的第 1 页

三、其他事项

1.请厅机关各处室、直属单位（学校）于7月22日（星期一）下午下班前将参会人员报教育实践活动办，联系人：林某，联系电话：8787××××，1350999××××，电子邮箱：lms2013@163.com。若有特殊情况确需请假者，须提交书面请假条。

2.请厅机关各处室、直属单位（学校）于7月23日（星期二）上午9：00前派人到厅教育实践活动办，领取民主评议表，并及时分发给本单位参会人员填写，填好后的评议表应带到动员大会会场，于会前投入票箱。

省委教育工委省教育厅

党的群众路线教育实践活动领导小组

二〇一三年七月二十二日

主题词： 行政事务 群众路线 通知

抄送：×××副省长，×××秘书长，××省委教育实践活动领导小组。

××省教育厅办公室	2013 年 7 月 22 日印发

图 2-8 示例公文的第 2 页

 任 务 分 析

创建公文和创建普通文档的方法相同，不同之处是文档的内容要按公文的格式进行编排。

Microsoft Word 文档皆以模板为基础。模板决定了文档的基本结构和设置，模板中除了含有编排格式和样式之外，还包含自动图文集、快捷键指定方案、宏、自定义的工具栏等。

Word 模板有两种基本类型：共用模板和文档模板。共用模板包括 Normal 模板，所含设置适用于所有文档。文档模板所含设置仅适用于以该模板为基础的文档。

使用文档模板创建公文是较为方便的方法。

任 务 实 现

1. 使用模板创建文档

以下介绍使用模板创建公文的操作。

（1）在 Word 2010 窗口中，单击"文件"→"新建"→"行政公文、启事与声明"→"公文 - 通知"，如图 2-9 所示。

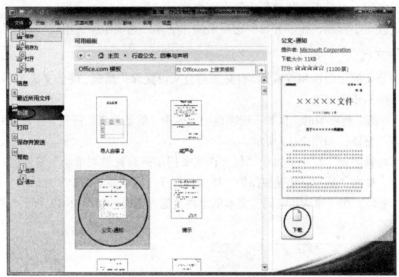

图 2-9　"新建文件"窗口

（2）单击"下载"按钮，即可根据模板创建如图 2-10 所示公文。

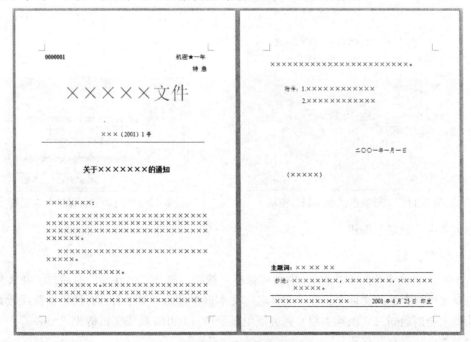

图 2-10　公文模板文档

模板文档已经包含了预设的文字内容及其格式，"×××"为占位符，用于确定输入内容的位置。

显然，使用模板能够快速创建新文档，但是所创建的文档通常不能完全符合实际需求，此时需要对生成的文档作少量修改。

2．编辑文档

（1）按照图 2-7 和图 2-8 所示示例公文，在模板文档的占位符位置输入相应的文字。

（2）根据实际，对模板文档进行少量文字修改。

（3）选定公文小标题，在"开始"选项卡的"字体"选项组中，单击"加粗"按钮。

3．保护文档

为了维护公文的正确性和权威性，有必要对公文设置保护措施，使公文成为不可随意修改、只读的文档。操作步骤如下：

（1）在"审阅"选项卡的"保护"选项组中，单击"限制编辑"按钮，在窗口右侧激活"限制格式和编辑"窗格，如图 2-11 所示。

（2）在"编辑限制"栏中，选中"仅允许在文档中进行此类型编辑"复选框；在"启动强制保护"栏中，单击"是，启动强制保护"按钮，打开"启动强制保护"对话框。在"新密码"文本框中输入密码，在"确认新密码"文本框中再次输入密码，如图 2-12 所示，然后单击"确定"按钮。

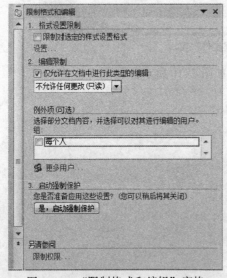

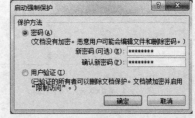

图 2-11 "限制格式和编辑"窗格 图 2-12 "启动强制保护"对话框

（3）单击"确定"按钮。

4．保存文档

（1）单击"快速访问工具栏" 中的"保存"按钮，打开"另存为"对话框。在文件夹窗格中选择文档要存放的文件夹；在"文件名"文本框中显示"关于召开开展群众路线教育实践活动动员大会的通知"；"保存类型"列表框中显示 Word 2010 默认文档格式"*.docx"。

（2）单击"保存"按钮。

 拓 展 知 识

制作各种类型的公文是文秘人员经常性的工作。若每一次制作公文都重复进行文字输入和格式设置，则费时且麻烦。以下介绍两种省时的简便方法：根据现有内容新建所需文档和使用自定义模板新建所需文档。

1. 根据现有内容新建所需文档

根据现有内容新建所需文档，是通过复制已有文档全部内容和格式，在此基础上做少量的修改即形成所需文档，然后保存。具体操作方法如下：

（1）根据现有内容新建

① 在 Word 2010 窗口中，单击"文件"→"新建"→"根据现有内容新建"，如图 2-13 所示。

图 2-13　"新建文件"窗口

② 单击后打开"根据现有文档新建"对话框。在"素材"的"2"文件夹中，选择已有文件"关于召开开展群众路线教育实践活动动员大会的通知"，如图 2-14 所示。

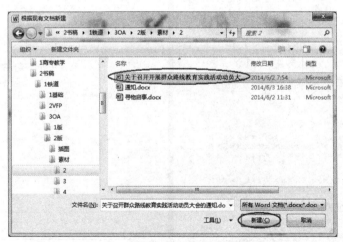

图 2-14　"根据现有文档新建"对话框

③ 单击"新建"按钮，即创建一个文档，其中包含了"关于召开开展群众路线教育实践活动动员大会的通知"文件的全部文字和格式，而未定的文件名为"文档 1"。

（2）编辑当前文档

根据实际需要，对当前文档进行少量文字修改和格式设置。

（3）保存文档

① 单击"快速访问工具栏"中的"保存"按钮，打开"另存为"对话框。在文件夹窗格中选择文档要存放的文件夹；在"文件名"文本框中输入新文件名；"保存类型"列表框中显示 Word 2010 默认文档格式"*.docx"。

② 单击"保存"按钮。

2．创建自定义模板

虽然 Word 2010 有很多模板，但这些模板不一定对每个用户都完全适用，有时用户需要创建自定义模板。创建自定义模板一般有两种方法：一种是利用已有的文档创建自定义模板；另一种是利用已有的模板新建自定义模板。以下介绍利用已有的模板新建自定义模板。

（1）创建公文文档

操作步骤如下：

在 Word 2010 窗口中，单击"文件"→"新建"→"行政公文、启事与声明"→"公文 - 通知"，单击"下载"按钮，即根据已有模板创建如图 2-10 所示公文。

（2）编辑公文文档

① 将当前文档的公文版头修改为"××省教育厅"。

② 将年份修改为 2014，如图 2-15 所示。

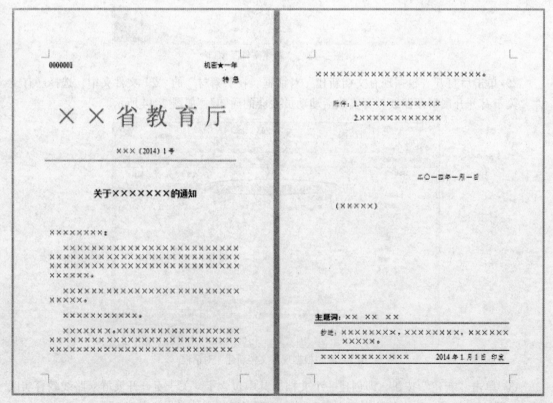

图 2-15　编辑后的公文文档

（3）保存为模板文件

① 单击"快速访问工具栏"中的"保存"按钮，打开"另存为"对话框。

② "保存位置"选择为"用户\Users\Admin\AppData\Roaming\Microsoft\Templates 文件夹。单击"保存类型"下拉按钮，在下拉列表中选择"Word 模板（*.dotx）"选项。在"文件名"文本框中输入模板名称"通知"。

③ 单击"保存"按钮。

（4）使用自定义模板

以下介绍使用自定义模板创建其他通知公文。

① 在 Word 2010 窗口中，单击"文件"→"新建"→"我的模板"，打开"新建"对话框，可看到所创建的自定义模板"通知"已经加入到"个人模板"列表中，如图 2-16 所示。

② 在"个人模板"列表中选择"通知.dotx"，在"新建"选项组中选中"文档"单选按钮，单击"确定"按钮，即根据自定义模板"通知.dotx"创建公文文档，如图 2-10 所示。

接下去的工作是编辑文档和保存文档，其操作方法与使用系统模板一样，不再赘述。

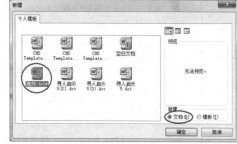

图 2-16 "新建"对话框

2.2 制作复杂文档

复杂文档是包含较多编排和修饰的文档。制作复杂文档是在输入文字的基础上，对文档进行格式编排，包括页面编排（页面设置）、段落编排（段落格式化）和字符编排（字符格式化）。此外，还对文档设置特殊的修饰效果，例如，设置首字下沉、项目符号和边框底纹等。

【任务 2-3】制作大学专业介绍

制作大学专业介绍《楼宇智能化工程技术专业简介》（见图 2-17），具体要求如下：

（1）纸张大小为 16 开，上、下页边距为 2.54 厘米，左、右页边距为 2 厘米。

（2）文档标题（第 1 行）的字体为"黑体"，字号为"二号"，段前、段后间距皆为 1 行。

（3）除文档标题之外的正文，字体为"楷体"，字号为"小四"，1.2 倍行距，首行缩进 2 字符。

（4）正文第 1 段首字下沉，字体为"华文新魏"，下沉行数为 2。

（5）对正文第 1 段中的"信息管理工程系"添加批注，批注的内容为："信息管理工程系以原计算机系部分专业为基础，结合经济贸易系、工商管理系部分专业而创建。"

（6）正文标题（一、就业方向，二、专业能力，三、主干课程）的字体为"隶书"，字号为"四号"。

（7）将主干课程（正文最后 7 段）的字形设置为"加粗"；并设置项目符号；添加宽度 1.5 磅的蓝色双线边框和黄底浅红色下斜的线纹。

楼宇智能化工程技术专业简介

宇智能化工程技术是福建商业高等专科学校信息管理工程系新开设的专业，招收理科高中毕业生，培养工科性质、兼具信息管理与工程的技能型人才。

> 批注 [A1]：信息管理工程系以原计算机系部分专业为基础，结合经济贸易系、工商管理系部分专业而创建。

一、就业方向

楼宇智能化工程技术专业学生，毕业后将从事物联网的安装、调试、操作、运行、管理和维护工作，面向物联网、智能楼宇开发、现代楼宇建筑、物业智能管理公司及企事业单位信息管理部门就业。

二、专业能力

（1）能根据现场实际情况，确定物联网产品的选用，制定安装方案；度进行安装与调试。

（2）能根据工程布线实施方案和施工环境，制定施工计划，组织和安排施工；对施工过程中出现的故障，能进行分析与排除。

（4）能根据工程设计方案，对布线工艺、信号传输质量进行检查与验收，并编写检查与验收报告。

（5）能正确收集系统运行状况的信息，做好日志记录。

（6）能对于系统出现的异常，做出初步判断与检测，分析系统故障的原因，并制定维修方案。

三、主干课程

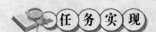
- ➤ 传感器的安装与调试
- ➤ 自动识别产品安装与调试
- ➤ 网络应用技术
- ➤ 物联网工程布线
- ➤ 物联网工程实施与管理
- ➤ 物联网系统日常维护
- ➤ 嵌入式技术应用

图 2-17　楼宇智能化工程技术专业简介

任务分析

复杂文档除了文本之外，还包含较多的编排信息。其复杂之处在于格式编排，包括页面编排、段落编排、字符编排、设置首字下沉、设置项目符号和设置边框底纹等。

复杂文档的制作流程为：创建文档→录入文本→对文档进行格式编排→保存文档。

任务实现

文档编排是为了美化文档，包括页面编排、段落编排、字符编排。文档编排又称文档格式化。页面编排就是页面设置，要设置纸张大小、纸张方向、页边距和版式等。

1．页面设置

启动 Word 2010，在新文档中输入图 2-17 所示《楼宇智能化工程技术专业简介》文字内容。

（1）选择"页面布局"选项卡，在"页面设置"选项组中，单击"纸张大小"按钮，在弹出的下拉菜单中选择"16开"。

（2）在"页面设置"选项组中，单击"页边距"按钮，在弹出的下拉菜单中，选择"自定义边距"命令，打开"页面设置"对话框，选择"页边距"选项卡，在"页边距"选项组中，设置"上""下"页边距为2.54厘米，"左""右"页边距为2厘米，如图2-18所示。

（3）单击"确定"按钮，关闭"页面设置"对话框。

2．格式化文档标题

（1）选定文档标题（第1行）。

（2）选择"开始"选项卡，在"字体"选项组中，单击"字体"下拉按钮，在弹出的字体列表中选择"黑体"；单击"字号"下拉按钮，在弹出的字号列表中选择"二号"。

（3）选择"开始"选项卡，单击"段落"选项组中右下角的按钮，打开"段落"对话框"缩进和间距"选项卡。在"段前"和"段后"微调框中，皆输入1行，如图2-19所示；然后单击"确定"按钮。

图2-18 "页边距"选项卡

图2-19 "缩进和间距"选项卡

3．格式化正文

（1）选定除文档标题之外的文档正文。

（2）选择"开始"选项卡，在"字体"选项组中单击"字体"下拉按钮，在弹出的字体列表中选择"楷体"；单击"字号"下拉按钮，在弹出的字号列表中选择"小四"。

（3）选择"开始"选项卡，单击"段落"选项组中右下角的按钮，打开"段落"对话框"缩进和间距"选项卡。在"行距"列表框中，选择多倍行距，在"设置值"文本框中输入"1.2"；在"特殊格式"列表框中，选择"首行缩进"，在"磅值"文本框中输入"2字符"，如图2-20所示；然后单击"确定"按钮。

4．设置首字下沉

（1）选定正文第1段。

（2）选择"插入"选项卡，在"文本"选项组中，单击"首字下沉"按钮，在弹出的列表中选择"首字下沉选项"，打开"首字下沉"对话框。选择位置为下沉，字体为"华文新魏"，下沉行数为2，如图2-21所示；然后单击"确定"按钮。

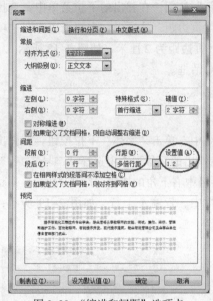

图2-20 "缩进和间距"选项卡

图2-21 "首字下沉"对话框

5. 格式化正文小标题

（1）选定正文小标题"一、就业方向"。

（2）选择"开始"选项卡，在"字体"选项组中，选择字体为"隶书"，字号为"四号"。

（3）选择"开始"选项卡，在"剪贴板"选项组中双击"格式刷"按钮，然后用带有刷形状的鼠标连续选择正文小标题"二、专业能力"和"三、主干课程"。

（4）再次单击"格式刷"按钮，退出连续复制格式的操作。

6. 插入批注

（1）在正文第1段中，选定"信息管理工程系"。

（2）选择"审阅"选项卡，在"批注"选项组中单击"新建批注"按钮，弹出"批注"框。

（3）在"批注"框中输入："信息管理工程系以原计算机系部分专业为基础，结合经济贸易系、工商管理系部分专业而创建。"

7. 设置项目符号

（1）选定正文最后7段。

（2）选择"开始"选项卡，在"段落"选项组中，单击"项目符号"右侧下拉按钮，弹出下拉列表，如图2-22所示。

（3）在"项目符号库"中，选择第2行第1个项目符号。

图2-22 "项目符号和编号"下拉列表

8．设置边框和底纹

（1）选定正文最后 7 段。

（2）选择"开始"选项卡，在"段落"选项组中，单击"边框和底纹"按钮，打开"边框和底纹"对话框"边框"选项卡。选择"样式"为双线、"颜色"为蓝色、"宽度"为 1.5 磅、"应用于"选择"段落"，"设置"选择"方框"，如图 2-23 所示。

（3）选择"底纹"选项卡，选择填充颜色为黄色、图案样式为"浅色下斜线"且图案颜色为红色，"应用于"选择"段落"，如图 2-24 所示。

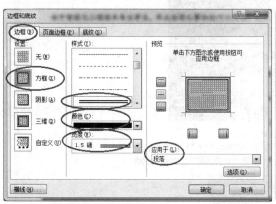

图 2-23 "边框"选项卡

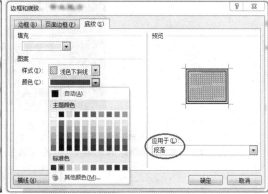

图 2-24 "底纹"选项卡

（4）单击"确定"按钮，关闭"边框和底纹"对话框。

说明： "底"和"纹"是两码事，如果笼统地说"底纹"，则容易造成概念混淆。

"填充颜色"为背景"底"的颜色（纸的颜色）。"纹"是前景，它是画在"底"之上的"线"和"点"。"纹"的图案称为"样式"，故有"线"纹和"点"纹两种。"纹"本身也有颜色，所以，底纹选项卡中有两块颜色板，分别为"底"颜色板和"纹"颜色板。默认值是白底黑纹。若底纹为白底上的黑点，则形成灰度。

【任务 2-4】制作含表格和图片的文档

制作说明文《金砖国家》，如图 2-25 所示。具体要求如下：

（1）为正文第 2 行"巴西"添加脚注，注释文本为"巴西拥有世界上最高的铁、铜、镍、锰、铝土矿蕴藏量。"为正文第 2 行"俄罗斯"添加脚注，注释文本为"俄罗斯是全球最大的天然气出口国、第二大石油出口国。"

（2）为第 1 张插图添加题注"图 1 金砖国家"；为第 2 张插图添加题注"图 2 金砖国家标志"。

（3）为表格添加题注"表格 1 金砖国家领导人历次会晤"。

（4）使用替换方法为"金砖四国"添加着重号。

金砖国家

　　2001 年，美国高盛公司首席经济师吉姆·奥尼尔（Jim O'Neill）首次提出"金砖四国"这一概念。新兴市场国家巴西[1]（Brazil）、俄罗斯[2]（Russia）、印度（India）和中国（China）的英文首字母与英语单词的砖（Brick）近似，称之为"金砖四国"（BRIC）。2008 年-2009 年，相关国家举行系列会谈和建立峰会机制，拓展为国际政治实体。2010 年南非（South Africa）加入后，5 个国家的英文首字母变为"BRICS"，改称为"金砖国家"。

图 1　金砖国家

　　"金砖国家"的人口和国土面积在全球占有重要份额，成为当今世界经济增长的主要动力。"金砖国家"的标志是五国国旗的代表颜色做条状围成的圆形，象征着"金砖国家"的合作，团结。

图 2　金砖国家标志

　　自 2009 年至今，金砖国家领导人举行了多次会晤。

表格 1　金砖国家领导人历次会晤

会议	参与国	日期	东道国	地点
第一次	金砖四国	2009.6.16	俄罗斯	叶卡捷琳堡
第二次	金砖四国	2010.4.15	巴西	巴西利亚
第三次	金砖国家	2011.4.14	中国	三亚
第四次	金砖国家	2012.3.29	印度	新德里
第五次	金砖国家	2013.3.27	南非	德班
第六次	金砖国家	2014.7.16	巴西	福塔莱萨

[1]巴西拥有世界上最高的铁、铜、镍、锰、铝土矿蕴藏量。
[2]俄罗斯是全球最大的天然气出口国、第二大石油出口国。

图 2-25　金砖国家

（任务分析）

　　说明文通常含有表格和图片，且表格和图片一般都有题注。设置题注是给图片、表格、图表、公式等文稿对象添加编号和名称，以方便读者查找和阅读。插图题注的位置在下方，表格题注的位置在上方。题注的字号一般比正文小半号。

当然，制作者可以像编辑正文一样，使用手工输入题注。在制作长文档的过程中，使用 Word 所带的题注功能来设置题注，可以保证文档中图片、表格的题注自动地顺序编号；对文档中的图片、表格进行移动、插入或删除操作时，Word 的题注功能会自动调整和更新题注的编号，以保证编号的连续和正确。

有的说明文还有脚注和尾注。脚注和尾注都是文档某处内容的补充说明。脚注的注释文本位于本页页面的底部页脚区；尾注位于文档的末尾，用于列出引文的出处等。

脚注和尾注由两个相关联的部分（注释引用标记和其对应的注释文本）组成。用户可使用 Word 自动创建注释引用标记，然后输入对应的注释文本。在添加、删除或移动注释引用标记时，Word 将对注释引用标记重新编号。

"查找"命令搜索的对象包括文本、格式、特殊字符（如段落标记、分节符等），但不能查找图形对象。"替换"是在"查找"的基础上把找到的对象用指定的内容替换。"查找"与"替换"命令既可以搜索整个文档，也可以限制在选定区域内搜索。

制作含有表格和图片说明文的流程为：创建文档→录入文本→格式编排→插入题注→插入脚注→替换格式→保存文档。

（任务实现）

创建文档、录入文本和格式编排的操作方法与【任务 2 - 3】相同，不再赘述。以下仅介绍不同之处。

1. 插入题注

（1）插入图片题注

① 在 Word 2010 窗口中，选定要插入题注的第 1 张图片。

② 选择"引用"选项卡，在"题注"选项组中单击"插入题注"按钮。或右击选定的图片，在弹出的快捷菜单中选择"插入题注"命令，打开"题注"对话框。

③ 在"题注"对话框中，单击"新建标签"按钮，打开"新建标签"对话框。在"标签"文本框中输入"图"，如图 2-26 所示。

④ 单击"确定"按钮，在"题注"文本框中即显示"图 1"。

⑤ 在"题注"文本框的"图 1"之后，输入题注的名称"金砖国家"。

⑥ 在"位置"列表框中，选择"所选项目下方"，如图 2-27 所示。

图 2-26 "新建标签"对话框　　　图 2-27 "题注"对话框（一）

⑦ 单击"确定"按钮，即在图片的下方插入题注，如图 2-25 所示。

第 2 张图片插入题注的方法同上。

（2）插入表格题注

① 在 Word 2010 窗口中，选定要插入题注的表格。

② 选择"引用"选项卡，在"题注"选项组中单击"插入题注"按钮。或右击选定的表格，在弹出的快捷菜单中选择"插入题注"命令，打开"题注"对话框。

③ 单击"标签"右侧下拉按钮，在弹出的列表中选择"表格"。

如果标签列表中没有所需的标签，则单击"新建标签"按钮，新建一个自定义的标签。

选择"表格"标签后，在"题注"文本框中即显示"表格 1"。默认的编号格式为阿拉伯数字。如果制作者不满意默认的编号格式，则单击"编号"按钮，打开"题注编号"对话框，从中选择一种合适的编号格式。

④ 在"题注"文本框的"表格 1"之后，输入题注的名称"金砖国家领导人历次会晤"。

⑤ 在"位置"列表框中，选择"所选项目上方"，如图 2-28 所示。

⑥ 单击"确定"按钮，即在表格左上方插入题注，如图 2-25 所示。

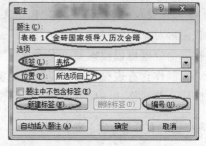

图 2-28 "题注"对话框（二）

2．插入与删除脚注

（1）插入脚注

① 将插入点定位到需要插入脚注的位置，即正文第 1 行"巴西"之后。

② 选择"引用"选项卡，在"脚注"选项组中单击"插入脚注"按钮，即在插入点位置出现一个上标序号"1"，同时在页面底端也会出现一个序号"1"，且光标在序号"1"后闪烁。

③ 在页面底端的序号"1"后输入具体的注释文本"巴西拥有世界上最高的铁、铜、镍、锰、铝土矿蕴藏量。"，脚注就添加完成了。

④ 用同样的方法，在正文第 2 行"俄罗斯"之后插入脚注"俄罗斯是全球最大的天然气出口国、第二大石油出口国。"所插入的脚注标记会自动设置为 2，如图 2-25 所示。

（2）删除脚注

如果要删除脚注，则选中脚注在文档中的位置，即在文档中的脚注序号。例如，选中"巴西"的脚注"1"，然后按【Delete】键，即删除该脚注。

删除"巴西"的脚注"1"之后，"俄罗斯"的脚注"2"自动调整为"1"。

3．查找和替换

（1）选择"开始"选项卡，在"编辑"选项组中单击"替换"按钮，打开"查找和替换"对话框的"替换"选项卡。

（2）在"查找内容"文本框中输入"金砖四国"；在"替换为"文本框中输入"金砖四国"，单击"更多"按钮，展开"查找和替换"对话框。

（3）选择"替换为"文本框（很重要，否则格式将被设置到"查找内容"文本框。），单击"格式"按钮，弹出"格式"菜单，如图 2-29 所示。

（4）选择其中的"字体"命令，打开"替换字体"对话框"字体"选项卡。在"着重号"列表框中选择有着重号，在"预览"框中可看到有着重号的"金砖四国"，如图 2-30 所示。

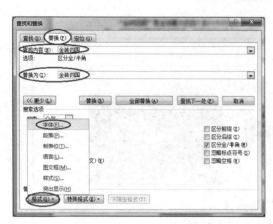

图 2-29 "替换"选项卡 图 2-30 "字体"选项卡

（5）单击"确定"按钮，关闭"替换字体"对话框。此时"查找和替换"对话框的"替换为"文本框下面显示"格式：点"。

（6）单击"全部替换"按钮，所有找到的目标皆被替换。

 拓 展 知 识

1．重置查找和替换的格式

如果错误地将格式设置到"查找内容"文本框，则可能在文档中无法找到要替换的文本。解决的办法如下：

（1）在"查找和替换"对话框中，选定"查找内容"文本框，单击"不限定格式"按钮，删除"查找内容"文本框的格式。

（2）选定"替换为"文本框，设置"替换为"文本框的文本格式。

2．使用"查找和替换"删除文本

当文档中有多处文本需要设置相同格式或者需要删除时，使用 Word 的替换功能来实现，既快捷，又不会遗漏。例如，若要删除文档中全部"金砖四国"，使用替换功能实现的方法如下：

（1）选择"开始"选项卡，在"编辑"选项组中单击"替换"按钮，打开"查找和替换"对话框的"替换"选项卡。

（2）在"查找内容"文本框中输入"金砖四国"；在"替换为"文本框中不输入，保持空白。

（3）单击"全部替换"按钮，所有找到的目标皆被删除。

2.3 制作综合文档

Word 具有强大的编辑和排版功能，能够制作简报和专刊等复杂文档。这些文档除了文字之外，不但版面复杂，还包含艺术字、图形等多媒体对象。

【任务 2-5】制作简报

制作图 2-31 所示的简报——《国庆专刊》。

福建商专学生会团委会联合主办

我的祖国

　　1949 年 10 月 1 日，在首都北京天安门广场举行了开国大典，在隆隆的礼炮声中，中央人民政府主席毛泽东庄严宣告中华人民共和国成立并亲手升起了第一面五星红旗。聚集天安门广场的三十万军民进行了盛大的阅兵和庆祝游行。中国人民经过一百多年的英勇奋战，在中国共产党的领导下，取得了人民革命的伟大胜利。在 1949 年 10 月 1 日宣

告中华人民共和国成立，这是中国历史上一个最伟大的转变。

　　62 年弹指一挥间，祖国的变化让我们触摸到了社会前进的脉搏。今天，我国的经济高速发展，科技突飞猛进，教育日新月异，体育硕果累累，综合国力日益增强……。这一切向世人昭示：祖国是腾飞的坐龙！祖国是屹立的巨人！

当巍峨的华表，
让挺拔的身躯披上曙光，
当雄伟的天安门，
让风云迎来末升的太阳，
历史的耳畔，
传来了礼炮的隆隆回响，
那排山倒海般的回响，
是中国沧桑巨变的回响。
一位巨人俯瞰着世界，
洪亮的声音，
全世界都听到了，
中华人民共和国成立了！

祖国啊，我为你自豪

当五星红旗冉冉升起，
那胜利的旗帜，
在朗朗的空中迎风飘扬，
人民扬起了头颅，
全世界都看到了，
中国人民从此站起来了！

这历史凝聚了宏伟，
尽情地涂染十月的阳光，
这气势慷慨激昂，
筑起了一座丰碑，
屹立在世界的东方。

七律 国庆

金秋十月礼炮隆，
七彩烟花撒夜空。
五岳欢歌吟盛世，
三江笑语赞繁荣。
神州大地添旗猎，
沧海桑田舞正浓。
万紫千红添绚丽，
甘醇美酒醉千同。

升起来了，升起来了，升到万众瞩目的高度。
一种排山倒海的气势在起伏，一种囊括万物的力量在激荡。
升起来了，升起来了，万物在这个高度里陶醉！
多么鲜红，尊严从这里发领神州，大阳就在灿烂里陪伴！
多么有力的凝聚，自信从五角里进发，
多么豪迈的情怀，期许从这种浪漫中孕育美好。
升起来了，升起来了，升起世人难以的目光。
这鲜艳的五星红旗啊，猎猎跳耀着半个世纪的骄傲，展示着神州风采！
面对国旗，山，站起来；水，活起来；天，阔起来！
面对国旗，每个生令都生霞起来、神圣起来！

图 2-31　国庆专刊

简报是图文混排的综合文档，不但要进行文字编辑和格式编排，还涉及插入艺术字、图像、文本框和绘制图片等操作。

制作综合文档的流程：准备素材（收集图片文件）→设计版面布局→创建空白文档→页面设置→插入艺术字→插入图片→插入文本→格式化文本→设置分栏→插入文本框→格式化文本框→输入文本框中的文字→格式化文本框中的文字→插入自选图形→在自选图形中添加文字→格式化自选图形中的文字→格式化自选图形→保存文档。

1．设计版面布局

简报版面一般比较复杂，在着手制作时，应先设计版面布局。现将《国庆专刊》的版面划分为 7 个版块，如图 2-32 所示。

2．创建空白文档

启动 Word 2010，创建一个空白文档。

3．页面设置

（1）在 Word 2010 窗口中选择"页面布局"选项卡，在"页面设置"选项组中单击"纸张大小"按钮，在弹出的下拉菜单中选择"A4"。

（2）在"页面设置"选项组中单击"页边距"按钮，在弹出的下拉菜单中选择"自定义边距"命令，打开"页面设置"对话框，选择"页边距"选项卡，在"页边距"选项组中设置"上""下"页边距为 2.54 厘米，"左""右"页边距为 2 厘米。

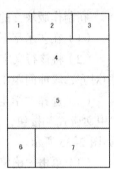

图 2-32　版面布局

4．插入艺术字并设置艺术字格式

首先制作版块 2，在这个过程中使用到插入艺术字和设置艺术字格式的知识。

艺术字是作为图形对象插入文档的，它不具有文本的属性，因而不能用编辑文本的方法插入和编辑艺术字。

（1）插入艺术字

① 选择"插入"选项卡，在"文本"选项组中单击"艺术字"按钮，在弹出的下拉列表中选择第 6 行第 3 列的艺术字样式"填充 – 红色，强调文字颜色 2，粗糙棱台"，即弹出文本框，其中显示占位文字"请在此放置您的文字"。

② 在占位文字位置输入"国庆专刊"。

（2）设置艺术字格式

① 选择已插入的艺术字，即显示"文字"工具栏，选择字体为"黑体"、字号为"36"，如图 2-33 所示。

② 选择已插入的艺术字，弹出"绘图工具-格式"选项卡，在"排列"选项组中单击"位置"按钮，在弹出的下拉列表中选择"顶端居中，四周型文字环绕"，如图 2-34 所示。

③ 在"排列"选项组中单击"自动换行"按钮，在弹出的下拉列表中选择"上下型环绕"。

图2-33 "文字"工具栏 　　　　　　　　　图2-34 "位置"列表框

5. 设置文字双行合一

在制作版块2的过程中还涉及设置文字双行合一，其操作方法如下：

（1）在艺术字下面一行，输入"福建商专学生会团委会联合主办"。

（2）将该行文字格式化成：字体为"华文新魏"，字号为"小二"，字体颜色为"红色"；居中对齐，段前间距1.5行，段后间距为0.5行。

（3）选择"学生会团委会"这6个字；选择"开始"选项卡，在"段落"选项组中单击"中文版式"按钮，在弹出的下拉菜单中选择"双行合一"命令，打开"双行合一"对话框，如图2-35所示。

（4）单击"确定"按钮，关闭"双行合一"对话框。

6. 插入图片

制作版块1和版块3，即在该位置插入图片。操作方法如下：

（1）将插入点置于"福建商专学生会团委会联合主办"之前。

（2）选择"插入"选项卡，在"插图"选项组中单击"图片"按钮，打开"插入图片"对话框；在素材"2"文件夹中选择"灯笼.JPG"，如图2-36所示，然后单击"插入"按钮。

图2-35 "双行合一"对话框 　　　　　　　图2-36 "插入图片"对话框

（3）选定已插入的图片，弹出"图片工具-格式"选项卡，在"排列"选项组中单击"位置"按钮，在弹出的下拉列表中选择"顶端居左，四周型文字环绕"。

（4）在"排列"选项组中单击"自动换行"按钮，在弹出的下拉列表中选择"衬于文字下方"。

（5）在"大小"选项组中设置图片的"高度"为4.11厘米、"宽度"为4.53厘米。

使用同样的方法，将素材"2"文件夹中图片文件"国庆.JPG"插入文档的右上角，并设置图片的"高度"为3.92厘米、"宽度"为5.9厘米。

7．分栏排版

版块4是带有标题的分栏版式文字。制作方法如下：

（1）输入文字

按照图2-31所示输入版块4的文字。

（2）格式化标题

① 选择标题文字"我的祖国"。

② 选择"开始"选项卡，在"字体"选项组中单击"字体"下拉按钮，在弹出的字体列表中选择"隶书"；单击"字号"下拉按钮，在弹出的字号列表中选择"小一"。

③ 在"段落"选项组中单击"居中"按钮；再单击"行和段落间距"按钮，在弹出的下拉列表中选择"1.0"倍行距。

（3）格式化正文

① 选择版块4的正文。

② 将字体设置为"楷体"，字号设置为"五号"。

③ 选择"开始"选项卡，单击"段落"选项组中右下角的按钮，打开"段落"对话框的"缩进和间距"选项卡。在"行距"列表框中选择"固定值"，在"设置值"文本框中输入"20磅"；在"特殊格式"列表框中选择"首行缩进"，在"磅值"文本框中输入"2字符"，如图2-37所示；然后单击"确定"按钮。

（4）分栏

① 选定版块4的正文。

② 选择"页面布局"选项卡，在"页面设置"选项组中单击"分栏"按钮，在弹出的列表中选择"两栏"。

8．设置底纹

版块4的标题和下文皆填充单色底纹。操作方法如下：

（1）选定版块4的标题。

（2）选择"开始"选项卡，在"段落"选项组中单击"边框和底纹"按钮，打开"边框和底纹"对话框，选择"底纹"选项卡，选择填充颜色为"橙色，强调文字颜色6，淡色40%"，应用于段落，如图2-38所示。

（3）使用同样的方法设置版块4正文的填充颜色为黄色。

9．制作文本框

版块5含有3个文本框和1个自选图形。先制作第1个文本框，然后复制成第2个文本框和第3个文本框，这样3个文本框大小和边框一致。制作文本框的操作方法如下：

（1）插入文本框

选择"插入"选项卡，在"文本"选项组中单击"文本框"按钮，在弹出的"内置"文本框列表中选择"简单文本框"，即在文档中插入 1 个文本框。

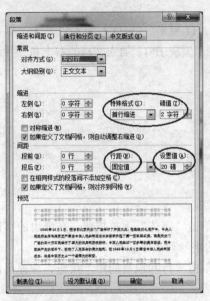

图 2-37 "缩进和间距"选项卡

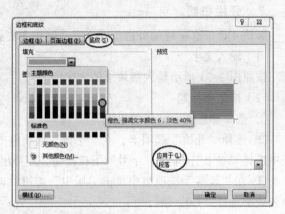

图 2-38 "底纹"选项卡

（2）格式化文本框

① 选定已插入的文本框，弹出"绘图工具–格式"选项卡。在"形状样式"选项组中单击"形状轮廓"按钮，弹出下拉菜单。在"主题颜色"列表中选择"橙色，强调文字颜色 6，深色 25%"；在"粗细"子菜单中选择"4.5 磅"，如图 2-39 所示。

② 在"形状样式"选项组中单击"形状填充"按钮，弹出下拉菜单。在"主题颜色"列表中选择"橄榄色，强调文字颜色 3，淡色 60%"，如图 2-40 所示。

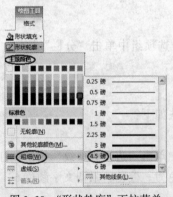

图 2-39 "形状轮廓"下拉菜单

图 2-40 "形状填充"下拉菜单

③ 在"大小"选项组中设置文本框的"高度"为 7.5 厘米，"宽度"为 4.6 厘米。

至此，版块 5 的第 1 个文本框制作完毕。

（3）复制文本框

① 单击选定第 1 个文本框。

② 将鼠标指针指向文本框的边框的非控制圆圈位置，待鼠标指针变成✛形状时，按住【Ctrl】键拖动鼠标，复制出第 2 个文本框。

（4）改变文本框位置

① 单击选定第 2 个文本框。

② 将鼠标指针指向文本框边框的非控制圆圈位置，待鼠标指针变成 ⊞ 形状时，直接拖动鼠标，或者按【→】【←】【↑】【↓】键，将第 2 个文本框移动到图 2-31 所示的位置。

（5）在文本框中输入文字

将插入点移入版块 5 的第 1 个文本框，输入图 2-31 所示的诗歌内容。

（6）格式化文本框中的文字

选定版块 5 的第 1 个文本框中的文字，将其格式化成字体为"宋体"、字号为"五号"、行距为"最小值"16.5 磅。

版块 5 的第 2 个文本框的文字输入和格式化的方法与版块 5 的第 1 个文本框相同。

（7）制作版块 5 的第 3 个文本框

版块 5 的第 3 个文本框与第 2 个文本框的制作方法基本相同，差异在于设置文本框的填充。具体操作方法如下：

① 选择第 2 个文本框，复制出第 3 个文本框。

② 选择第 3 个文本框，在"绘图工具-格式"选项卡的"形状样式"选项组中单击"形状填充"按钮，在弹出的下拉菜单中选择"纹理"→"白色大理石"。

③ 将插入点移入文本框，输入图 2-31 所示的七律。

④ 将七律的标题格式化成字体为"幼圆"、字号为"三号"、段前段后间距皆 1 行、固定行距 18 磅。

⑤ 将七律的下方格式化成字体为"楷体"、字号为"小四"、段前段后间距皆为 0 行、固定行距 18 磅。

10．插入自选图形

在版块 5 中插入自选图形的操作方法如下：

（1）选择"插入"选项卡，在"插图"选项组中单击"形状"按钮，在弹出的"形状"下拉列表中选择"星与旗帜"→"竖卷形"，如图 2-41 所示。

（2）用鼠标在版块 5 的第 1 和第 2 个文本框之间，画出"竖卷形"。

（3）右击"竖卷形"，在弹出的快捷菜单中选择"添加文字"命令。

（4）在"绘图工具-格式"选项卡的"文本"选项组中单击"文字方向"按钮，在弹出的下拉菜单中选择"垂直"。

（5）输入"祖国啊，我为你自豪"；并将输入的文字格式化成字体为"华文琥珀"、字号为"小三"、居中对齐。

（6）在"绘图工具-格式"选项卡的"形状样式"选项组中单击"形状填充"按钮，弹出下拉菜单。在"主题颜色"列表中选择"橙色，强调文字颜色 6，淡色 60%"。

至此，版块 5 制作完毕。

制作版块 6 与制作版块 1 的方法一样。在文档的左下角位置插入图片"国旗.gif"，并设置图片的"高度"为 5.79 厘米、"宽度"为 4.6 厘米。

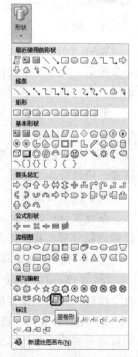

图 2-41 "绘图"工具栏

制作版块 7 文本框与制作版块 5 文本框的方法基本一样，只是大小和填充不同。操作方法如下：

选定插入的文本框，弹出"绘图工具–格式"选项卡。在"大小"选项组中设置文本框的"高度"为 5.79 厘米、"宽度"为 11.83 厘米。

在"形状样式"选项组中单击"形状填充"按钮，在弹出的下拉菜单中选择"图片"，打开"插入图片"对话框，在素材"2"文件夹中选择"天安门.JPG"，如图 2-42 所示，然后单击"插入"按钮。

图 2-42 "插入图片"对话框

 拓 展 知 识

1．分节

Word 2010 文档从小到大可分为 4 个层次：字符、段落、节和文档。节由段落组成，小至一个段落，大至整个文档。一些文档没有设置分节，那么整个文档就是一个节。同一个节具有相同的编排格式，不同的节可以设置不同的编排格式。

节用分节符标识，分节符是两条平行的横向圆点虚线，中间有"节的符"3 个字。只有在"草稿"与"大纲视图"才能看到分节符。图 2-43 所示为"国庆专刊.docx"文档的"大纲视图"。因为两栏编排的上文是单栏编排格式，两栏编排的下文也是单栏编排格式，三者为不同的编排格式，所以分为 3 个节，用 2 条分节符隔开。

（1）设置分节符

在设置分栏时，Word 会自动插入分节符。有时因版面编辑的特殊要求，需要在文档的某个位置强制分节。其操作方法如下：

① 将插入点移动到需要分节的位置。

② 在 Word 2010 窗口中，选择"页面布局"选项卡，在"页面设置"选项组中单击"分隔符"按钮，弹出下拉菜单，如图 2-44 所示。

③ 在"分节符"选项组中，若选择"下一页"，则新节从新的一页开始；若选择"连续"，则新节与其前一节共存于同一页。

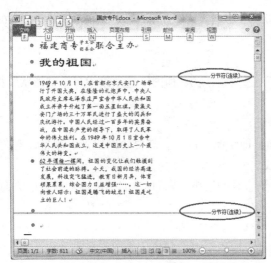

图2-43 "国庆专刊.docx"文档的"大纲视图"

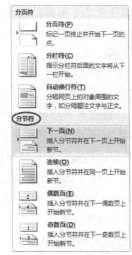

图2-44 "分隔符"下拉菜单

（2）删除分节符

① 将文档切换到"草稿"与"大纲视图"。

② 把插入点移动到分节符上，按【Delete】键。

2．分栏

报纸、杂志和简报常使用分栏排版。多栏版式的前一栏末尾的文本与后一栏开头的文本相衔接。阅读顺序是：按栏从左到右阅读。

被选定的文本设置成多栏版式后，其前后自动加上分节符。

仅在页面视图和打印预览方式下才能看到多栏并排的效果，在其他视图方式下只能看到按一栏宽度显示的文本。

在制作任务 2-5 简报的过程中，曾将版块 4 的正文分成等宽两栏。以下介绍分栏的一般方法。

（1）设置分栏

① 在 Word 2010 窗口中，选定要分栏的文本。

② 选择"页面布局"选项卡，在"页面设置"选项组中单击"分栏"按钮，在弹出的列表中选择"更多分栏"，打开"分栏"对话框，在"预设"选项组的 5 种分栏方式中选择一种分栏方式；在"宽度和间距"选项组中，可设置自定义的栏宽度和栏间距；若选中"分隔线"复选框，则分栏之间加竖线，如图 2-45 所示。

③ 单击"确定"按钮，即设置有分隔线的等宽两栏版式。

（2）删除分栏

① 在 Word 2010 窗口中，选定已分栏的文本。

② 选择"页面布局"选项卡，在"页面设置"选项组中单击"分栏"按钮，在弹出的列表中选择"一栏"。

3．绘制图形

Word 2010 不但可以将已有的图片插入文档，还可以直接在文档中绘制直线、箭头、矩形、椭圆和各种形状的图形。

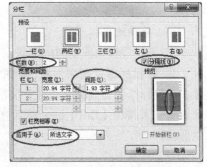

图2-45 "分栏"对话框

在制作任务 2-5 简报的过程中，曾在版块 5 中插入"竖卷形"。以下介绍在 Word 2010 中绘制和编辑各种形状的图形的一般方法。

（1）绘制形状

① 在 Word 2010 窗口中，选择"插入"选项卡，在"插图"选项组中单击"形状"按钮，弹出的"形状"下拉列表（见图 2-41）。

② 在"形状"下拉列表中选择一种形状。

③ 按住鼠标左键向图形终点位置拖动，即绘制出图形。若要绘制矩形，则拖动对角线；若要绘制椭圆，则拖动其外切矩形的对角线。

④ 如果按住【Shift】键拖动鼠标，对于直线和箭头，以 15° 的倍数改变线条的方向；对于矩形和椭圆，则画出正方形和圆。

（2）编辑形状

① 单击选定所绘制的形状，形状上两端或四周出现控制块（小圆圈或小方块）。

② 鼠标指向控制块，待出现双向箭头时，移动鼠标即可改变形状的长短或大小。

（3）旋转形状

① 单击选定所绘制的形状，形状上两端或四周出现控制块。图片的上方将出现一个绿色的旋转手柄。

② 将鼠标移动到旋转手柄上，鼠标光标呈现旋转箭头的形状。按住鼠标左键沿圆周方向顺时针或逆时针旋转图片。

（4）格式化形状

插入形状皆按照默认值来设置轮廓的条型与颜色以及内部填充等。这可能不适合实际需求，必须进行重新格式化。方法如下：

① 右击形状，在弹出的快捷菜单中选择"设置形状格式"命令，打开"设置形状格式"对话框，如图 2-46 所示。

② 在此对话框中设置格式化的选项。设置完毕，单击"关闭"按钮。

（5）选定形状

① 单击某形状，则选定该形状。

② 按住【Ctrl】键连续单击多个形状，则选定多个形状。

③ 单击形状外的空白处，则取消对形状的选定。

（6）移动或复制形状

① 选定要移动或复制的形状。

② 将鼠标指针指向形状的边框的非控制块位置，待鼠标指针变成 ⊞ 形状时直接拖动鼠标，可移动形状；若按住【Ctrl】键，然后拖动鼠标，则复制形状。

图 2-46　"设置形状格式"对话框

（7）删除形状

① 单击选定形状，形状上两端或四周出现控制块（表示被选中）。

② 按【Delete】键或【Backspace】键，即删除选中的形状。

4．文本框操作

文本框是文档中独立的编辑区，文本框中可放置文字和图片等。制作版面复杂的文档时，常使用文本框进行版面布局定位。

文本框有两种：横排文本框和竖排文本框。横排文本框中的文本从左上向右下排列，竖排文本框中的文本从右上向左下排列。

（1）建立文本框

制作者可以先建立一个空白文本框，然后再向文本框中输入文字或插入图片。在制作任务2–5简报的版块5过程中，就是先建立一个空白文本框，而后向文本框中输入文字。

也可以先输入文字或图片，然后将其置于文本框中。操作方法如下：

① 选定要放入文本框的文本。

② 选择"插入"选项卡，在"文本"选项组中单击"文本框"按钮，在弹出的下拉菜单中选择"绘制文本框"命令，选定的文本即被置于文本框中。

（2）选定文本框

① 单击文本框，该文本框四周出现控制块（小圆圈或小方块）说明被选中。

② 按住【Shift】键，连续单击多个文本框，则选定多个形状。

③ 单击文本框外的空白处，则取消对文本框的选定。

（3）移动或复制文本框

Word 2010 把文本框视为一种形状。移动或复制文本框与移动或复制形状的方法完全相同。

（4）格式化文本框

Word 2010 把文本框视为一种形状。格式化文本框与格式化形状的方法完全相同。

（5）删除文本框

Word 2010 把文本框视为一种形状。删除文本框与删除形状的方法完全相同。

2.4　编辑长文档

所谓长文档一般指页数达到十页以上的文档，例如毕业论文、书稿、标书等都属于长文档。长文档一般要设置奇偶不同的页眉，插入页码，生成目录。

【任务 2-6】编辑书稿

编辑素材文件夹中的书稿《第2章　办公文档的处理》，要求如下：

（1）设置起始页码为31。

（2）设置首页不同奇偶不同的页眉，偶数页的页眉为书名"办公自动化任务驱动教程"，奇数页的页眉为本章标题"第2章　办公文档的处理"。

（3）修改"标题 1"样式，使之字体为"黑体"，字号为"二号"，居中对齐，段前与段后间距为 1 行，单倍行距，大纲级别为 1 级，并应用于书稿的一级标题。

（4）修改"标题 2"样式，使之字体为"黑体"，字号为"三号"，居中对齐，段前与段后间距为 0.5 行，单倍行距，大纲级别为 2 级，并应用于书稿的二级标题。

（5）创建自定义样式"自定义标题 3"，使之字体为"宋体"，字号为"四号"，字形为"加粗"，左对齐，首行缩进 0.75 厘米，单倍行距，大纲级别为 3 级，并应用于书稿的三级标题。

（6）在书稿的文末生成目录，目录格式来自模板，显示页码，页码右对齐，显示级别为 3 级，制表符前导符为"……"。（之所以将目录生成在每一章的文末，是为了不影响每一章文稿的起始页码。全书统编时，将每一章的目录复制到全书的总目录中）

（7）在目录前插入分页符，使目录单独在一页内。

页码是图书的每一页面上标明次序的数字号码，用以统计书籍的面数，以便于读者检索。编辑一本图书时，为了避免文件篇幅太大，通常每一章创建一个 Word 文档，这样每一章文档需要设置各不相同的起始页码。起始页码最小为 0，但不可为负数。

页眉和页脚是打印在文档每页的上边距区和下边距区的注释性文本或图形。页眉和页脚的内容可以很简单（只含页码），也可以很复杂（包含文档名、章节名、作者名、日期、图形等）。页眉和页脚必须在页面视图或打印预览状态下才能看到。页眉和页脚的插入、修改、删除都必须在页眉和页脚的编辑状态中进行，而非在正文编辑状态中进行。

为了美观，图书每一章的第一页不显示页眉和页脚以及页码，称为"首页不同"。虽然首页不显示页码，但是页码数隐含。页眉和页脚的形式有两种："各页相同的页眉和页脚"和"奇偶页不同的页眉和页脚"。二者设置方法基本相同，差异在于设置"奇偶页不同的页眉和页脚"之前，要先设置"首页不同"和"奇偶页不同"。

没有结构的文档不能生成目录。所以，生成目录之前，必须先设置文档结构。设置文档结构的方法是：在大纲视图中设置文档标题的级别，或者使用样式来格式化文档的各级标题。

样式是一组字符格式和段落格式的集合，是格式化文档的高效工具。使用样式格式化文档可以免除繁杂操作，使文档格式化后的各级标题的格式保持一致。若修改样式，则自动更改文档中所有采用该样式格式化的段落。

当输入的文档内容满一页时，Word 会自动插入一个分页符。由 Word 自动插入的分页符称为软分页符。在"草稿"视图中，软分页符是一条横向虚线。软分页符不能删除。

有时需要从文档的某个位置起强制分页，这就需要手工插入一个分页符，所插入的分页符称为硬分页符。在"页面视图"中硬分页符是一条横向虚线，中间有"分页符"3 个字。硬分页符可以删除。

编辑长文档的一般流程：设置奇偶页不同的页眉和页脚→设置页码→修改样式或创建自定义样式→使用样式格式化文档标题→设置文档结构→生成目录→插入分页符→保存文档。

在 Word 2010 窗口中，打开素材文件夹中的书稿"第 2 章　办公文档的处理.docx"。

1．设置起始页码

（1）进入页眉和页脚编辑状态

① 选择"视图"选项卡，在"文档视图"选项组中选择"页面视图"。

② 双击文档页眉区（上边距），进入页眉和页脚编辑状态，并激活"页眉和页脚工具–设

计"选项卡。选项卡中包含全部编辑页眉和页脚的命令和选项，如图2-47所示。

图2-47 "页眉和页脚工具–设计"选项卡

（2）设置起始页码

在"页眉和页脚工具–设计"选项卡的"页眉和页脚"选项组中单击"页码"按钮，在弹出的下拉菜单中选择"设置页码格式"命令，打开"页码格式"对话框。在"起始页码"文本框中输入"25"（见图2-48），然后单击"确定"按钮。

2. 设置奇偶不同的页眉

（1）设置"首页不同"和"奇偶页不同"

① 在"页眉和页脚工具–设计"选项卡的"选项"选项组中，选中"首页不同"和"奇偶页不同"复选框（见图2-47）。

② 在首页页眉区不输入内容。

（2）设置偶数页的页眉

① 将插入点移动到偶数页页眉的左端，在"页眉和页脚"选项组中单击"页码"→"当前位置"→"普通数字"，即在偶数页页眉的左端插入的页码。

② 在"页眉和页脚工具–设计"选项卡的"位置"选项组中单击"插入'对齐方式'选项卡"按钮，打开"对齐制表位"对话框。在"对齐方式"选项组中选中"居中"单选按钮；在"前导符"选项组中，选中"无"单选按钮，如图2-49所示。单击"确定"按钮，插入点移动到偶数页页眉中央。

图2-48 "页码格式"对话框

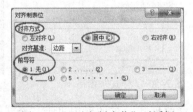

图2-49 "对齐制表位"对话框

③ 输入全书的标题"办公自动化任务驱动教程"。

（3）设置奇数页的页眉

① 将插入点移动到奇数页页眉。

② 在"页眉和页脚工具–设计"选项卡的"位置"选项组中，单击"插入'对齐方式'选项卡"命令，打开"对齐制表位"对话框。在"对齐方式"选项组中选中"居中"单选按钮；在"前导符"选项组中选中"无"单选按钮，如图2-49所示。单击"确定"按钮，插入点移动到奇数页页眉中央。

③ 输入本章的标题"第 2 章 办公文档的处理"。

④在"页眉和页脚工具–设计"选项卡的"位置"选项组中单击"插入'对齐方式'选项卡"命令，打开"对齐制表位"对话框。在"对齐方式"选项组中选中"右对齐"单选按钮；在"前导符"选项组中选中"无"单选按钮。单击"确定"按钮，插入点移动到奇数页页眉右端。

⑤ 在"页眉和页脚"选项组中单击"页码"→"当前位置"→"普通数字"，即在奇数页页眉的右端插入页码。

（4）退出页眉和页脚编辑状态

在"页眉和页脚工具–设计"选项卡的"关闭"选项组中单击"关闭页眉和页脚"按钮，返回正文编辑状态。

3. 修改样式

Word 2010 提供的样式不完全符合用户需求，有时需要对样式进行适当的修改，然后用之格式化文档。

（1）修改"标题 1"样式

① 选择"开始"选项卡，在"样式"选项组中单击右下角的"样式"按钮，弹出"样式"窗格。

② 单击要修改的样式"标题 1"右端的下拉按钮，弹出下拉列表，如图 2-50 所示。

③ 单击下拉菜单中的"修改"选项，打开"修改样式"对话框，设置字体为"黑体"，字号为"二号"，居中对齐，如图 2-51 所示。

图 2-50 "样式"窗格

图 2-51 "修改样式"对话框

④ 在"修改样式"对话框中单击"格式"按钮，在弹出的菜单中选择"段落"命令，打开"段落"对话框；设置段落格式为段前与段后间距为 1 行，单倍行距，大纲级别为 1 级，如图 2-52 所示，然后单击"确定"按钮关闭"段落"对话框，返回"修改样式"对话框。

⑤ 单击"确定"按钮关闭"修改样式"对话框。

（2）修改标题 2 样式

修改标题 2 样式与修改标题 1 样式的方法相同，不再赘述。

（3）创建自定义样式

用户在对文档进行编排的过程中会形成个性化的风格，为了将此风格快速地应用于文档其他部分或其他文档，则需要创建自定义样式。具体方法如下：

① 选择"开始"选项卡，在"样式"选项组中单击右下角"样式"按钮，弹出"样式"窗格（见图 2-50）。

② 选择"正文"样式，单击"样式"窗格左下角的"新建样式"按钮，打开"根据格式设置创建新样式"对话框。在"名称"文本框中输入"自定义标题 3"，设置字体为"黑体"，字号为"四号"，左对齐，如图 2-53 所示。

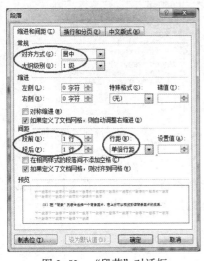

图 2-52　"段落"对话框　　　　　　　　图 2-53　"根据格式设置创建新样式"对话框

③ 在"根据格式设置创建新样式"对话框中单击"格式"按钮，在弹出的菜单中选择"段落"命令，打开"段落"对话框。设置段落格式为段前与段后间距为 1 行，大纲级别为 3 级，首行缩进 0.75 厘米，单倍行距，如图 2-54 所示。然后，单击"确定"按钮关闭"段落"对话框，返回"根据格式设置创建新样式"对话框。

④ 单击"确定"按钮关闭"根据格式设置创建新样式"对话框。

所创建的"自定义标题 3"样式即添加到"样式"窗格中。

4．使用样式格式化文档

（1）打开"样式"窗格

① 选择"开始"选项卡，单击"样式"选项组中右下角的"样式"按钮，弹出"样式"窗格（见图 2-50）。

② 单击"样式"窗格右下角的"选项"按钮，打开"样式窗格选项"对话框。单击"选择要显示的样式"列表框右端的下拉按钮，在弹出的列表中选择"所有样式"，如图 2-55 所示。

③ 单击"确定"按钮关闭"样式窗格选项"对话框。"样式"窗格中即显示所有样式。

（2）使用样式格式化文档

① 选定书稿一级标题"第 2 章　办公文档的处理"，单击"样式"窗格中的"标题 1"。

② 选定书稿二级标题，单击"样式"窗格中的"标题 2"。

③ 选定书稿三级标题，单击"样式"窗格中的"自定义标题 3"。

所选择的样式即应用于选定的段落，同时在"所选文字的格式"栏中显示所选样式的名称。

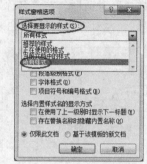

图 2-54　"段落"对话框　　　　　　　　　　　图 2-55　"样式窗格选项"对话框

5. 显示文档结构

选择"视图"选项卡，在"显示"选项组中选中"导航窗格"复选框，在文档窗口的左侧弹出"导航"窗格，在"导航"窗格中显示文档各级标题的层次结构，如图 2-56 所示。

6. 生成目录

本任务要求目录要生成在文末。

（1）按【Ctrl+End】组合键，将插入点移动到文末。

（2）选择"引用"选项卡，在"目录"选项组中单击"目录"按钮，弹出下拉菜单，如图 2-57 所示。

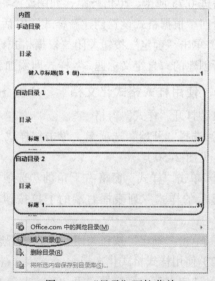

图 2-56　"导航"窗格　　　　　　　　　　　图 2-57　"目录"下拉菜单

（3）在"目录"下拉菜单中选择"插入目录"命令，打开"目录"对话框。在"目录"选项卡中选中"显示页码"和"页码右对齐"复选框，选择制表符前导符为"……"。取消"使用超链接而不使用页码"复选框，目录格式设置为"来自模板"，显示级别设置为 3 级，如图 2-58 所示。

（4）单击"确定"按钮，即在文末生成目录，如图2-59所示。

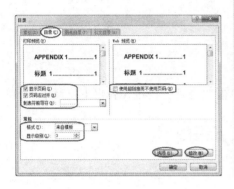

图2-58　"目录"选项卡

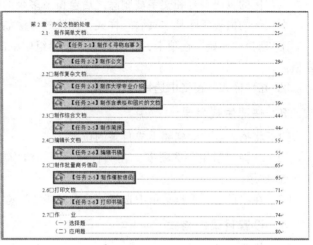

图2-59　在文末生成目录

注：如果目录生成在文首，且目录单独占用1页，那么设置文档起始页码时要减1。

7. 插入分页符

① 将插入点移动到目录之前的位置（目录第1行的行首）。

② 选择"插入"选项卡，在"页"选项组中单击"分页"命令。即在目录前插入强制分页符，将目录放置到下一页中。

 拓　展　知　识

1. 设置页码编号的格式

页码编号的默认格式是简单阿拉伯数字　1，2，3，…，用户可根据实际需要设置页码编号的格式。设置页码编号格式的方法如下：

（1）双击文档页眉区，进入页眉和页脚编辑状态，并激活"页眉和页脚工具–设计"选项卡。

（2）在"页眉和页脚"选项组中单击"页码"按钮，在弹出的下拉菜单中选择"设置页码格式"命令，打开"页码格式"对话框。单击"页码格式"列表框右端的下拉按钮，弹出"页码格式"列表，选择其中一种页码编号格式，例如大写罗马数字，如图2-60所示。然后，单击"确定"按钮。

图2-60　"页码格式"对话框

2. 删除页码

对于"各页相同的页眉和页脚"，只要删除任意一个页码，即删除整个文档的页码。对于"奇偶页不同的页眉和页脚"，要删除一个奇数页码和偶数页码，才能删除整个文档的页码。删除页码的方法如下：

（1）双击文档页眉区，进入页眉和页脚编辑状态。

（2）在页眉区选中页码编号和文字，按【Delete】键或【Backspace】键。

页眉区的页码编号和文字被删除之后会留下多余的横线，如何删除呢？

页眉区的横线实际是"页眉"样式。删除的方法如下：

① 选择"开始"选项卡，在"样式"选项组中单击右下角的"样式"按钮，弹出"样式"窗格。

② 在"样式"窗格中选择"正文"样式。

3．快速生成目录

（1）将插入点移动到要生成目录的位置。

（2）选择"引用"选项卡，在"目录"选项组中单击"目录"按钮，弹出下拉菜单，如图 2-57 所示。

（3）在"目录"下拉菜单中选择"自动目录 1"或"自动目录 2"。

4．设置目录的格式

（1）修改目录的级别

① 在图 2-58 所示的"目录"对话框的"目录"选项卡中单击"选项"按钮，打开"目录选项"对话框，如图 2-61 所示。

② 删除"目录级别"框中的原有级别数，重新选择"有效样式"并在相应的"目录级别"框中输入级别数。然后，单击"确定"按钮。

（2）修改目录的样式

① 在图 2-58 所示"目录"对话框的"目录"选项卡中单击"修改"按钮，打开"样式"对话框，如图 2-62 所示。

图 2-61　"目录选项"对话框

② 单击"修改"按钮，打开"修改样式"对话框，如图 2-63 所示。可在此对话框中修改目录样式的字体、字号、对齐方式等。

图 2-62　"样式"对话框

图 2-63　"修改样式"对话框

5．更新目录

生成目录之后，对文档内容又进行了修改，导致目录与文档内容不匹配。是否要删除原有目录，重新生成目录呢？不需要！更新目录的简便方法如下：

（1）选定原有生成的目录。

（2）选择"引用"选项卡，在"目录"选项组中单击"更新目录"按钮，弹出"更新目录"对话框，选择"更新整个目录"单选按钮，如图 2-64 所示。然后，单击"确定"按钮。

图 2-64 "更新目录"对话框

6．显示和删除强制分页符

（1）显示强制分页符

所插入的强制分页符在文档中不一定能看见。显示人工分页符的方法如下：

① 选择"开始"选项卡，在"段落"选项组的右上角有"显示/隐藏编辑标记"按钮，如图 2-65 所示。该按钮是翻转开关。

图 2-65 "开始"选项卡 "段落"选项组

② 单击"显示/隐藏编辑标记"按钮，则显示或隐藏编辑标记。强制分页符显示为一条横向虚线，中间有"分页符"3 个字，如图 2-66 所示。

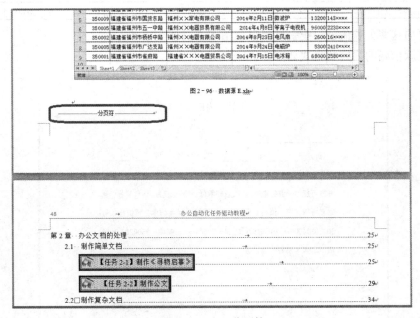

图 2-66 人工分页符

（2）删除强制分页符

① 将插入点移动到强制分页符上。

② 按【Delete】键。

2.5　制作批量商务信函

在企事业工作的文秘人员，经常需要同时向多个客户发送信函。例如，单位庆典邀请函、会议通知、报价单和催款函等。这些信件的特点是：大部分内容相同，例如，会议通知中的会议议题和内容、开会的地点和时间等；少部分内容各异，例如，收信人邮编、地址和姓名等。

如果分别制作每一个客户信函，则是重复劳动，工作量大。以下通过一个实例来解决这类问题。

【任务 2-7】制作催款信函

时近年末，本年度与新亚贸易有限公司有业务往来的公司之中，尚有一部分公司在收到货物后逾期未付结算款。欠款公司的信息存放在"数据源 W.docx"文件的表格中，如表 2-1 所示。

表 2-1　与本公司有交易往来公司的欠款信息表

邮编	地　　址	公司名称	日　　期	商品	金　额	发票号
350026	福建省仓山高科技园区	福州××威电器有限公司	2014 年 5 月 8 日	液晶电视机	68 000.00	03811×××
350011	福建省福州市连江中路	福州××电器有限公司	2014 年 6 月 19 日	空调	68 000.00	05487×××
350013	福建省福州市六一北路	福州××电有限公司	2014 年 10 月 3 日	电冰箱	74 600.00	00024×××
350009	福建省福州市国货东路	福州××家电有限公司	2014 年 2 月 11 日	微波炉	13 200.00	01436×××
350005	福建省福州市五一中路	福州××电器贸易有限公司	2014 年 4 月 8 日	等离子电视机	96 000.00	22309×××
350002	福建省福州市杨桥中路	福州××电器有限公司	2014 年 8 月 23 日	电风扇	2 600.00	00163×××
350005	福建省福州市广达支路	福州××电器有限公司	2014 年 9 月 24 日	电磁炉	5 300.00	24100×××
350001	福建省福州市省府路	福建省××电器贸易公司	2014 年 7 月 15 日	电冰箱	68 000.00	25801×××

现在要向这些欠款的公司统一发出催款信函。具体要求如下。

（1）催款信函的内容和格式如图 2-67 所示。

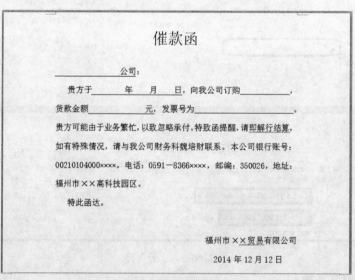

图 2-67　催款信函

（2）催款信封的内容和格式如图 2-68 所示。

«邮编»
«地址»
«公司名称»

福州市××贸易公司
福州市××高科技园区
邮编：350026

图 2-68　催款信封

（3）利用"数据源 W.docx"表格中的数据，制作 8 份催款信函和催款信封。

本问题需要制作批量商务信函，可使用 Word 2010 邮件合并功能来实现。

催款函的一部分内容是相同的，例如，发函单位的邮编、名称、地址、电话和发函时间等。这些相同的内容将重复出现在每一封催款函中，是信函通用的不变信息，把这些相同的内容作为信函的"主文档"。

催款函的另一部分内容却是各不相同的，例如，欠款单位的名称、交易项目、交易日期、发票号码和欠款金额等。这些各不相同的内容可设置为"域"变量，然后把"域"插入主文档中，就形成占位符，如<<公司>>。

"数据源"是存放主文档中所需的各不相同内容的数据的文件。数据源可以是 Word 表格、Excel 工作表或 Access 数据库。

"合并域"就是使用来自"数据源"的具体数据替代主文档中"域"变量。例如，在主文档中插入<<部门>>域，合并时将使用自数据源的具体数据，将"域"变量替代为"财务部""管理部""开发部""市场部"等。

邮件合并的制作流程：激活"邮件合并"任务窗格→选择文档类型（信函或信封）→选择开始文档（主文档）→选择数据源→输入主文档的内容→插入合并域→预览信函或信封→完成合并（将生成信函或信封合并到新文档）→保存生成的新文档（含多份信函或信封）。

以下使用 Word 2010 的邮件合并功能完成两项任务：制作批量信函和制作批量信封。

1．制作批量信函

使用 Word 2010 的邮件合并功能制作批量信函的操作步骤如下：

（1）启动 Word 2010，创建一个空白文档。

（2）选择"邮件"选项卡，在"开始邮件合并"选项组中单击"开始邮件合并"按钮，在弹出的下拉菜单中选择"邮件合并分步向导"命令，在窗口右侧激活"邮件合并"第 1 步窗格。在"选择文档类型"选项组中选择"信函"单选按钮，如图 2-69 所示。

（3）单击"下一步：正在启动文档"超链接，切换到"邮件合并"第2步窗格。在"选择开始文档"选项组中选择"使用当前文档"单选按钮，如图2-70所示。

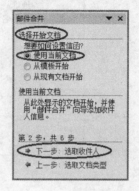

图2-69 "邮件合并"第1步窗格　　　　　　　　图2-70 "邮件合并"第2步窗格

（4）单击"下一步：选取收件人"超链接，切换到"邮件合并"第3步窗格，如图2-71所示。

（5）在"使用现有列表"选项组中单击"浏览"超链接，打开"选取数据源"对话框。选择保存数据源的文件夹，在文件列表框中选择"数据源W.docx"作为数据源的文件，如图2-72所示。

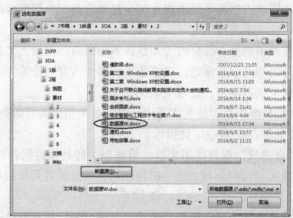

图2-71 "邮件合并"第3步窗格　　　　　　　图2-72 "选取数据源"对话框

（6）单击"打开"按钮，打开"邮件合并收件人"对话框。默认全部记录要合并到主文档，如图2-73所示。然后，单击"确定"按钮关闭"邮件合并收件人"对话框，返回"邮件合并"第3步窗格。

（7）单击"下一步：撰写信函"超链接，切换到"邮件合并"第4步窗格，如图2-74所示。

（8）将插入点移动到主文档中，输入图2-67所示的主文档内容。

（9）在主文档中，选定"公司"字符及其之前的下画线，单击"邮件合并"第4步窗格中的"其他项目"超链接，打开"插入合并域"对话框。在"插入"选项组中选用默认的"数据库域"；在"域"列表框中选择"公司名称"，如图2-75所示。

（10）单击"插入"按钮，数据源中的"公司名称"域就插入了主文档，显示为<<公司名称>>。重复以上的操作，将"日期""商品""金额"和"发票号"域插入主文档，如图2-76所示。

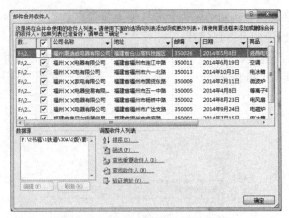

图 2-73 “邮件合并收件人”对话框

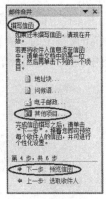

图 2-74 “邮件合并”第 4 步窗格

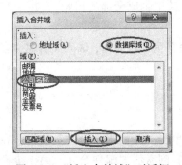

图 2-75 “插入合并域”对话框

催款函

«公司名称»：

贵方于«日期»，向我公司订购«商品»，货款金额«金额»元，发票号为«发票号»。贵方可能由于业务繁忙，以致忽略承付。特致函提醒，请即解行结算，如有特殊情况，请与我公司财务科魏培财联系。本公司银行账号：00210104000××××。电话：0591－8366××××，邮编：350026，地址：福州市仓山高科技园区。

特此函达。

福州市××贸易有限公司

2014 年 12 月 12 日

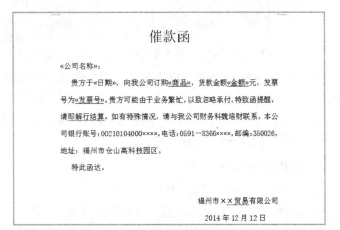

图 2-76 插入域后的信函主文档

（11）单击“下一步：预览信函”超链接，切换到“邮件合并”第 5 步窗格，如图 2-77 所示。此时，主文档中的域被数据源相应字段的值所替代，如图 2-78 所示。单击任务窗格中的[<<]按钮或[>>]按钮，可前后翻阅合并域后的每一封信函。

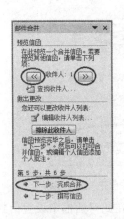

图 2-77 “邮件合并”第 5 步窗格

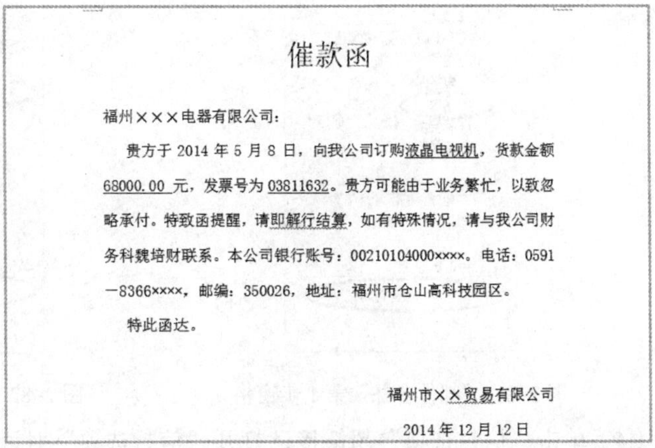

催款函

福州×××电器有限公司：

贵方于 2014 年 5 月 8 日，向我公司订购液晶电视机，货款金额 68000.00 元，发票号为 03811632。贵方可能由于业务繁忙，以致忽略承付。特致函提醒，请即解行结算，如有特殊情况，请与我公司财务科魏培财联系。本公司银行账号：00210104000××××。电话：0591－8366××××，邮编：350026，地址：福州市仓山高科技园区。

特此函达。

福州市××贸易有限公司

2014 年 12 月 12 日

图 2-78 域替代后的信函主文档

（12）单击"下一步：完成合并"超链接，切换到"邮件合并"第 6 步窗格，如图 2-79 所示。此时，主文档中的域与数据源相应字段值的合并已完成。

（13）单击窗格中的"编辑个人信函"超链接，打开"合并到新文档"对话框。在"合并记录"选项组中选中"全部"单选按钮，如图 2-80 所示。

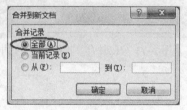

图 2-79　"邮件合并"第 6 步窗格　　　　图 2-80　"合并到新文档"对话框

（14）单击"确定"按钮，则在默认名为"信函 1"的新文档中生成全部的信函。（共 8 份信函，每页 1 份信函。）

（15）单击"快速访问工具栏"中的"保存"按钮，打开"另存为"对话框，输入文件名"合并后催款函"，然后单击"保存"按钮。

2．制作批量信封

（1）在 Word 2010 中创建一个空白文档。

（2）选择"邮件"选项卡，在"开始邮件合并"选项组中单击"开始邮件合并"按钮，在弹出的下拉菜单中选择"邮件合并分步向导"命令，即在窗口右侧激活"邮件合并"第 1 步窗格。在"选择文档类型"选项组中选择"信封"单选按钮，如图 2-81 所示。

（3）单击"下一步：正在启动文档"超链接，切换到"邮件合并"第 2 步窗格。在"选择开始文档"选项组中，选择"更改文档版式"单选按钮，如图 2-82 所示。

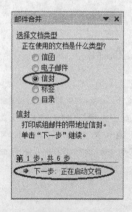

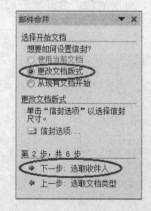

图 2-81　"邮件合并"第 1 步窗格　　　　图 2-82　"邮件合并"第 2 步窗格

（4）单击"信封选项"超链接，打开"信封选项"对话框。在此对话框中设置信封的类型和尺寸，如图 2-83 所示。

（5）单击"确定"按钮，插入点返回主文档的发信人文本框，输入 3 行发信人的信息"福州市××贸易公司　福州市××高科技园区　邮编：350026"。

（6）单击任务窗格下方的"下一步：选取收件人"超链接，切换到"邮件合并"第 3 步窗格，如图 2-84 所示。

图 2-83　"信封选项"对话框

图 2-84　"邮件合并"第 3 步窗格

（7）在"使用现有列表"选项组中单击"浏览"超链接，打开"选取数据源"对话框。选择保存数据源的文件夹，在文件列表框中选择"数据源 W.docx"作为数据源的文件（见图 2-72）。

（8）单击"打开"按钮，打开"邮件合并收件人"对话框。默认全部记录要合并到主文档，（见图 2-73）。然后，单击"确定"按钮关闭"邮件合并收件人"对话框，返回"邮件合并"第 3 步窗格。

（9）单击任务窗格下方的"下一步：选取信封"超链接，切换到"邮件合并"第 4 步窗格，如图 2-85 所示。

（10）将插入点移动到主文档中收件人文本框中，单击任务窗格中的"其他选项"超链接，打开"插入合并域"对话框（见图 2-75）。在"插入"选项组中选择"数据库域"单选按钮；在"域"列表框中分别选择"邮编""地址"和"公司名称"域，将其插入主文档（见图 2-68）。

（11）单击"下一步：预览信函"超链接，切换到"邮件合并"第 5 步窗格，如图 2-86 所示。此时，主文档中的域被数据源相应字段的值所替代，如图 2-87 所示。单击任务窗格中的 ⟨⟨ 按钮或 ⟩⟩ 按钮，可前后翻阅合并域后的每一封信封。

（12）单击"下一步：完成合并"超链接，切换到"邮件合并"第 6 步窗格，如图 2-88 所示。此时，主文档中的域与数据源相应字段值的合并已完成。

（13）单击窗格中的"编辑单个信封"超链接（见图 2-88），打开"合并到新文档"对话框。在"合并记录"选项组中选中"全部"单选按钮。

（14）单击"确定"按钮，则在默认名为"信封 1"的新文档中生成全部信封。（共 8 份信封，每页 1 份信封。）

（15）单击"保存"按钮，打开"另存为"对话框，以"合并后催款信封"为文件名保存生成的全部信封。

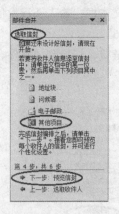

图 2-85 "邮件合并"第 4 步窗格

图 2-86 "邮件合并"第 5 步窗格

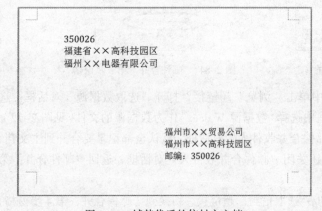

图 2-87 域替代后的信封主文档

图 2-88 "邮件合并"第 6 步窗格

2.6 打 印 文 档

文字处理的最后一道工序通常是将存储在计算机中编排好的电子文档从打印机输出，形成纸质文档。

【任务 2-8】打印书稿

打印素材文件夹中的书稿——《第 2 章　办公文档的处理》，要求如下：

（1）打印之前，先进行打印预览。

（2）纵向双面打印。

（3）共打印两份书稿。

 任 务 分 析

打印书稿是把计算机中的电子文档输出为书面文档，这可能会产生屏幕上所见的文档与打印的纸质文档不一致的情况。为了达到"所见即所得"的打印效果，一般打印前先进行打印预览。双面打印的目的是节省纸张，但也增加了打印操作的难度。

办公自动化任务驱动教程

打印文档的流程一般为：打开文档→打印预览→打印设置→打印输出。

任务实现

1．激活打印窗口

在"文件"下拉菜单中选择"打印"命令，即切换到打印窗口。窗口的右边是"打印预览窗格"，左边是"打印窗格"，如图 2-89 所示。

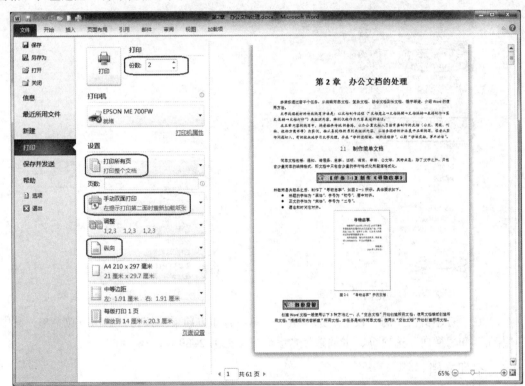

图 2-89　打印窗口

2．打印预览

移动窗口右下角"显示比例"上的滑块，可调整预览页面的大小。使用鼠标滚轮可实现上下翻页预览。

3．打印设置

（1）在"打印窗格"的打印"份数"文本框中输入"2"。

（2）在"打印窗格"的"打印机"列表框中选择打印的输出方向（打印机或文件）。本例选打印的输出方向为打印机。

（3）在"打印窗格"的"设置"选项组中单击打印范围下拉按钮，弹出下拉菜单，其中有"打印所有页"和"打印当前页面"选项等，本例选用"打印所有页"，如图 2-90 所示。

（4）在"打印窗格"的"设置"选项组中单击打印方式下拉按钮，弹出下拉菜单，其中有"单面打印""双面打印（翻转长边页面）""双面打印（翻转短边页面）"和"手动双面打印"选项，如图 2-91 所示。

注：若选用"双面打印（翻转长边页面）"或"双面打印（翻转短边页面）"，则打印机必须具有支持自动双面打印的功能，具有自动翻转的进纸方式。翻转长边是竖向打印双面，翻转短边是横向打印双面。

对于没有自动翻转进纸方式的打印机，应选择"手动双面打印"。本例选用"手动双面打印"。

图 2-90　打印范围下拉菜单

图 2-91　打印方式下拉菜单

（5）在"打印窗格"的"设置"选项组中，单击打印方向下拉按钮，弹出下拉菜单，其中有"纵向"和"横向"选项等，本例选择"纵向"（见图 2-89）。

4．打印文档

（1）打印选项设置完毕，单击"打印窗格"左上方的"打印"按钮，打印机开始打印奇数页文档，当奇数页文档打印完毕时暂停打印，弹出提示对话框，如图 2-92 所示。

图 2-92　打印提示对话框

（2）将已打印好一面的纸取出，翻过来放回送纸器，然后单击"确定"按钮，偶数页文档则打印在奇数页的背面。

 拓 展 知 识

1．自定义打印范围

（1）在图 2-90 所示的"打印窗格"的"设置"选项组中单击打印范围下拉按钮，弹出下拉菜单，选择"打印自定义范围"选项。

（2）在"页数"文本框中输入自定义页码。例如，"-5"表示打印第 1 页到第 5 页；"5-"表示打印第 5 页到文档结束；"5-9"表示打印第 5 页到第 9 页；"1，3，5-8，13"表示打印第 1、3、5、6、7、8 和 13 页。

注意： 连续符（减号）和分隔符（逗号）皆为半角字符。

2．奇偶页双面打印

下面介绍另一种奇偶页双面打印的方法。

（1）在图 2-90 所示的"打印范围"下拉菜单中选择"仅打印奇数页"，则打印奇数页。

（2）将已打印好一面的纸取出，翻过来放回送纸器。

（3）在图 2-90 所示的"打印范围"下拉菜单中选择"仅打印偶数页"，则偶数页文档则将印在奇数页的背面。

课后习题 2

一、选择题

1．Word 具有（　　）功能。
  A．表格处理   B．绘制图形
  C．自动更正   D．以上三项都是

2．在 Word 2010 窗口的状态栏中显示的信息不包括（　　）。
  A．页面信息   B．"插入"或"改写"状态
  C．当前编辑的文件名   D．字数信息

3．Word 2010 的"文件"选项卡下的"最近所用文件"选项所对应的文件是（　　）。
  A．扩展名为.doc 的所有文件   B．仅当前打开的 Word 文件
  C．最近被操作过的 Word 文件   D．扩展名为.docx 的所有文件

4．在 Word 2010 编辑状态下，能设置文档行间距的功能按钮位于（　　）中。
  A．"文件"选项卡   B．"开始"选项卡
  C．"插入"选项卡   D．"页面布局"选项卡

5．在 Word 2010 编辑状态下，"开始"选项卡下"剪贴板"组中的"剪切"和"复制"按钮呈浅灰色而不能用，原因是（　　）。
  A．剪贴板上已经有信息存放了   B．在文档中没有选中任何内容
  C．选定的内容是图片   D．选定的文档太长，剪贴板放不下

6．在 Word 2010 编辑状态下，文档窗口显示出水平标尺，拖动水平标尺上"首行缩进"滑块，则（　　）。
  A．文档中各个段落的首行起始位置都重新确定
  B．文档中被选择的段落首行起始位置都重新确定
  C．文档中各行的起始位置都重新确定
  D．插入点所在行的起始位置被重新确定

7. 在 Word 2010 中，下列操作中能够切换"插入"和"改写"两种编辑状态的是（　　）。

    A. 按【Ctrl + I】组合键　　　　　　　　B. 按【Shift + I】组合键

    C. 单击状态栏中的"插入"或"改写"　D. 单击状态栏中的"修订"

8. Word 2010 文档的默认扩展名为（　　）。

    A. .txt　　　　　　　B. .doc　　　　　　　C. .docx　　　　　　　D. .jpg

9. 能够看到 Word 2010 文档的分栏效果的是（　　）视图。

    A. 页面　　　　B. 草稿　　　　　　　C. 大纲　　　　　　　D. Web 版式

10. 在 Word 2010 中，能将标题分级显示，但不显示图形对象的视图是（　　）。

    A. 页面视图　　　　　　　　　　　　　B. 大纲视图

    C. Web 版式视图　　　　　　　　　　　D. 草稿视图

11. 在 Word 2010 中，下列操作中不能建立一个新文档的是（　　）。

    A. 在 Word 2010 窗口的"文件"选项卡中选择"新建"命令

    B. 按【Ctrl + N】组合键

    C. 鼠标左键单击"快速访问工具栏"中的"新建"按钮

    D. 在 Word 2010 窗口的"文件"选项卡中选择"打开"命令

12. 在 Word 2010 中"打开"文档的作用是（　　）。

    A. 将指定的文档从外存中读入内存，并在编辑窗口显示出来

    B. 将指定的文档从内存中读入，并显示出来

    C. 为指定的文档打开一个空白窗口

    D. 显示并打印指定文档的内容

13. 在 Word 2010 中，不用打开文件对话框就能直接打开最近使用过的文档的方法是（　　）。

    A. 单击"快速访问工具栏"中的"打开"按钮

    B. 在 Word 2010 窗口的"文件"菜单中选择"打开"命令

    C. 按【Ctrl+O】组合键

    D. 在 Word 2010 窗口的"文件"菜单中，选择"最近所用文件"命令

14. 在 Word 2010 "文件"菜单中，"最近所用文件"命令下显示文档名的个数最多可设置为（　　）。

    A. 10 个　　　　　B. 20 个　　　　　　　C. 25 个　　　　　　　D. 50 个

15. 在 Word 2010 编辑状态下，当前正编辑一个新建文档"文档 1"，当选择"文件"选项卡中的"保存"命令后（　　）。

    A. "文档 1"被存盘　　　　　　　　　B. 弹出"另存为"对话框，待进一步操作

    C. 自动以"文档 1"为名存盘　　　　　D. 不能以"文档 1"存盘

16. 在 Word 2010 编辑状态下，打开 W1.docx 文档，若要将经过编辑或修改后的文档以"W2.docx"为名存盘，应当选择"文件"菜单中的（　　）命令。

    A. 保存　　　　　B. 另存为 HTML　　C. 另存为　　　　　D. 保存并发送

17. 在 Word 2010 中打开一个文档，编辑后执行"保存"操作，该文档（　　）。

    A. 被保存在原文件夹下　　　　　　　B. 可以保存在已有的其他文件夹下

    C. 可以保存在新建文件夹下　　　　　D. 保存后文档被关闭

18. 使用 Word 2010 编辑文档，为了避免文档意外丢失，可设置每间隔 10 分钟自动保存一次文档。依次进行的一组操作是（　　　　）。

    A. 选择"文件"→"选项"→"保存"，再设置自动保存时间间隔

    B. 按【Ctrl+S】组合键

    C. 选择"文件"→"保存"命令

    D. 以上都不对

19. 在 Word 2010 中打开一个文档，对文档进行修改，执行关闭文档操作时（　　　　）。

    A. 文档被关闭，并自动保存修改后的内容

    B. 文档不能关闭，并提示出错

    C. 弹出对话框，并询问是否保存对文档的修改

    D. 文档被关闭，修改后的内容不能保存

20. 在 Word 2010 中打开文档 ABC.docx，修改后另存为 ABD.docx，则文档 ABC.docx（　　　　）。

    A. 被文档 ABD 覆盖　　　　　　　　B. 被修改未关闭

    C. 未修改被关闭　　　　　　　　　　D. 被修改并关闭

21. 在 Word 2010 中，对打开的文档进行编辑时，下列叙述正确的是（　　　　）。

    A. 按【Delete】键，删除插入点左边的字符

    B. 按【Backspace】键，删除插入点右边的字符

    C. 对选中字符，按【Delete】键或【Backspace】键均可删除所选字符

    D. 只能按【Delete】键删除所选字符

22. 在 Word 2010 中，欲删除刚输入的汉字"李"，错误的操作是（　　　　）。

    A. 单击"快速访问工具栏"中的"撤销"按钮

    B. 按【Ctrl+Z】组合键

    C. 按【Backspace】键

    D. 按【Delete】键

23. 在 Word 2010 编辑状态下，将插入点快速移动到文档末尾的操作是按快捷键（　　　　）。

    A.【Home】　　　　B.【Ctrl+End】　　　　C.【Alt+End】　　　　D.【Ctrl+ Home】

24. 在 Word 2010 中，选中整篇文档全部内容的快捷键是（　　　　）。

    A.【Ctrl+X】　　　　B.【Ctrl+C】　　　　C.【Ctrl+V】　　　　D.【Ctrl+A】

25. 在 Word 2010 中，使用拖动鼠标左键方法复制选定文档，应（　　　　）。

    A. 按住【Esc】键　　　　　　　　　B. 按住【Ctrl】键

    C. 按住【Alt】键　　　　　　　　　D. 不做操作

26. 在 Word 2010 窗口中，鼠标左键双击某行文字左边距位置（　　　　）。

    A. 一行　　　　　B. 多行　　　　　C. 一段　　　　　D. 一页

27. 不选择文本而设置 Word 2010 字体，则（　　　　）。

    A. 不对任何文本起作用　　　　　　B. 对全部文本起作用

    C. 对当前文本起作用　　　　　　　D. 对插入点后新输入的文本起作用

28. 在 Word 2010 中，要选定两个不连续区域的文字，应按住（　　　　）键拖动鼠标。

    A.【Ctrl】　　　　B.【Alt】　　　　C.【Shift】　　　　D.【Space】

29. 在 Word 2010 中，绘制文本框的命令按钮在（　　）选项卡中。
   A. "引用"　　　　B. "插入"　　　　C. "开始"　　　　D. "视图"

30. 文本框是文档中一个独立的编辑窗口，在文本框中（　　）。
   A. 只能输入横排文字　　　　　　　B. 不能输入表格
   C. 可以输入文字、表格和图片　　　D. 不能输入图片

31. 在 Word 2010 中，要使用"格式刷"命令，应该先选择（　　）选项卡。
   A. "引用"　　　　B. "插入"　　　　C. "开始"　　　　D. "视图"

32. 关于 Word 2010 查找替换功能，下列叙述正确的是（　　）。
   A. 不能使用通配符进行查找和替换　　B. 无法定位到某指定行
   C. 能够查找图形对象　　　　　　　　D. 能查找替换带格式的字符

33. 在 Word 2010 中，下列叙述正确的是（　　）。
   A. 不能够将"考核"替换为 kaohe，因为一个是中文，一个是英文字符串
   B. 不能够将"考核"替换为"中级考核"，因为它们的字符长度不相等
   C. 能够将"考核"替换为"中级考核"，因为替换长度不必相等
   D. 不可以将含空格的字符串替换为无空格的字符串

34. 在 Word 2010 中，如果要输入希腊字母 Ω，则使用（　　）选项卡中的选项。
   A. "引用"　　　　B. "插入"　　　　C. "开始"　　　　D. "视图"

35. 在 Word 2010 的"字体"对话框中，不可设置文字的（　　）。
   A. 删除线　　　B. 行距　　　　C. 字号　　　　D. 字符间距

36. 在 Word 2010 中，如果要给选定的段落分栏，则使用（　　）选项卡中的选项。
   A. "开始"　　　B. "插入"　　　C. "页面布局"　　　D. "视图"

37. 在 Word 2010 中，段落的第一行不缩进，其余的行缩进，是指（　　）。
   A. 首行缩进　　B. 左缩进　　　C. 悬挂缩进　　　D. 右缩进

38. 在 Word 2010 中，设置首字下沉应选择（　　）选项卡，然后在"文本"组中进行。
   A. "插入"　　　B. "开始"　　　C. "页面布局"　　　D. "视图"

39. 在 Word 2010 中，下述关于分栏操作的说法，正确的是（　　）。
   A. 栏与栏之间不可以设置分隔线
   B. 任何视图下均可看到分栏效果
   C. 设置栏的宽度和间距与页面宽度无关
   D. 可以将指定的段落分成指定宽度的两栏

40. 在 Word 2010 中，双击格式刷进行格式化，格式刷可以使用的次数是（　　）。
   A. 1　　　　　B. 2　　　　　C. 有限次　　　　D. 无限次

41. 在 Word 2010 编辑状态下，要将另一文档的内容全部添加在当前文档的当前光标处，应选择的操作是依次单击（　　）。
   A. "文件"选项卡和"打开"命令　　　B. "文件"选项卡和"新建"命令
   C. "插入"选项卡和"对象"命令　　　D. "文件"选项卡和"超链接"命令

42. 在 Word 2010 中，下面关于页眉和页脚的叙述错误的是（　　）。
   A. 一般情况下，页眉和页脚适用于整个文档
   B. 在编辑页眉与页脚时，可同时插入时间和日期

C. 在页眉和页脚中可以设置页码

D. 一次可以为每一页设置不同的页眉和页脚

43. 在 Word 编辑状态下，对当前文档中的文字进行"字数统计"操作，应当使用"审阅"功能区的（　　　）。

A. "字体"选项组　　　　　　　　　B. "段落"选项组

C. "样式"选项组　　　　　　　　　D. "校对"选项组

44. 在 Word 2010 中，使用了项目符号或编号，则项目符号或编号在（　　　）时会自动出现。

A. 每次按【Enter】键　　　　　　　B. 一行文字输入完毕并【Enter】键

C. 按【Tab】键　　　　　　　　　　D. 文字输入超过右边界

45. 在 Word 2010 的"页面设置"中，默认的纸张大小规格是（　　　）。

A. 16 开　　　　　B. A4　　　　　C. A3　　　　　D. B4

46. 在 Word 2010 中，打印页码 5-7,9,10 表示打印的是（　　　）。

A. 第 5、7、9、10 页　　　　　　　B. 第 5、6、7、9、10 页

C. 第 5、6、7、8、9、10 页　　　　D. 以上说法都不对

47. 在 Word 2010 中，格式化文档时使用预先定义好的多种格式的集合，称为（　　　）。

A. 母版　　　　　B. 项目符号　　　　　C. 样式　　　　　D. 格式

48. 在 Word 2010 文档中插入图片后，可以设置文字环绕方式进行图文混排，下列（　　　）不是 Word 2010 提供的环绕方式。

A. 四周型　　　　　B. 衬于文字下方　　　C. 嵌入型　　　　D. 左右型

49. 在 Word 2010 中，绘制一个图形，应选择（　　　）。

A. "插入"选项卡中的"图片"命令

B. "插入"选项卡中的"形状"命令

C. "开始"选项卡中的"更改样式"命令

D. "插入"选项卡中的"文本框"命令

50. 在 Word 2010 中，绘制"矩形"形状时，按（　　　）键拖动鼠标可绘制出一个正方形。

A. 【Alt】　　　　　B. 【Ctrl】　　　　　C. 【Shift】　　　　D. 【Tab】

51. Word 2010 在打印文档之前，一般先通过"打印预览"查看文档的排版效果。打印预览在（　　　）。

A. "文件"菜单中的"打印"命令中

B. "文件"菜单中的"选项"命令中

C. "开始"选项卡的"打印预览"命令中

D. "页面布局"选项卡的"页面设置"中

52. 在 Word 2010 编辑状态下，可以同时显示水平标尺和垂直标尺的视图方式是（　　　）。

A. 草稿方式　　　B. 大纲方式　　　C. 页面方式　　　D. 全屏显示方式

二、应用题

1. 制作求职信

撰写求职材料（如求职信、个人简历）是大学毕业生踏入职场的必由之路。林某制作的求职信如图 2-93 所示。具体要求如下：

（1）第一行标题字体为"黑体"，字号为"小一"，2倍行距，段前段后间距各1行。

（2）正文的字体为"仿宋"，字号为"四号"，行距为"固定值"20磅。

（3）正文除了第1行外其余首行缩进2字符。

（4）最后2行署名和日期右对齐。

求职信

尊敬的领导：

　　您好！

　　感谢您在宝贵的时间，阅读这封求职信！我是福建商业高等专科学校应届毕业生。近日我在网上了解到贵公司在扩大业务、扩充人员，需要聘用若干名财务人员。故本人写此求职信，谨向您作自我推荐，诚挚地希望成为贵公司的一员。

　　我所学的专业是会计电算化，在三年学习期间，全面系统地完成了包括财务会计、预算会计、成本会计、管理会计、会计信息系统等会计专业课程的学习，具备扎实的专业知识。在校学习期间，我担任班级学习委员，同时积极参与学校和社会各种活动，历练了自己的工作能力，我的表现得到老师的同学的好评，获得2013年度力恒奖学基金。

　　我曾经在新网锐捷公司的财务部门做过实习生。通过实习，提升了个人工作能力和人际沟通技巧，丰富了实践经历。在见习期间，由于我能够与同事协同工作、融洽相处，受到见习单位领导的表扬。久闻贵公司实力强，发展前景广阔。我相信自己能够很好地融入贵公司，成为一名优秀的职员。

　　我热爱会计专业，殷切地希望能够在您们的带领和指导下，为贵公司贡献自己的一份力量，并且在工作的过程中不断提升自我，发挥专长，实现人生价值。希望您们能给我一个机会。无论您们最后是否选择我，我都表示最诚挚的谢意！

　　祝愿您们的事业蒸蒸日上！

　　此致

　　敬礼！

林某

2014年6月20日

图 2-93　求职信

2．制作国庆节放假通知

制作公文文档《关于2014年国庆节放假值班的通知》，样文如图2-94所示。具体要求如下：

（1）公文版头的字体为"宋体"，字号为"初号"，颜色为红色，单倍行距，段前段后间距各3行。

福建××高等专科学校

闽商专校办字〔2014〕16 号

关于 2014 年国庆节放假值班的通知

全校各单位：

按照国务院公布的《全国年节及纪念日放假办法》规定，我校 2014 年国庆节按照《国务院办公厅关于 2014 年部分节假日安排的通知》（国办发明电〔2013〕28 号）安排放假。

一、放假时间安排

1. 10 月 1 日至 7 日放假调休，共 7 天。

2. 10 月 6 日（星期一）调到 9 月 28 日（星期日）上班，10 月 7 日（星期二）调到 10 月 11 日（星期六）上班。

二、放假值班事项

1. 值班人员职责

(1)做好有关通知的传达工作。

(2)检查安全保卫、供水供电、医务、食堂值班人员、辅导员的工作情况。

(3)接待来访者。

(4)接收、转寄信件。

(5)及时处理校内突发事件。

(6)做好值班记录和交接。

2. 值班时间

8：00 至次日 8：00（24 小时）

3. 联系电话

(1) 湖前校区值班室：8771××××；

(2) 潘渡校区值班电话：2629××××

福建××高等专科学校校长办公室

二〇一四年九月二十一日

图 2-94　关于 2014 年国庆节放假值班的通知

（2）公文编号的字体为“仿宋”，字号为“三号”，单倍行距，段后间距 0.5 行。

（3）公文编号下面红色横线粗 3 磅。

（4）公文标题的字体为“黑体”，字号为“二号”，单倍行距，段前段后间距各 1.5 行。

（5）公文正文的字体为“仿宋”，字号为“小三”，行距为“固定值”24 磅。除了第 1 行外，其余首行缩进 2 字符。

（6）公文正文小标题的字体为“黑体”，字号为“三号”，单倍行距。

（7）公文正文二级小标题的字体为“仿宋”、字形为“加粗”，字号为“小三”，单倍行距。

（8）最后 2 行署名和日期右对齐。

3．制作新闻简报

制作新闻简报“G20 首尔峰会”，样文如图 2-95 所示。具体要求如下：

（1）纸张大小为 A4，上、下页边距为 2.54 厘米，左、右页边距为 2 厘米。

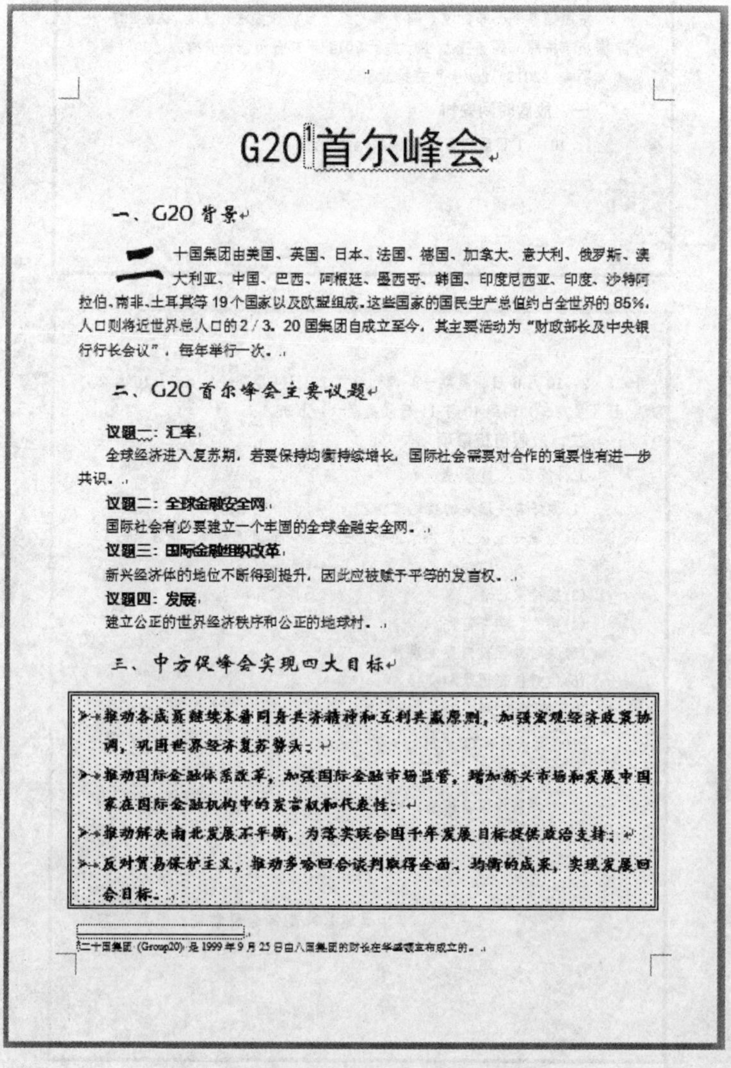

G20 首尔峰会

一、G20 背景

二十国集团由美国、英国、日本、法国、德国、加拿大、意大利、俄罗斯、澳大利亚、中国、巴西、阿根廷、墨西哥、韩国、印度尼西亚、印度、沙特阿拉伯、南非、土耳其等 19 个国家以及欧盟组成。这些国家的国民生产总值约占全世界的 85%，人口则将近世界总人口的 2/3。20 国集团自成立至今，其主要活动为“财政部长及中央银行行长会议”，每年举行一次。

二、G20 首尔峰会主要议题

议题一：汇率

全球经济进入复苏期，若要保持均衡持续增长，国际社会需要对合作的重要性有进一步共识。

议题二：全球金融安全网

国际社会有必要建立一个牢固的全球金融安全网。

议题三：国际金融组织改革

新兴经济体的地位不断得到提升，因此应被赋予平等的发言权。

议题四：发展

建立公正的世界经济秩序和公正的地球村。

三、中方促峰会实现四大目标

- 推动各成员继续本着同舟共济精神和互利共赢原则，加强宏观经济政策协调，巩固世界经济复苏势头；
- 推动国际金融体系改革，加强国际金融市场监管，增加新兴市场和发展中国家在国际金融机构中的发言权和代表性；
- 推动解决南北发展不平衡，为落实联合国千年发展目标提供政治支持；
- 反对贸易保护主义，推动多哈回合谈判取得全面、均衡的成果，实现发展回合目标。

二十国集团（Group20）是 1999 年 9 月 25 日由八国集团的财长在华盛顿宣布成立的。

图 2-95　G20 首尔峰会

（2）文档标题（第1行）的字体为"黑体"，字号为"小初"，段前、段后间距皆为1行。

（3）正文标题字体为"华文新魏"，字号为"小二"，段前、段后间距皆为0.5行。

（4）正文（除标题外）字体为"宋体"，字号为"小四"，行距皆为"1.25"倍，首行缩进2字符。

（5）正文第1段设置首字下沉，字体为"华文新魏"，下沉行数为2。

（6）正文标题（一、G20背景，二、G20首尔峰会主要议题，三、中方促峰会实现四大目标）的字体为"华文新魏"，字号为"小二"，段前、段后间距皆为0.5行。。

（7）正文二级标题（议题一、议题二、议题三、议题四）的字体为"幼圆"，字号为"小四"。

（8）"中方促峰会实现四大目标"（正文最后4段）的字体为"楷体"、字形为"加粗"、字号为"四号"；并设置项目符号；添加宽度1.5磅的蓝色双线边框和黄底红色15%点纹。

（9）对文档标题中的"G20"添加脚注，脚注的内容为"二十国集团（Group20）是1999年9月25日由八国集团的财长在华盛顿宣布成立的。"

4．编排长文档

到网络上下载一个不少于10页的Word文档，然后进行如下编排：

（1）页面设置：纸张大小为16开，上边距为2.5厘米、下边距为1.5厘米、左边距为1.7厘米、右边距为1.7厘米和左装订线为1厘米。

（2）使用大纲视图将文档结构设置为4级（有3级标题和正文文本）。

（3）设置奇偶页不同的页眉且首页不同（起始页码为0）。

（4）在文档的首部生成目录。

（5）在目录后插入分页符，使目录单独在一页内。（起始页码为0，且不显示，而正文起始页码为1。）

5．制作批量信函

模仿任务2-5制作批量商务信函。所不同的是数据源用Excel工作表，如图2-96所示。

图2-96　数据源E.xlsx

第 3 章　办公表格的制作

在办公业务中，除了使用文字描述办公信息外，还经常使用表格表示办公信息。使用表格表示办公信息不但简明扼要，而且还能够体现数据之间的内在联系，进而对表格数据进行计算、排序、筛选、分类汇总和生成图表等操作，以查看数据的分布和发展趋势。

总之，对于办公信息的描述，有时表格比文字更简要、清晰，表格数据生成的图表比文字更加直观和形象。因此，设计和制作布局合理、线条美观的表格，并对表格数据进行计算和分析是办公人员必须掌握的基本技能。

办公表格按单元格数据可以分为两大类：纯文字的表格（如个人简历表、年终考核表等）与文字和数字混合的表格（如生产进度表、产品销售表等）。之所以将一组文字和数字混合放在一个表格中，是因为它们之间存在某种规律或关联。对于文字和数字混合的表格，办公人员通常要对表格数据进行各种计算和汇总，有时还需要用图表将表格数据直观地表示出来。若表格数据是纯数字，则这些数字的含意无法表现，所以办公表格一般不采用纯数字。

办公表格按单元格的形状可以分为两大类：规则表格（如值班表、通讯录等）和不规则表格（如个人简历表、求职自荐表等）。

由于办公表格的数据具有以上特点，文秘人员在使用办公组件 Microsoft Office 制作表格时，可根据表格的特点，分别选用 Word 2010 或 Excel 2010 软件。Word 2010 是字处理软件，在处理不规则表格（如斜线表头）方面，具有一定的优势，但只具有简单的数据计算能力；Excel 2010 是电子表格软件，擅长数字计算、统计和分析，且能够根据数据生成图表，一般用于处理规则表格中的数据。在处理办公表格时，将 Excel 2010 和 Word 2010 结合起来使用，可以取得事半功倍的效果。

本章采用任务驱动的方法逐一介绍各类表格的制作。

3.1　制作规则表格

表格由若干行和列组成，行和列相交的方框称为"单元格"，单元格是表格编辑的最小单位。每个单元格都有一个"格尾标记"（形态与"段落标记"相同）；每个表格行的末尾都有一个"行尾标记"（形态与"格尾标记"相同），"行尾标记"位于表的右端线右侧。

【任务 3-1】制作足球世界杯赛程表

2014 年巴西足球世界杯比赛，A 组共有 4 个国家：巴西、克罗地亚、墨西哥、喀麦隆。试制作"巴西足球世界杯 A 组赛程表"（见表 3 - 1）。具体要求如下：

（1）设置表格各列的列宽为最合适列宽。

（2）设置所有单元格数据水平居中对齐。

（3）第一行标题加粗。

（4）整个表格相对页面水平居中。

表 3-1　巴西足球世界杯 A 组赛程表

比赛日期	时间	对阵	组别	比赛地	场次
06 月 13 日　星期五	04：00	巴西 VS 克罗地亚	A1-A2	圣保罗	01
06 月 14 日　星期六	00：00	墨西哥 VS 喀麦隆	A3-A4	纳塔尔	02
06 月 18 日　星期三	03:00	巴西 VS 墨西哥	A1-A3	福塔莱萨	17
06 月 19 日　星期四	03:00	喀麦隆 VS 克罗地亚	A4-A2	马瑙斯	18
06 月 24 日　星期二	04:00	喀麦隆 VS 巴西	A4-A	巴西利亚	33
06 月 24 日　星期二	04:00	克罗地亚 VS 墨西哥	A2-A3	累西腓	34

在 Word 2010 中，创建规则的表格通常使用以下两种方法：对于行数和列数不多的表格，使用"插入表格"按钮创建，既方便又快捷；对于行数和列数较多的表格，例如整个班级的学生通信录表、全公司职员的通信录表，应使用"插入表格"对话框来创建。

本任务要创建的表格"巴西足球世界杯 A 组赛程表"是行数和列数不多的规则表格，宜用"插入表格"按钮来创建。

创建规则表格的流程：使用"插入表格"按钮创建规则表格→设置最合适列宽→单元格数据对齐→设置单元格内字体的格式→设置表格水平居中→保存文档。

1．创建规则表格

使用"插入表格"按钮创建表格的操作方法如下：

（1）将插入点移动到 Word 2010 文档中要创建表格的位置。

（2）选择"插入"选项卡，在"表格"选项组中单击"表格"按钮，在弹出的下拉菜单的上部显示表格样表。

（3）按下鼠标左键在样表内拖动，凡是鼠标指针经过的行、列皆被选中，样表中被选择的行数和列数就是所要创建的表格的行数和列数，如图 3-1 所示。

（4）松开鼠标键，即在插入点创建了空白的 6 列 7 行表格。

（5）按照表 3-1 输入表格数据。

2．编排表格

（1）设置最合适列宽

① 选定整个表格。

② 激活"表格工具-布局"选项卡，在"单元格大小"选项组中单击"自动调整"按钮，弹出下拉菜单，如图 3-2 所示。

③ 选择"根据内容自动调整表格"选项。

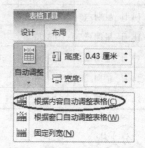

图 3-1 表格样表　　　　　　　　　图 3-2 "自动调整"下拉菜单

（2）单元格数据对齐

① 选定表格中所有单元格。

② 选择"开始"选项卡，在"段落"选项组中单击"居中"按钮。

（3）设置字体加粗

① 选定表格第 1 行。

② 选择"开始"选项卡，在"字体"选项组中单击"加粗"按钮。

（4）表格水平居中

① 单击表格左上角十字箭头按钮⊞，选定表格。

② 选择"开始"选项卡，在"段落"选项组中单击"居中"按钮。

注意：如果按下鼠标左键拖动，选定表格所有单元格，然后在"开始"选项卡的"段落"选项组中单击"居中"按钮，则实现数据相对于单元格水平居中对齐，而不是整个表格相对页面水平居中。

 拓 展 知 识

1. 插入表格行或列

（1）插入表格行或列

在制作表格的过程中，有时需要添加若干行或列，操作方法如下：

① 选定若干表格行。

② 激活"表格工具-布局"选项卡，在"行和列"选项组中单击"在上方插入"或"在下方插入"按钮，如图 3-3 所示。即在选定表格行的上方或下方插入与选定数目相同的表格行。

图 3-3 "表格工具-布局"选项卡
"行和列"选项组

插入表格列的操作方法与插入表格行的操作方法相似，不再赘述。

（2）插入表格行的快捷方法

将插入点移动到某表格行的行末，按【Enter】键，则在当前表格行下方插入一个空表格行。

注意：如果插入点不是位于表格行的末尾（右端线右侧），而是位于行尾单元格内，按【Enter】键，则是增加当前单元格的高度，而不是插入表格行。

2．复制表格的标题

如果要制作巴西足球世界杯 A～H 组的全部赛程表，那么表格将达到 49 行，超过一个页面长度，且第 2 页表格没有标题行。在制作诸如"班级通信录""新生花名册"这类多行表格时，都会遇到后续页中表格缺少标题行的问题。

在后续页中重复表格标题行的操作方法如下：

（1）选定表格的标题行。

（2）激活"表格工具–布局"选项卡，在"数据"选项组中单击"重复标题行"按钮，如图 3-4 所示。

注意：如果选定一行标题，则重复一行标题；如果选定两行标题，则重复两行标题……

3．将表格转换为文本

表格转换为文本是将表格中的一行转换为一个段落，每一个单元格中的文本（无论有无内容）用指定的分隔符隔开。转换的操作方法如下：

（1）在表格中选定几行或整个表格。

（2）选择"表格布局"选项卡，在"数据"选项组中单击"转换为文本"按钮，打开"表格转换成文本"对话框。在"文字分隔符"选项组中选择"制表符"作为文字分隔符，如图 3-5 所示。

图 3-4　"表格工具–布局"选项卡"数据"选项组　　图 3-5　"表格转换成文本"对话框

（3）单击"确定"按钮，表格转换为文本后的效果如图 3-6 所示。

4．将文本转换为表格

"文本转换为表格"是"表格转换为文本"的逆操作。Word 2010 能够在矩阵形状的文本间插入表格线，将其转换为表格。转换的操作方法如下：

（1）选定要转换为表格的矩阵形状文本，各个文本间要用相同的分隔符隔开，可使用的分隔符有制表符、逗号、空格等。

比赛日期 → 时间 → 对阵 → 组别 → 比赛地 → 场次↵
06 月 13 日星期五 → 04:00 → 巴西 vs 克罗地亚 → A1-A2 → 圣保罗 → 01↵
06 月 14 日星期六 → 00:00 → 墨西哥 vs 喀麦隆 → A3-A4 → 纳塔尔 → 02↵
06 月 18 日星期三 → 03:00 → 巴西 vs 墨西哥 → A1-A3 → 福塔莱萨 → 17↵
06 月 19 日星期四 → 06:00 → 喀麦隆 vs 克罗地亚 → A4-A2 → 马瑙斯 → 18↵
06 月 24 日星期二 → 04:00 → 喀麦隆 vs 巴西 → A4-A1 → 巴西利亚 → 33↵
6 月 24 日星期二 → 04:00 → 克罗地亚 vs 墨西哥 → A2-A3 → 累西腓 → 34↵

图 3-6 表格转换为文本

（2）选择"插入"选项卡，在"表格"选项组中单击"表格"按钮，弹出下拉菜单（见图 3-1）。

（3）选择"文本转换成表格"选项，打开"将文字转换成表格"对话框。在"列数"和"行数"微调框中显示默认的行数和列数；在"文字分隔位置"选项组中显示"制表符"作为分隔符，如图 3-7 所示。

（4）单击"确定"按钮，文本即转换成表格。

图 3-7 "将文字转换成表格"对话框

3.2 制作不规则表格

【任务 3-2】制作简历表

制作大学生求职个人简历表（见表 3-2），具体要求如下：

（1）设置 1～5 列的列宽分别为 2.5、3、3、3.5、3.5 厘米；1～5 行的行高为 0.7 厘米，6～8 行的行高分别为 1、0.7、1 厘米，9～13 行的行高为 3 厘米。

（2）设置外框为 2.5 磅粗实线，内框为 0.5 磅细实线。

（3）设置"姓名、性别、籍贯、外语水平、联系电话、毕业学校及所修专业、求职意向、主修课程、出生日期、民族、学历、专业职称、E-mail"为宋体、5 号、加粗、居中对齐。

（4）设置"培训经历、实践经历、个人技能、获奖情况、自我评价"为宋体、5 号、加粗、居中对齐、竖排文字。

（5）设置横排单元格内的文字为宋体、5 号、水平左对齐、垂直居中对齐。

表 3-2　个人简历表

姓　名	林某	出生日期	1992-06-01	
性　别	男	民　族	汉族	相 片
籍　贯	福州	学　历	大学专科	
外语水平	英语四级	专业职称		
联系电话	1396004××××	E-mail	LMS9061@163.com	
毕业学校 所修专业	福建××高等专科学校会计系会计与审计专业			
求职意向	会计、出纳、审计			
主修课程	会计学原理、预算会计、成本会计、管理会计、财务会计、财务报表分析、税法、审计学、会计 电算化、金融概论、西方经济学			
培 训 经 历	2012年4月至今，在福州大学进修会计独立本科； 2012年4月，参加NIT培训，并取得证书，熟悉数据库原理与使用； 2012年2月，获得国家劳动保障部颁发的办公自动化高级操作员证书，掌握办公自动化操作技能； 2013年4月，参加会计电算化培训，并取得证书			
实 践 经 历	2012年2月，在福建景地房地产有限公司实习四周，担任出纳工作，熟悉现金进出的登记、银行 业务往来、票据制订； 2013年10月，在福建通瑞税务师事务所实习1个月，跟随审计师深入基层单位从事税审工作，了 解审计的流程； 2014年2月，在新网锐捷公司的财务部门实习3个月，担任会计助理。协助公司主办会计工作， 开具税控发票、制订会计凭证、编制会计凭证、编制会计报表，报税，库存账目登记、核对，各 种费用核对、报销			
个 人 技 能	2012年6月，获得英语四级证书，具有英语阅读和写作能力； 2011年12月，获得省计算机一级证书，能熟练地使用计算机； 2012年6月，获得省计算机二级证书，能编写数据库应用程序； 2013年4月，获得会计电算化证书，熟悉财务软件的操作			
获 奖 情 况	2011年9月，获得学校高分入学三等奖金； 2011年10月，参加军训，获得校级优秀学员称号； 2011—2012学年，获得校"二等奖"奖学金和校级"三好学生"称号； 2011年9月，获得2011年度力恒奖学基金			
自 我 评 价	通过三年专业学习和实践锻炼，本人掌握了较扎实的会计与审计知识，并积累了一定的工作经验， 能胜任相应的工作岗位； 本人是预备党员，积极上进，工作勤奋；办事严谨，认真负责；吃苦耐劳，适应能力强；有较强 的协调组织能力，团队协作意识强；精力充沛，能完成单位分配的任务			

 任 务 分 析

　　大学生求职个人简历表是一个不规则表格。一般先创建一个规则表格，然后对其中的若干单元格进行拆分与合并。

　　制作不规则表格的流程：创建一个规则表格→编辑表格（调整列宽与行高、拆分与合并单元格）→输入数据→格式化表格（数据对齐、设置边框和底纹）。

任务实现

1. 创建表格

（1）将插入点移动到 Word 2010 文档中要创建简历表的位置。

（2）选择"插入"选项卡，在"表格"选项组中单击"表格"按钮，在弹出的下拉菜单中，选择"插入表格"命令，打开"插入表格"对话框。分别在"列数"和"行数"文本框中输入所建表格的列数和行数，如图 3-8 所示。

（3）单击"确定"按钮，即创建一个 13 行 5 列的规则表格。

图 3-8 "插入表格"对话框

2. 编辑表格

（1）设置列宽

① 将插入点置于表格的第 1 列单元格中，即激活"表格工具"选项卡。

② 选择"表格工具-布局"选项卡，在"单元格大小"选项组中单击"宽度"文本框右侧的微调按钮，设置第 1 列的列宽为 2.5 厘米，如图 3-9 所示。

③ 将插入点移动到要设置列宽的列或选定要设置列宽的列，使用同样的方法，依次将 2～5 列的列宽分别设置为 3、3、3.5、3.5 厘米。

（2）设置行高

① 选定表格的 1～5 行。

② 选择"表格工具-布局"选项卡，在"单元格大小"选项组中单击"高度"文本框右侧的微调按钮，设置行高为 0.7 厘米，如图 3-9 所示。

③ 将插入点移动到要设置行高的行或选定要设置行高的行，使用同样的方法，依次设置 6～8 行的行高分别为 1 厘米、0.7 厘米、1 厘米，9～13 行的行高为 3 厘米。

（3）合并单元格

① 选定第 5 列 1～6 行的 6 个单元格。

② 选择"表格工具-布局"选项卡，单击"合并"选项组中的"合并单元格"按钮。

使用同样的方法，合并第 6 行 2～4 列的 3 个单元格、第 7～13 行的 2～5 列 4 个单元格。

（4）设置边框

① 选定整个表格。

② 选择"表格工具-设计"选项卡的"绘图边框"选项组，在"笔样式"列表框中选择线型为单实线；在"笔画粗细"列表框中选择 0.5 磅；在"笔颜色"列表框中选择默认黑色。

③ 单击"边框"下拉按钮，在弹出的列表框中选择"十 内部框线(I)"，如图 3-10 所示。

④ 选择"表格工具-设计"选项卡的"绘图边框"选项组，在"笔样式"列表框中选择线型为单实线；在"笔画粗细"列表框中选择 1.5 磅；在"笔颜色"列表框中选择默认黑色。

⑤ 单击"边框"下拉按钮，在弹出的列表中选择"图 外侧框线(S)"。

表格编辑之后，如表 3-3 所示。

办公自动化任务驱动教程

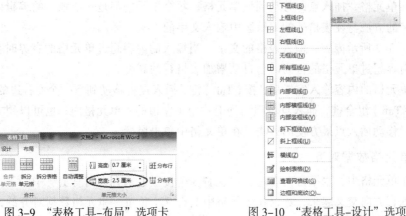

图 3-9 "表格工具-布局"选项卡　　　　　图 3-10 "表格工具-设计"选项卡

　　　"单元格大小"选项组　　　　　　　　　　　"绘图边框"选项组

表 3-3　编辑后的表格

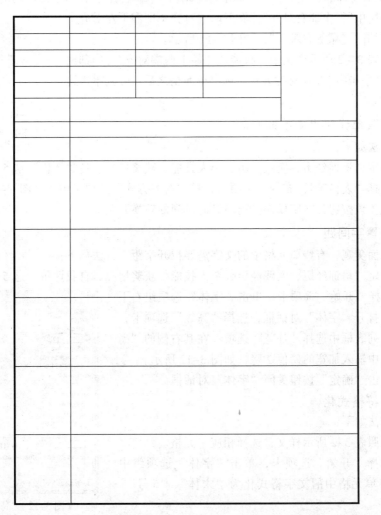

3．输入文字

单击某单元格，插入点即移动到该单元格，每个单元格都是一个独立的编辑区，在单元格中输入文字的方法与在表格外的编辑区中输入文字的方法一样。

按照表 3-2 所示内容，输入表格的文字。当输入的内容超过单元格的右界时会自动换行；当输入的内容超过单元格的行高时会自动增加表格行的高度。

一个单元格的内容输入完毕后，按【Tab】键，插入点将移动到下一个（右边的）单元格内；按【Shift + Tab】组合键，插入点将移动到上一个（左边的）单元格内；也可以用方向箭头键移动插入点；移动插入点最方便的方法是在单元格中单击鼠标。

4．单元格数据对齐

数据在单元格中，水平方向有左、中、右 3 个位置，垂直方向有上、中、下 3 个位置，水平方向与垂直方向交叉起来，数据在单元格中共有 9 个位置。单元格数据对齐的方法如下：

（1）选定要设置数据对齐的单元格。

（2）选择"表格工具-布局"选项卡，在"对齐方式"选项组中，分布有 9 个按钮，分别为："靠上两端对齐（即靠上左对齐）""靠上居中对齐""靠上右对齐""中部两端对齐（即靠上左对齐）""水平居中""中部右对齐""靠下两端对齐（即靠下左对齐）""靠下居中对齐""靠下右对齐"，如图 3-11 所示。

（3）在表 3-2 所示样文中，只涉及"靠上两端对齐""中部两端对齐""水平居中"3 种对齐方式。选定单元格之后，分别单击这 3 个按钮。

图 3-11 "表格工具-布局"选项卡"对齐方式"选项组

5．更改单元格中文字的方向

操作方法如下：

（1）选定"培训经历、实践经历、个人技能、获奖情况、自我评价"这 5 个单元格。

（2）选择"表格工具-布局"选项卡，在"对齐方式"选项组中（见图 3-11）单击"文字方向"按钮（该按钮是文字横向排列与纵向排列的转换开关）。

6．设置字间距

为了版面美观，有些单元格中的文字需要拉开字距。方法如下：

（1）选定"培训经历、实践经历、个人技能、获奖情况、自我评价"这 5 个单元格。

（2）选择"开始"选项卡，单击"字体"选项组右下角的按钮，打开"字体"对话框，选择"高级"选项卡；在"间距"列表框中选择"加宽"选项；在其右侧的"磅值"文本框中输入加宽的磅值 2 磅，如图 3-12 所示。

（3）单击"确定"按钮关闭"字体"对话框。

7．字符格式化

操作方法如下：

（1）按照表 3-2 所示样文，选择相应单元格。

（2）选择"开始"选项卡，单击"字体"选项组中的按钮，将单元格中的文字格式化为"宋体"、"5 号"、"加粗"。

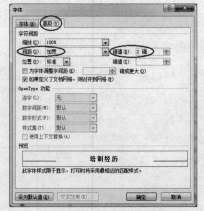

图 3-12 "高级"选项卡

拓 展 知 识

1．缩放表格

在 Word 2010 中，可以像处理图形对象一样缩放表格。当鼠标指针指向表格时，其右下角会出现一个缩放标记（空心的小正方形）。用鼠标左键拖动表格缩放标记，即可缩放表格。

2．快速调整表格行高与列宽

使用鼠标快速调整表格的行高和列宽。操作方法如下：

将鼠标指针指向要改变行高或列宽的表格线，待鼠标指针变成双箭头形状时，按住鼠标左键拖动，即改变行高或列宽。

使用鼠标调整表格的行高和列宽的优点是快捷，但难以精确调整。而在任务 3-2 的实现过程中，使用"表格工具-布局"选项卡"单元格大小"选项组中的"高度"和"宽度"按钮调整表格的行高和列宽，可实现精确调整。

3．拆分单元格

在任务 3-2 的实现过程中，介绍了"合并单元格"。"合并单元格"的逆操作是"拆分单元格"，其操作方法如下：

（1）选定要拆分的若干个单元格。

（2）在"表格工具-布局"选项卡的"合并"选项组中（见图 3-9）单击"拆分单元格"按钮，打开"拆分单元格"对话框。选中"拆分前合并单元格"复选框，在"列数"和"行数"文本框中分别输入数字，如图 3-13 所示。然后单击"确定"按钮。

图 3-13　"拆分单元格"对话框

4．拆分表格

若要将一个表格拆分为上、下两个表格，则按如下方法操作：

（1）将插入点移动到表格中要拆分的位置（拆分后第二个表格的第一行）。

（2）在"表格工具-布局"选项卡的"合并"选项组中（见图 3-9）单击"拆分单元格"按钮；或者按【Ctrl+Shift+Enter】组合键。

3.3　制作单元格数据有规律的表格

【任务 3-3】制作课程表

制作课程表（见表 3-4）。具体要求如下：

（1）设置内框线为 1 磅单实线，外框线为 3 磅双实线。

（2）设置星期二下午 5 至 7 节为浅绿色底 15%点纹。

（3）设置斜线表头。

表 3-4 课 程 表

时段 / 节 / 星期	上午				下午			
	1	2	3	4	5	6	7	8
一					2014 会计(1)(2)(机房 201)			
二	2014 会计(1)(机房 302)	2014 会计(2)(机房 302)			学 习			
三					2014 审计(1)(2)(机房 201)			
四	2014 审计(1)(机房 302)	2014 审计(2)(机房 302)						
五								

办公自动化任务驱动教程

 任 务 分 析

表 3-4 所示的课程表与 3-2 所示的个人简历表都是不规则表格，二者又有所不同。课程表包含复杂斜线表头，单元格中的数据有一定的规律。

Microsoft Office 是功能强大的办公应用软件包，包括 Word 2010、Excel 2010、PowerPoint 2010 和 Access 2010 等组件。Office 作为一个集成软件提供给用户，各个组件不但可以独立使用、具有特定的应用领域和功能，而且各个组件之间能够互相沟通、协同工作和功能互补，从而形成一个有机的整体。联合使用 Excel 2010 和 Word 2010 实现本任务，则事半功倍。

单元格数据有规律表格的制作流程：使用 Excel 2010 创建数据表格→将 Excel 2010 数据表格复制到 Word 2010 文档中→在 Word 2010 中创建复杂斜线表头→设置边框与底纹→保存 Word 文档。

 任 务 实 现

1. 使用 Excel 2010 创建表格

由于 Excel 2010 工作表的工作区就是表格，所以不必创建表格，而且能够快速输入有规律的数据。

（1）启动 Excel 2010

启动 Excel 2010，即打开 Excel 2010 主窗口，并建立一个包含 3 张工作表的空工作簿。

（2）调整行高

① 选定 1～7 行。

② 选择"开始"选项卡，在"单元格"选项组中单击"格式"按钮，弹出下拉菜单，如图 3-14 所示。

③ 选择"行高"命令，打开"行高"对话框，设置行高为 30 磅，如图 3-15 所示。

图 3-14 "格式"下拉菜单

图 3-15 "行高"对话框

（3）设置表格线

Excel 2010 工作表中的网格线是为了方便输入和编辑而设置的参考线，在预览和打印时则无网格线。为了将 Excel 2010 工作表中的数据变成表格数据，要对单元格区域添加边框线。操作方法如下：

① 选定单元格区域 A1:I7。

② 选择"开始"选项卡，在"字体"选项组中单击"边框"下拉按钮，弹出下拉菜单，如图 3-16 所示。

③ 选择其中的"所有框线"选项。设置框线后 Excel 2010 工作表如图 3-17 所示。

图 3-16 "边框"下拉菜单

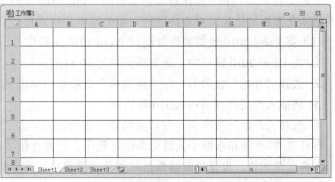

图 3-17 设置框线后 Excel 2010 工作表

（4）设置单元格数据对齐

① 选定单元格区域 A1:I7。

② 选择"开始"选项卡，在"对齐方式"选项组中单击"垂直居中"和"居中"按钮。

（5）快速输入系列数据

① 选定 A3 单元格，输入"一"。

② 鼠标指向 A3 单元格右下角的填充柄，待鼠标指针显示为实心"+"形状时，拖动填充柄至 A7 单元格，所经过要填充的区域则填充数字序列"二、三、四、五"。

③ 选定 B2 单元格，输入"1"。

④ 鼠标指向 B2 单元格右下角的填充柄，待鼠标指针显示实心"+"形状时，按住【Ctrl】键，拖动填充柄至 I2 单元格，所经过要填充的区域则填充数字序列"2，3，4，5，6，7，8"。

（6）合并单元格

① 选定要合并的单元格区域 B1:E1。

② 选择"开始"选项卡，在"对齐方式"选项组中单击"合并后居中"按钮。

③ 合并单元格后，输入"上午"。

使用同样的方法合并其他单元格区域，然后输入单元格数据。输入数据的过程中尽量使用复制操作，复制后略加修改，这样可减少差错并加快输入速度。

数据全部输入后的 Excel 2010 工作表如图 3-18 所示。

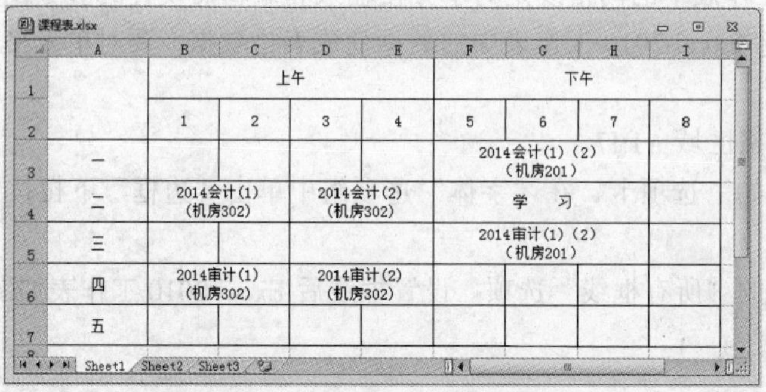

图 3-18　输入数据后的 Excel 2010 表格

至此，Excel 2010 数据表格创建完毕。

2．使用 Word 2010 编辑和格式化表格

下面要将 Excel 2010 制作的表格复制到 Word 2010 文档中，利用 Word 2010 处理不规则表格和格式化方面的优势，对表格做进一步的编辑和格式化。

（1）将 Excel 2010 数据表格复制到 Word 2010 文档中

① 在 Excel 2010 窗口中，选定单元格区域 A1:I7。

② 选择"开始"选项卡，在"剪贴板"选项组中单击"复制"按钮。

③ 将插入点切换到 Word 2010 窗口中。

④ 选择"开始"选项卡，在"剪贴板"选项组中单击"粘贴"按钮。

在任务 3-2 制作求职个人简历表的过程中，已经介绍了在 Word 2010 中调整行高或列宽，拆分与合并单元格，设置单元格数据对齐和设置表格框线等操作方法，此处不再重述。以下仅介绍制作斜线表头和设置底纹。

（2）制作斜线表头

制作斜线表头的步骤：先使用"直线"形状，在单元格中画斜线，然后在斜线分隔的区域中插入文本框，在文本框中输入文字。具体操作方法如下：

① 选择"插入"选项卡，在"插图"选项组中单击"形状"按钮，在弹出的下拉列表中单击"直线"按钮，然后在单元格中画斜线。

② 右击插入的斜线，在弹出的快捷菜单中选择"设置形状格式"命令，打开"设置形状格式"对话框，如图 3-19 所示。在此对话框中可设置线条的"线型"和"颜色"等。

③ 选择"插入"选项卡，在"文本"选项组中单击"文本框"按钮，在弹出的下拉菜单中选择"绘制文本框"命令，用鼠标在斜线分隔的区域中画出文本框。

④ 选择"开始"选项卡，在"字体"选项组中设置字号为"小六"，然后输入文本，如"时段"。

⑤ 右击文本框的边框，在弹出的快捷菜单中选择"设置形状格式"命令，打开"设置形状格式"对话框，设置"线条颜色"为"无线条"，如图 3-20 所示。

⑥ 右击文本框的边框，在弹出的快捷菜单中选择"其他布局选项"命令，打开"布局"对话框。在"位置"选项卡中取消"表格单元格中的版式"复选框，如图 3-21 所示。设置"线条颜色"为"无线条"。

⑦ 在"布局"对话框中选择"文字环绕"选项卡，选择"衬于文字下方"环绕方式，如图 3-22 所示。

图 3-19 设置"实线"线条颜色

图 3-20 设置"无线条"线条颜色

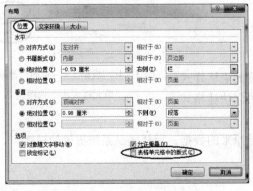

图 3-21 "位置"选项卡

图 3-22 "文字环绕"选项卡

说明：Word 2003 内含"绘制斜线表头"功能，能够方便地制作复杂斜线表头。Word 2010 删除了"绘制斜线表头"功能，只好手工绘制斜线表头，制作过程既烦琐又困难。

（3）设置底纹

"底"是背景，是纸，"底"本身有颜色。"纹"是前景，是打印在"底"上面的点或线，点或线本身也有颜色。

设置底纹的方法如下：

① 选定需要添加底纹和底色的星期二下午"学习"单元格。

② 选择"表格工具–设计"选项卡，在"表格样式"选项组中单击"边框"按钮，在弹出的下拉菜单中选择"边框和底纹"命令，打开"边框和底纹"对话框。选择"底纹"选项卡，在"填充"列表框中选择底色为"浅绿"色；在"样式"下拉列表框中，择 15%点纹；在"应用于"下拉列表框中选择"单元格"；在"预览"框中可查看设置的效果，如图 3-23 所示。

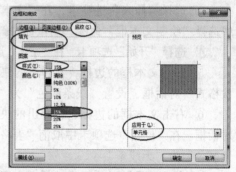

图 3-23 "底纹"选项卡

③ 单击"确定"按钮，设置底纹后课程表如表 3-4 所示。

（4）保存 Word 文档。

 拓 展 知 识

1．平均分布行或列

（1）平均分布列

如果要将若干个列宽不等的单元格调整成相等的列宽，操作方法如下：

① 选定若干个列宽不等的列，即激活"表格工具"选项卡。

② 选择"表格工具–布局"选项卡，在"单元格大小"选项组中单击"分布列"按钮，如图 3-24 所示。

（2）平均分布行

平均分布行与平均分布列的操作方法相同。

2．套用表格样式

Word 2010 内置 99 种表格样式，每一种内置的表格样式都包含了一组样式信息。通过套用这些样式，可以快速格式化表格。

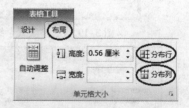

图 3-24 "表格工具–布局"选项卡"单元格大小"选项组

套用表格样式格式化表格后，其数据仍然是原来的数据，而样式是系统提供的样式。

操作方法如下：

（1）将插入点移动到要格式化的表格内。

（2）选择"表格工具–设计"选项卡，在"表格样式"选项组中单击下拉按钮 ⬇，弹出表格样式列表，如图 3-25 所示。

办公自动化任务驱动教程

（3）在表格"内置"样式列表框中，单击要选用的表格样式。

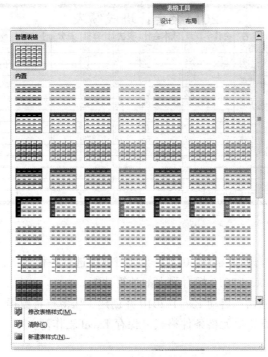

图 3-25　表格样式列表

3.4　办公表格的数值计算

办公表格的数据大多数是由文字和数字混合组成。办公人员通常要对表格数字进行各种计算和统计。

若要对办公表格进行统计计算，办公人员应选择电子表格软件 Excel 2010。Excel 2010 技术先进且使用方便，具有强大的运算、统计和分析功能。

【任务 3-4】计算学习成绩表

海西商学院 2014 级会计班成绩如表 3-5 所示，要求对该表格进行如下计算：

（1）使用公式法计算每个学生 4 门课的总分。

（2）使用函数法计算每个学生 4 门课的平均分，并保留 1 位小数。

（3）求出最高分平均分和最低分平均分。

（4）统计平均成绩 85 分以上学生人数。

（5）根据 4 门课的平均分评定成绩的等级，90 分以上为"优"，80～89 分为"良"，70～79 分为"中"，60～69 分为"及格"，60 分以下为"不及格"；并设置等级水平居中。

（6）将所有学生各门课的不及格成绩用红色标示。

表 3-5　海西商学院 2014 级会计班成绩表

2014级会计班成绩表								
学号	姓名	会计学原理	成本会计	税法	计算机	总分	平均分	等级
11835001	陈雷	80	89	82	90			
11835002	庞小娟	82	58	78	78			
11835003	廖晓红	92	75	88	92			
11835004	李成儒	81	55	86	84			
11835005	刘锦华	72	69	76	76			
11835006	董玉洁	95	88	89	92			
11835007	邓旭飞	91	93	83	95			
11835008	吴玉莲	87	77	80	82			
11835009	余志伟	82	65	78	78			
11835010	吴启华	77	87	88	90			
最高分平均分								
最低分平均分								
平均成绩85分以上学生人数								

任务分析

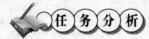

若要对表 3－5 所示的海西商学院 2014 级会计班成绩进行各种计算，应使用电子表格软件 Excel 2010 来实现，因为 Excel 2010 拥有强大的计算功能。

办公表格数值计算的流程：启动 Excel 2010 并创建工作簿→将数据录入 Excel 工作表→使用公式和函数进行计算→设置单元格条件格式→保存 Excel 工作簿。

任务实现

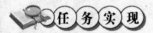

1. 使用 Excel 2010 创建表格

由于 Excel 2010 工作表的工作区就是表格，使用 Excel 2010 处理表格数据时不需要创建表格，而且能够快速地输入有规律的数据。具体操作方法如下：

（1）启动 Excel 2010

启动 Excel 2010，即打开 Excel 2010 主窗口，并建立一个包含 3 张工作表的空工作簿。

（2）输入表格数据

按照表 3-5 所示，将数据输入 Excel 工作表，如图 3-26 所示。

	A	B	C	D	E	F	G	H	I
1	2014级会计班成绩表								
2	学号	姓名	会计学原理	成本会计	税法	计算机	总分	平均分	等级
3	11835001	陈雷	80	89	82	90			
4	11835002	庞小娟	82	58	78	78			
5	11835003	廖晓红	92	75	88	92			
6	11835004	李成儒	81	55	86	84			
7	11835005	刘锦华	72	69	76	76			
8	11835006	董玉洁	95	88	89	92			
9	11835007	邓旭飞	91	93	83	95			
10	11835008	吴玉莲	87	77	80	82			
11	11835009	余志伟	82	65	78	78			
12	11835010	吴启华	77	87	88	90			
13									
14	最高分平均分								
15	最低分平均分								
16	平均成绩85分以上学生人数								

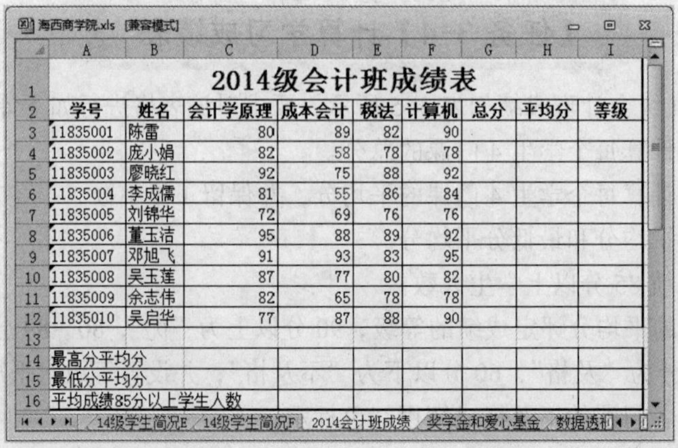

图 3-26 “2014 会计班成绩”工作表

注：如果表格已经做在 Word 2010 文档中，将表格复制到 Excel 工作表中进行计算，更方便。

2. 使用公式计算每个学生 4 门课的总分

操作方法如下：

（1）单击单元格 G3，并输入等号"="。

（2）单击单元格 C3，输入加号"+"；再单击单元格 D3，输入加号"+"；再单击单元格 E3，输入加号"+"；再单击单元格 F3；G3 单元格中显示公式"=C3+D3+E3+F3"。以上使用"点模式"输入单元格地址既便捷又减少了错误。

（3）单击编辑栏中的"输入"按钮✓，或按【Enter】键。

（4）拖动单元格 G3 的填充柄，将公式复制到单元格区域 G4:G12。

3. 使用函数计算每个学生 4 门课的平均分

操作方法如下：

（1）单击单元格 H3。

（2）单击编辑栏中的"插入函数"按钮 *fx*，打开"插入函数"对话框。在"选择函数"列表框中选择"AVERAGE"函数，如图 3-27 所示。

（3）单击"确定"按钮，弹出"函数参数"对话框。在 Number1 文本框中显示 Excel 猜想的参数 C3:G3（显然是猜错了），如图 3-28 所示。

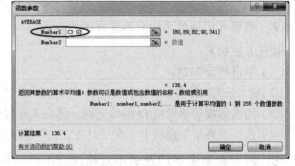

图 3-27 "插入函数"对话框　　　　　　图 3-28 "函数参数"对话框

（4）单击 Number1 文本框右端的"收缩对话框"按钮▦，将对话框收缩为一行以显现出工作表，在工作表中选择单元格区域 C3:F3，单击 Number1 文本框右端的"展开对话框"按钮▦，此时 Number1 框中显示 C3:F3。

（5）单击"确定"按钮，计算的结果即显示于 H3 单元格中。

（6）选择"开始"选项卡，在"数字"选项卡中单击"增加小数位数"按钮▦和"减少小数位数"按钮▦，使平均分保留 1 位小数。

（7）用鼠标拖动单元格 H3 的填充柄，将公式复制到单元格区域 H4:H12。

4. 求最高平均成绩

操作方法如下：

（1）单击 H14 单元格。

（2）单击编辑栏中的"插入函数"按钮 *fx*，打开"插入函数"对话框；在"选择函数"列表框中选择 MAX 函数。

（3）单击"确定"按钮，弹出"函数参数"对话框，单击 Number1 文本框右端的"收缩对话框"按钮▦，将对话框收缩为一行以显现出工作表，选择单元格区域 H3:H12，再单击 Number1

文本框右端的"展开对话框"按钮 ，在 H15 单元格中显示公式"=MAX(H3:H12)"。

（4）单击"确定"按钮，单元格 H14 中显示最高平均成绩。

5. 求最低平均成绩

用同样的方法，在单元格 H15 中求出最低平均成绩，公式为"=MIN(H3:H12)"。

注意： 必须在"插入函数"对话框的"或选择类别"列表框中选择"全部"选项，否则找不到 MIN 函数。

6. 统计平均成绩 85 分以上学生人数

操作方法如下：

（1）单击 H16 单元格。

（2）单击编辑栏中的"插入函数"按钮 **_fx_**，打开"插入函数"对话框；在"选择函数"列表框中选定 COUNTIF 函数。

（3）单击"确定"按钮，打开"函数参数"对话框，Range 为计数区域，Criteria 为条件。单击 Rang 文本框右端的"收缩对话框"按钮，将对话框收缩为一行以显现出工作表，选择单元格区域 H4:H13，再单击 Rang 文本框右端的"展开对话框"按钮。在 Criteria 文本框中输入参数">=85"，然后单击"确定"按钮，如图 3-29 所示。

7. 根据 4 门课的平均分评定成绩的等级

操作方法如下：

（1）单击单元格 I3。

（2）输入公式"=IF(H3>=90,"优",IF(H3>=80, "良",IF(H3>=70,"中",IF(H3>=60,"及格","不及格"))))"。

（3）用鼠标拖动单元格 I3 的填充柄，将公式复制到单元格区域 I4:I12。

（4）选择"开始"选项卡，在"对齐方式"选项组中单击"居中"按钮。

8. 将所有学生各门课的不及格成绩用红色标示

操作方法如下：

（1）选定单元格区域 C3:F12。

（2）选择"开始"选项卡，在"样式"选项组中单击"条件格式"按钮，在弹出的下拉菜单中选择"突出显示单元格规则"→"小于"命令，如图 3-30 所示。

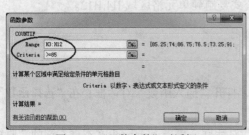

图 3-29 "函数参数"对话框　　　　　图 3-30 "条件格式"下拉菜单

（3）在弹出的"小于"对话框中，设置值小于 60 的单元格的格式为"红色文本"，如图 3-31 所示。

（4）单击"确定"按钮，关闭"条件格式"对话框。"2014 会计班成绩"工作表的计算结果，如图 3-32 所示。

图 3-31 "小于"对话框

图 3-32 "2014 会计班成绩"工作表的计算结果

9. 保存 Excel 工作簿

在 Excel 2010 窗口中，单击"快速访问工具栏"中的"保存"按钮。

 拓 展 知 识

1. 运算符

Excel 的运算符有 4 类：算术运算符、文本运算符、比较运算符和引用运算符。

（1）算术运算符

算术运算符用于对数值型数据进行运算，运算结果也是数值。Excel 的算术运算符及其功能如表 3-6 所示。

表 3-6 算术运算符及其功能

运 算 符	含 义	示 例	结 果
+	加	=8+3	11
-	减	=3-8	-5
	负号	=-2	-2
*	乘	=8*3	24
/	除	=8/16	0.5
%	百分比	=80%	0.8
^	乘幂	=8^2（与 8*8 相同）	64

（2）文本运算符

文本运算符"&"用于两个字符型数据连接成一个文本。例如，输入"="2014 会计班"&"成绩表""，可得到结果为"2014 会计班成绩表"。

（3）比较运算符

比较运算符用于对两个同类型的数据进行比较，比较运算的结果返回逻辑真 TRUE 或逻辑假 FALSE。Excel 的比较运算符及其功能如表 3-7 所示。

表 3-7　比较运算符及其功能

运　算　符	含　　义	示　　例	结　　果
=	等于	=(15=20)	FALSE
>	大于	=(15>20)	FALSE
<	小于	=(15<20)	TRUE
>=	大于等于	=(20>=15)	TRUE
<=	小于等于	=(20<=15)	FALSE
<>	不等于	=(15<>15)	FALSE

在比较运算中运算的对象可以是数据，也可以是单元格地址。例如，单元格 B3 的内容是 565.00，单元格 B 4 的内容是 235.00，输入公式"=B3> B 4"，则比较运算的返回值是 TRUE。

（4）引用运算符

在引用单元格地址时，使用引用运算符可描述多个单元格组成的区域。引用运算符可对单元格区域进行合并计算。Excel 的引用运算符及其功能如表 3-8 所示。

表 3-8　引用运算符及其功能

运　算　符	含　　义	示　　例
:（冒号）	区域运算符，对两个引用之间（包括两个引用在内）的所有单元格进行引用	B3:C5 即 B3 为左上角，C5 为右下角的矩形区域
,（逗号）	联合运算符，对两个区域的并集进行引用	B3:B5,D3:D5 即 B3，B4，B5，D3，D4，D5
（空格）	交叉运算符，对两个区域的交集进行引用	B2:C5　A4:D4 即 B4,C4

（5）运算符的优先级

各类运算符及其优先级如表 3-9 所示。

表 3-9　各类运算符及其优先级

运算符类型	运　算　符	优　先　级	
引用	:	高	高
	,	↓	
	空格	低	
算术	－（负号）	高	
	%		
	^		
	*或/		
	+或－	低	
文本	&		
比较	=　>　<　>=　<=　<>	无优先	低

对于同一优先级的运算符，按照从左向右的顺序运算，还可以用优先运算符括号（ ）改变运算的正常顺序。

2．函数

函数包含三部分：函数名、括号和参数。Excel 中函数的基本形式为：

=函数名（[参数 1][，参数 2，…]）

函数名称用于标识函数，通过名称一般可知其功能和用途；括号用于指定函数的参数。虽然有些函数没有参数，但括号不能省略，括号前后也不能有空格。参数可以是数字、文本、逻辑值或单元格引用，不同的函数对参数的要求也不同。如果函数的参数是另一个函数，则称为函数嵌套。

（1）Excel 常用函数

Excel 2010 函数可分为：财务函数、日期与时间函数、数学与三角函数、统计函数、查找与引用函数、文本函数、逻辑函数、信息函数和工程函数，最常用的是统计函数。下面介绍几个常用函数的格式和功能。

① 求和函数。

格式：SUM(Number1, Number2,…)

功能：返回参数之和。

② 求平均函数。

格式：AVERAGE(Number1,Number2,...)

功能：返回参数的算术平均值。

③ 计数函数：

格式：COUNT(Number1, Number2,…)

功能：返回参数或单元格的个数。

④ 求最大值函数：

格式：MAX(Number1, Number2,…)

功能：返回一组参数中的最大值。

⑤ 求最小值函数：

格式：MIN(Number1, Number2,…)

功能：返回一组参数中的最小值。

⑥ 条件函数：

格式：IF(logical_express,value1,value2)

功能：若逻辑表达式的值为真（TRUE），则返回表达式 value1 的值；若逻辑表达式的值为假（FALSE），则返回表达式 value2 的值。

例如，=IF(3>5,3,5)的返回值为 5。

（2）使用函数帮助

Excel 2010 的函数很多，如果用户不懂得某函数的使用方法，可使用"Excel 帮助"。例如，如果用户不懂得 COUNTIF 函数参数的含意，可单击 COUNTIF 函数的"函数参数"对话框左下角的"有关该函数的帮助"超链接（见图 3-29），打开"Excel 帮助"窗口，如图 3-33 所示。其中有 COUNTIF 函数使用方法的详尽描述。

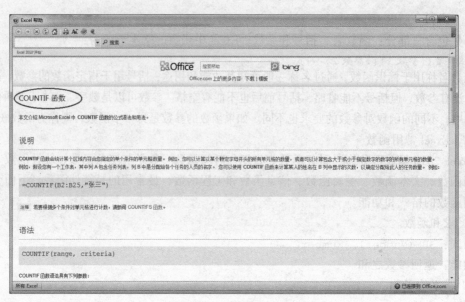

图 3-33 "Excel 帮助"窗口

3．公式

Excel 公式是由前导等号引导的表达式，而表达式是用运算符将常量、变量（单元格引用、名称）和函数连接起来的式子。因此，函数可以看成公式的特例。

（1）公式中的符号

公式中的符号包括等号、括号以及加、减、乘、除等皆为半角字符，若使用全角字符，则出错。

（2）在单元格中显示公式

通常情况下单元格中的公式显示于编辑栏中，公式计算的结果显示于单元格中。快捷键【Ctrl+`（与~同键）】是单元格显示公式或计算结果的转换开关。

（3）跟踪编辑公式的引用

将插入点置于编辑栏的公式之中，该公式所引用的单元格及单元格区域地址将以不同的颜色显示；同时在工作表中，相应的单元格及单元格区域的周围显示具有相同颜色的边框，用于跟踪公式，以帮助用户查看公式中的引用。

【任务 3-5】计算爱心基金

海西商学院学生处做出一项规定：在每个学生的奖学金中提留 5%作为爱心基金，用于资助个别特别困难（如本人患重病或家庭发生意外灾难）的学生。

在"海西商学院.xlsx"工作簿中，"奖学金和爱心基金"工作表的数据如图 3-34 所示。要求完成如下计算：

（1）根据每个学生奖学金的金额和 5%比率，计算出每个学生应提留的爱心基金。

（2）计算所有学生的奖学金总额和爱心基金总额。

海西商学院.xlsx [兼容模式]

奖学金和爱心基金表

比率	学号	姓名	性别	籍贯	奖学金	爱心基金
5%	11835001	陈雷	男	福州	550	
	11835002	庞小娟	女	厦门	400	
	11835003	廖晓红	女	泉州	750	
	11835004	李成儒	男	龙岩	500	
	11835005	刘锦华	男	三明	600	
	11835006	董玉洁	女	福州	800	
	11835007	邓旭飞	男	厦门	450	
	11835008	吴玉莲	女	泉州	300	
	11835009	余志伟	男	三明	650	
	11835010	吴启华	男	龙岩	750	
合计						

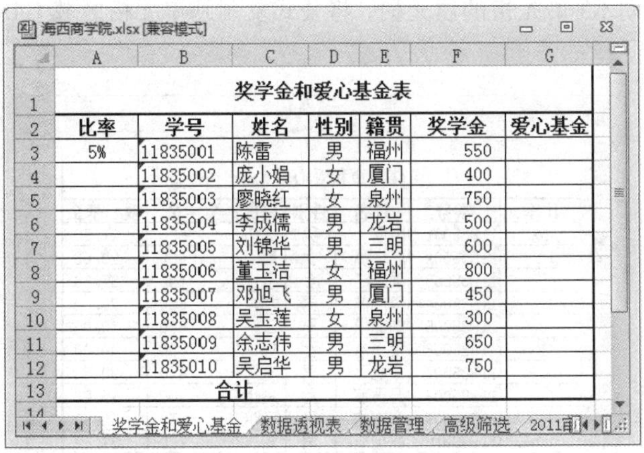

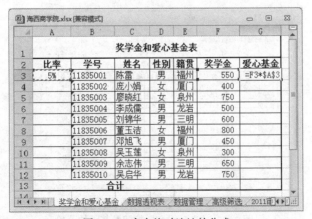

图 3-34 “海西商学院.xlsx”工作簿“奖学金和爱心基金”工作表

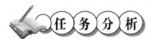

任务分析

本任务是对已有的工作表进行计算，在使用 Excel 的公式计算时，涉及单元格的相对地址和绝对地址的引用。

计算工作表数据的流程：打开工作簿→输入公式→设置单元格的相对地址和绝对地址→复制公式→求和统计计算→保存工作簿。

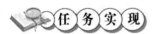

任务实现

1. 计算出每个学生应提留爱心基金

操作方法如下：

（1）打开“海西商学院.xlsx”工作簿，选择“奖学金和爱心基金”工作表。

（2）将插入点移动到 G3 单元格，输入等号“=”，单击 F3 单元格，输入乘号“*”，单击 A3 单元格。

（3）将插入点移动到公式中“比率”单元格的地址 A3 中，按【F4】键，将其转换成绝对地址$A$3，如图 3-35 所示。然后单击“输入”按钮✔或者按【Enter】键。

海西商学院.xlsx [兼容模式]

奖学金和爱心基金表

比率	学号	姓名	性别	籍贯	奖学金	爱心基金
5%	11835001	陈雷	男	福州	550	=F3*$A$3
	11835002	庞小娟	女	厦门	400	
	11835003	廖晓红	女	泉州	750	
	11835004	李成儒	男	龙岩	500	
	11835005	刘锦华	男	三明	600	
	11835006	董玉洁	女	福州	800	
	11835007	邓旭飞	男	厦门	450	
	11835008	吴玉莲	女	泉州	300	
	11835009	余志伟	男	三明	650	
	11835010	吴启华	男	龙岩	750	
合计						

图 3-35 含有绝对地址的公式

（4）使用鼠标拖动 G3 单元格的填充柄，将公式复制到单元格区域 G4:G12，"爱心基金"计算结果如图 3-36 所示。

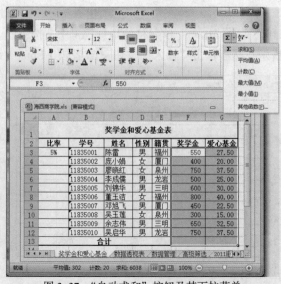

图 3-36 "爱心基金"计算结果

提问：如果公式中"比率"单元格不用绝对地址，而用相对地址 A3，那么使用填充柄将 G3 单元格的公式"=F3*A3"复制到单元格区域 G4:G12 时，计算结果单元格区域 G4:G12 的值皆为 0。为什么？

2. 计算所有学生的奖学金总额和爱心基金总额

在 Excel 2010 的"自动求和"按钮中包含常用统计计算函数和连接所有函数的命令。使用"自动求和"按钮能够快捷地完成统计计算，具体操作方法如下：

（1）选定区域 F3:G13。（包括参与统计计算的单元格和存放计算结果的单元格）

（2）选择"开始"选项卡，在"编辑"选项组中单击"自动求和"按钮Σ▾右侧的下拉按钮，在弹出的下拉菜单中包含常用的计算命令（如"求和""平均值""计数""最大""最小"），以及连接所有函数的"其他函数"命令，如图 3-37 所示。

图 3-37 "自动求和"按钮及其下拉菜单

（3）选择下拉菜单中的"求和"命令，计算结果如图3-38所示。

	A	B	C	D	E	F	G
1	奖学金和爱心基金表						
2	比率	学号	姓名	性别	籍贯	奖学金	爱心基金
3	5%	11835001	陈雷	男	福州	550	27.50
4		11835002	庞小娟	女	厦门	400	20.00
5		11835003	廖晓红	女	泉州	750	37.50
6		11835004	李成儒	男	龙岩	500	25.00
7		11835005	刘锦华	男	三明	600	30.00
8		11835006	董玉洁	女	福州	800	40.00
9		11835007	邓旭飞	男	厦门	450	22.50
10		11835008	吴玉莲	女	泉州	300	15.00
11		11835009	余志伟	男	三明	650	32.50
12		11835010	吴启华	男	龙岩	750	37.50
13	合计					5750	287.5

图3-38　求和计算结果

3．保存 Excel 工作簿

在 Excel 2010 窗口中，单击"快速访问工具栏"中的"保存"按钮。

 拓 展 知 识

1．单元格引用

在公式中使用单元格地址或单元格区域的地址称为单元格引用。单元格或单元格区域可视为变量，单元格地址或单元格区域的地址就是变量名，公式中使用单元格地址或单元格区域地址就是变量中所存放的数据参加公式的计算。

（1）相对引用

① 相对地址的格式为：<列标><行号>，如 B2。

② 当包含相对地址的公式被复制到一个新的位置时，公式中的单元格地址也随之发生相应的改变而保持相对位置不变，即公式中引用的单元格地址与公式所在单元格的地址的相对位置保持不变，这种引用称为相对引用。

例如，当单元格 X3 中的公式"=0.3*V3+0.7*W3"复制到单元格 X4 中时，公式中的单元格地址也发生相应的改变，公式变成为"=0.3*V4+0.7*W4"。

（2）绝对引用

① 绝对地址的格式为：$<列标>$<行号>，如$B$2。

② 当把含有单元格绝对地址的公式复制到一个新的位置时，公式中的单元格地址不发生改变，这种引用称为绝对引用。绝对地址不随公式所在位置的改变而改变。

（3）混合引用

① 混合地址的格式为：<列标>$<行号>或者$<列标><行号>，如 B$2 或$E4。

混合地址就是列用相对地址而行用绝对地址；或者列用绝对地址而行用相对地址。

②当把含有单元格混合地址的公式复制到一个新的位置时，公式中所含的混合地址的相对部分发生相应的改变，而绝对部分不发生改变，这种引用称为混合引用。

注意：当对公式进行复制操作时，公式中的相对地址或混合地址的相对部分，才会发生相应的变动而保持相对位置不动。若对公式进行移动操作，则公式中的引用不会随位置的变化而变化，即公式保持不变。

2．相对地址、绝对地址和混合地址的切换

相对地址、绝对地址和混合地址之间快速切换的方法是：将插入点置于公式的地址中，然后连续按【F4】键，单元格地址就会在相对地址、绝对地址和混合地址之间循环变换。

3.5 办公表格的打印

办公表格处理的最后一道工序是打印输出。在打印办公表格之前还要做一些设置和预处理工作，如设置页面、设置页眉和打印预览等。

【任务 3-6】打印成绩表

在图 3-39 所示的“海西商学院”工作簿中的“2014 审计 1 班成绩表”工作表中，记录了每个学生的平时成绩和期末考成绩。要求如下：

（1）使用公式计算总评成绩。

（2）使用条件计数函数，统计各个分数段的人数及其百分比。

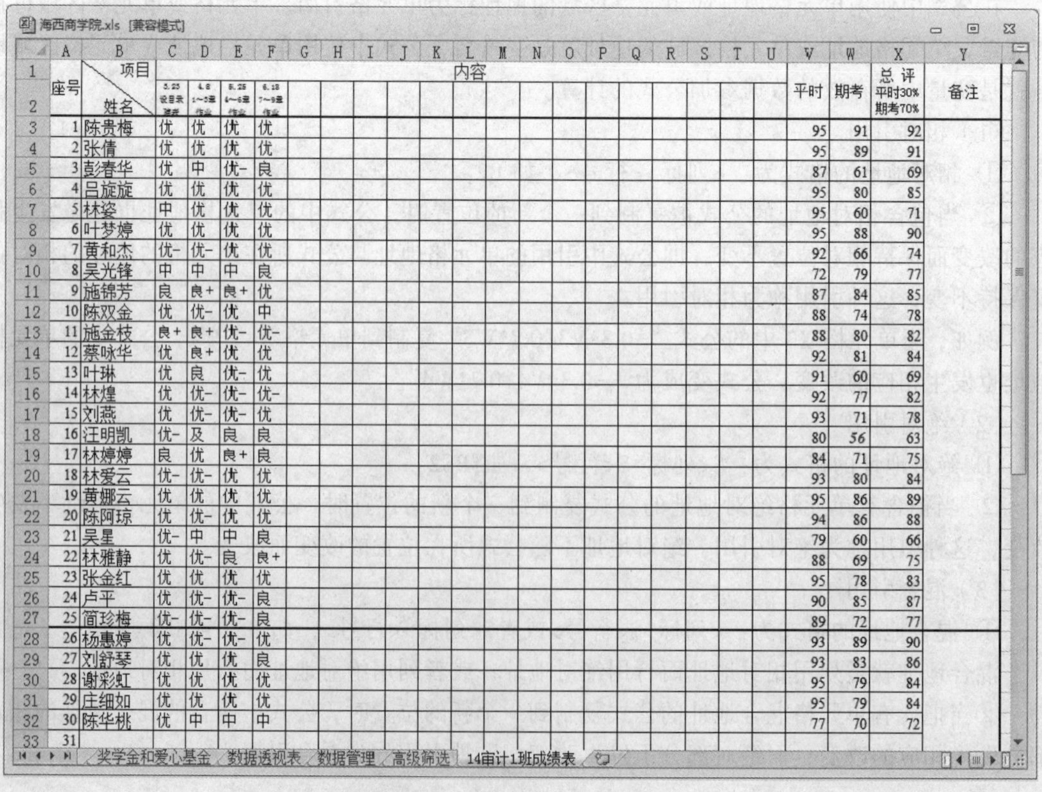

座号	项目/姓名	内容				平时	期考	总评 平时30% 期考70%
		5.23 设目录建表	4.8 1~3章 作业	5.25 4~6章 作业	6.18 7~9章 作业			
1	陈贵梅	优	优	优	优	95	91	92
2	张倩	优	优	优	优	95	89	91
3	彭春华	优	中	优-	良	87	61	69
4	吕旋旋	优	优	优	优	95	80	85
5	林姿	中	优	优	优	95	60	71
6	叶梦婷	优	优	优	优	95	88	90
7	黄和杰	优-	优-	优	优	92	66	74
8	吴光锋	中	中	中	良	72	79	77
9	施锦芳	良	良+	良+	优	87	84	85
10	陈双金	优	优-	优	中	88	74	78
11	施金枝	良+	良+	优-	优-	88	80	82
12	蔡咏华	优	良+	优	优	92	81	84
13	叶琳	优	良	优-	优	91	60	69
14	林煌	优	优-	优-	优-	92	77	82
15	刘燕	优	优-	优-	优	93	71	78
16	汪明凯	优-	及	良	良	80	56	63
17	林婷婷	良	优	良+	良	84	71	75
18	林爱云	优-	优-	优	优	93	80	84
19	黄娜云	优	优	优	优	95	86	89
20	陈阿琼	优	优-	优	优	94	86	88
21	吴星	优-	中	中	良	79	60	66
22	林雅静	优	优-	良	良+	88	69	75
23	张金红	优	优	优	优	95	78	83
24	卢平	优	优-	优-	良	90	85	87
25	简珍梅	优-	优-	优-	良	89	72	77
26	杨惠婷	优	优-	优-	优	93	89	90
27	刘舒琴	优	优	优	良	93	83	86
28	谢彩虹	优	优	优	优	95	79	84
29	庄细如	优	优	优	优	95	79	84
30	陈华桃	优	中	中	中	77	70	72
31								

图 3-39　2014 审计 1 班成绩表

（3）求出最高分和最低分，并计算平均分。

（4）凡是不及格的平时成绩、期末考成绩和总评成绩，以红色、加粗倾斜的格式显示。

（5）设置最高分、最低分和平均分中不及格分数为红色。

（6）创建各分数段的人数的二维簇状柱形图。

（7）设置上、下、左、右页边距值以及页眉和页脚的高度分别为 4、2.5、1.9、1.9、1.3、1.3 厘米。

（8）设置工作表相对于页面的位置为"水平"居中和"垂直"居中。

（9）将成绩表的标题设计在页眉区域。页眉的左、中、右内容分别为"班级：2014 审计 1 班""福建商业高等专科学校　　数据库及其应用　　课程成绩登记表（2014 ～ 2015 学年　第 2 学期）""任课教师：黄培周"。

（10）在打印输出之前，进行打印预览。

（11）打印"2014 审计 1 班成绩表"工作表。

 任 务 分 析

本任务是办公表格的综合处理和打印。首先要输入基本数据，接着进行计算、设置格式和创建图表，最后是打印办公表格。

计算并打印成绩表的流程如下：打开 Excel 工作簿→选定工作表→计算总评成绩→统计各个分数段的人数及其百分比→求出最高分和最低分并计算平均分→设置条件格式→创建图表→设置页面→设置页边距和居中方式→设置自定义页眉→设置标题行重复打印和打印顺序→打印预览→打印工作表。

 任 务 实 现

在 Excel 2010 中，打开"海西商学院"工作簿，选择"2014 审计 1 班成绩表"工作表。

1．计算总评成绩

操作方法如下：

① 在"2014 审计 1 班成绩表"工作表中，选定 X3 单元格。

② 输入公式"=0.3*V3+0.7*W3"。

③ 单击编辑栏中的"输入"按钮。

④ 使用"填充柄"将 X3 单元格中的公式复制到单元格区域 X4:X32。

X4,X5…,X32 中的公式分别为：=0.3*V4+0.7*W4,=0.3*V5+0.7*W5…,=0.3*V32+0.7*W32。

2．统计各个分数段的人数

操作方法如下：

（1）统计各条件的人数

① 在单元格 B37、B38、B39、B40、B41 中，分别输入：<60、>=60、>=70、>=80 和>=90。

② 插入条件计数函数。

● 选定单元格 C37，单击编辑栏中"插入函数"按钮，打开"插入函数"对话框，在"选择函数"列表框中选择 COUNTIF，如图 3-40 所示。

- 单击"确定"按钮，打开"函数参数"对话框。在 Range 文本框中，用选择法输入单元格区域 W3:W32 并将其转换为绝对地址$W$3:$W$32；在 Criteria 文本框中输入条件单元格地址 B37，如图 3-41 所示。

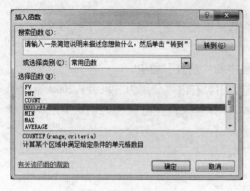

图 3-40 "插入函数"对话框

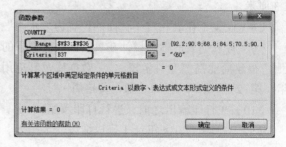

图 3-41 "函数参数"对话框

- 单击"确定"按钮，计算的结果即显示于 C37 单元格中。
③ 复制函数。将鼠标指针指向 C37 单元格右下角的"填充柄"，待鼠标指针呈"+"字形时，按住鼠标左键向下拖动到 C41 单元格。复制公式后，计算的结果如图 3-42 所示。

（2）统计各分数段的人数
① 选定单元格 C43，输入公式"=C37"。
② 选定单元格 C44，输入公式"=C38-C39"。
③ 将鼠标指针指向 C44 单元格右下角的"填充柄"，待鼠标指针呈"+"字形时，按住鼠标左键向下拖动到 C47 元格，复制公式后，计算的结果如图 3-42 所示。

3. 计算各个分数段人数的百分比
操作方法如下：
（1）选定单元格 E43。
（2）输入公式"=C43/COUNT($W$3:$W$32)"。
（3）将鼠标指针指向 E68 单元格右下角的"填充柄"，待鼠标指针呈"+"字形时，按住鼠标左键向下拖动到 E47 元格，复制公式后，计算的结果如图 3-42 所示。

4. 求出最高分和最低分，并计算平均分
操作方法如下：
（1）在单元格 B49，B50，B51 中，分别输入："最高分""最低分""平均分"。
（2）在单元格 C49，C50，C51 中，分别输入公式"=MAX($W$3:$W$32)""=MIN($W$3:$W$32)""=AVERAGE($W$3:$W$32)"，计算的结果如图 3-42 所示。

5. 设置条件格式
操作方法如下：
（1）设置平时、期考和总评成绩中不及格分数的条件格式
① 选定平时、期考和总评成绩的单元格区域 V3:X32。
② 选择"开始"选项卡，在"样式"选项组中单击"条件格式"下拉按钮，在弹出的菜

单中选择"突出显示单元格规则"→"小于"命令，打开"小于"对话框，输入小于值为 60，如图 3-43 所示。

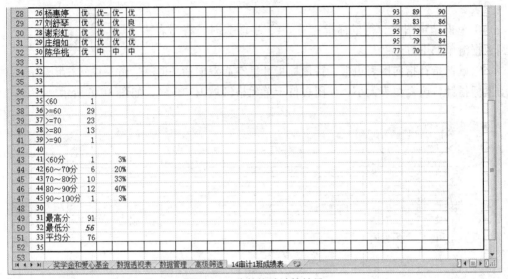

图 3-42　分数统计计算结果

③ 在"设置为"列表框中选择"自定义格式"，打开"设置单元格格式"对话框。在"字体"选项卡中颜色选择"红色"，字形选择"加粗倾斜"，如图 3-44 所示。

④ 单击"确定"按钮，返回"小于"对话框。

⑤ 在"小于"对话框中，单击"确定"按钮，设置结果见图 3-39。

图 3-43　"小于"对话框

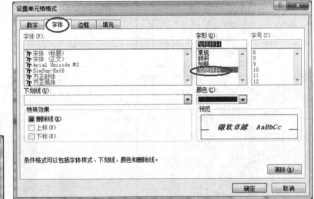

图 3-44　"设置单元格格式"对话框

（2）设置最高分、最低分和平均分中不及格分数的条件格式

选定单元格区域 B49:B51，用同样的方法将其中的不及格分数设置为"红色"、"加粗倾斜"。

6．创建图表

操作方法如下：

（1）选定作为图表数据源的单元格区域 B43:C47。

（2）选择"插入"选项卡，在"图表"选项组中单击"柱形图"按钮，弹出"柱形图"下拉列表，如图 3-45 所示。

（3）在"二维柱形图"选项组中单击"簇状柱形图"按钮，即生成图表。

（4）单击选定图表，待鼠标指针呈"+"字箭头时，将图表移动到数据清单的下方。

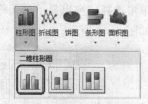

（5）鼠标指针指向图表边框，待鼠标指针呈空心双向箭头时，拖动鼠标指针，改变图表大小，使图表位于单元格区域 H37:V51，如图 3-46 所示。

图 3-45 "柱形图"下拉列表

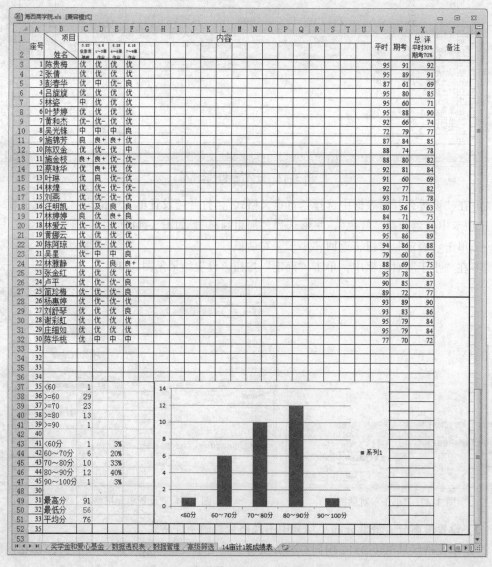

图 3-46　各分数段人数的二维簇状柱形图

7．设置页面

（1）设置纸张大小

选择"页面布局"选项卡，在"页面设置"选项组中单击"纸张大小"按钮，在弹出的下拉菜单中选择"A4"命令。

（2）设置纸张方向

选择"页面布局"选项卡，在"页面设置"选项组中单击"纸张方向"按钮，在弹出的下拉菜单中选择"横向"命令。

（3）设置页边距和居中对齐方式

选择"页面布局"选项卡，在"页面设置"选项组中单击"页边距"按钮，在弹出的下拉菜单中选择"自定义边距"命令，打开"页面设置"对话框，选择"页边距"选项卡，按图 3-47 所示进行设置。

8．设置页眉

为了使在打印成绩表时每一页都能够输出成绩表的标题，本例将成绩表的标题设计在页眉区域。在打印预览视图中才能看到所设置的页眉和页脚。设置页眉的操作方法如下：

（1）选择"页面布局"选项卡，在"页面设置"选项组中单击"打印标题"按钮，打开"页面设置"对话框，选择"页眉/页脚"选项卡，如图 3-48 所示。

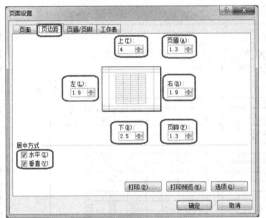

图 3-47 "页边距"选项卡

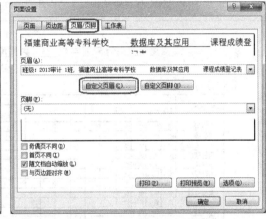

图 3-48 "页眉/页脚"选项卡

（2）单击"自定义页眉"按钮，打开"页眉"对话框。输入页眉的左、中、右内容，如图 3-49 所示。

9．设置每一页顶端标题行重复打印

操作方法如下：

（1）选择"页面布局"选项卡，在"页面设置"选项组中单击"打印标题"按钮，打开"页面设置"对话框，选择"工作表"选项卡。

（2）在"打印标题"选项组中，将"顶端标题行"设置为$1:$2，如图 3-50 所示。表示每一页都重复打印第 1 行和第 2 行，这一步不要遗漏。

（3）单击"确定"按钮，关闭"页面设置"对话框。

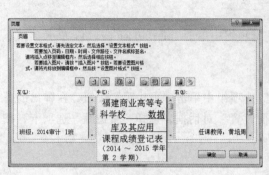

图 3-49 "页眉"对话框

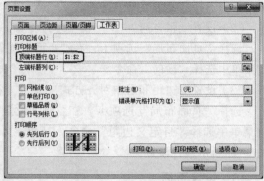

图 3-50 "工作表"选项卡

10．打印预览

操作方法如下：

（1）在"文件"下拉菜单中选择"打印"命令，即切换到打印窗口。窗口的右边是"打印预览窗格"（见图 3-51），左边是"打印窗格"。

福建商业高等专科学校　　数据库及其应用　　课程成绩登记表

（2014 ～ 2015 学年　第 2 学期）

班级：2014审计 1班　　　　　　　　　　　　任课教师：黄培周

座号	姓名	内容				平时	期考	总评 平时30% 期考70%	备注
1	陈贵梅	优	优	优	优	95	91	92	
2	张倩	优	优	优		95	89	91	
3	彭春华	优	中	优-	良	87	61	69	
4	吕旋旋	优	优	优	优	95	80	85	
5	林姿	中	优	优	优	95	60	71	
6	叶梦婷	优	优	优	优	95	88	90	
7	黄和木	优	优-	优		92	66	74	
8	吴光锋	中	中	中	良	72	79	77	
9	施锦芳	良	良-	良-	优	87	84	85	
10	陈双全	优	优	优	优	88	74	78	
11	施金枝	良-	良+	优-	优-	88	80	82	
12	蔡咏华	优	良+	优	优	92	81	84	
13	叶拼	优	良	优	优	91	60	69	
14	林煌	优	优	优-	优	92	77	82	
15	刘燕	优	优-	优	优	93	71	78	
16	汪明凯	优	及	良	良	80	56	63	
17	林嫣嫣	优	优	优-	良	84	71	75	
18	林爱云	优	优-	优	优	93	80	84	
19	黄郦云	优	优	优	优	95	86	89	
20	陈阿琼	优	优	优	优	94	86	88	
21	吴星	优	中	中	良	79	60	66	
22	林雅静	优	优-	良	良+	88	69	75	
23	张金红	优	优-	优	良	95	78	83	
24	卢平	优	优-	优-	良	90	85	87	
25	简珍梅	优-	优-	优-	良	89	72	77	

图 3-51　打印预览窗格（第 1 页）

（2）打印预览窗口中的操作。单击"打印预览窗格"下方的"下一页"按钮，即显示第 2 页内容，如图 3-52 所示。

办公自动化任务驱动教程

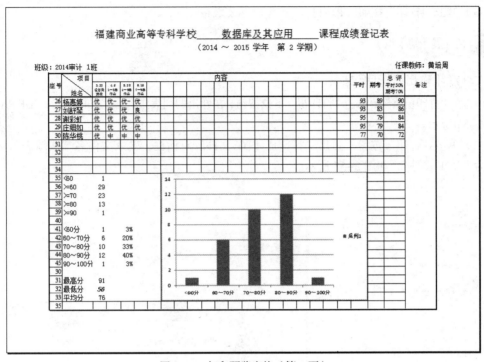

图 3-52　打印预览窗格（第 2 页）

11．打印表格

操作方法如下：

（1）在"文件"下拉菜单中选择"打印"命令，即切换到打印窗口。

（2）在"打印窗格"中设置打印份数为"1"，打印机为到 EPSON 打印机，如图 3-53 所示。

图 3-53　打印窗格

（3）单击"打印"按钮，即由打印机输出办公表格。

拓 展 知 识

1．打印输出到 PDF 文件

（1）在"打印窗格"中单击"打印机"下拉按钮，在弹出的列表中选择 Foxit Reader PDF Printer，如图 3-54 所示。

（2）单击"打印"按钮，弹出"打印成 PDF 文件"对话框。输入文件名"成绩表"，保存类型为"PDF 文件"，如图 3-55 所示。

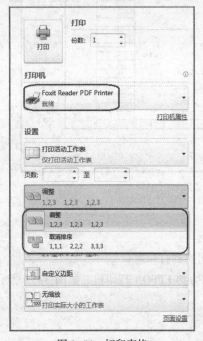

图 3-54　打印窗格　　　　　　　　图 3-55　"打印成 PDF 文件"对话框

（3）单击"保存"按钮。

2．设置打印方式

（1）在"打印窗格"中单击"打印机"下拉按钮，弹出的列表如图 3-54 所示。

（2）若选择"调整"，则逐份打印；若选择"取消排序"，则逐页打印。

课后习题 3

一、选择题

1．在 Word 2010 中，关于表格的叙述错误的是（　　　）。

    A．表格与文字可以互相转换　　　　B．表格中同一列的列宽一定要相等

    C．表格中行与列的交叉处称为单元格　　D．表格的单元格中可以插入图形对象

2. 以下关于 Word 2010 表格的叙述中，正确的是（　　）。

　　A. Word 2010 表格的数据不能排序

　　B. Word 2010 表格的数据不能计算

　　C. Word 2010 表格的数据不能对齐

　　D. Word 2010 表格的数据可以进行排序和计算，但功能比 Excel 较弱

3. 在 Word 2010 中，单击"插入"选项卡中的"表格"按钮，然后选择"插入表格"命令，则（　　）。

　　A. 只能选择行数　　　　　　　　　　B. 只能选择列数

　　C. 可以选择行数和列数　　　　　　　D. 只能使用默认值的行数和列数

4. 在 Word 2010 中，若插入点位于表格行尾外右侧，按【Enter】键，则（　　）。

　　A. 光标移动到下一行，表格行数不变　　B. 光标移动到下一行

　　C. 在本单元格内换行，表格行数不变　　D. 插入一行，表格行数改变

5. 可以在 Word 2010 表格中输入的信息（　　）。

　　A. 只限于文字形式　　　　　　　　　B. 只限于数字形式

　　C. 可以是文字、数字和图形对象等　　　D. 只限于文字和数字形式

6. 在 Word 2010 中，如果插入表格的内外框线是虚线，当插入点在表格中时，出现"表格工具"选项卡，要将框线变为实线，应使用其中的（　　）按钮。

　　A. "开始"选项卡中的"更改样式"

　　B. "设计"选项卡下"边框"下拉列表中的"边框和底纹"

　　C. "插入"选项卡中的"形状"

　　D. 以上都不对

7. 在 Word 2010 中，在"表格属性"对话框中可以设置表格的对齐方式、行高和列宽等，选择表格会自动出现"表格工具"选项卡。"表格属性"在"表格工具-布局"选项卡的（　　）选项组中。

　　A. "表"　　　　B. "行和列"　　　　C. "合并"　　　D. "对齐方式"

8. 在 Word 2010 编辑状态下，若想将表格中连续三列的列宽设置为 1 厘米，应该先选中这三列，然后在（　　）对话框中设置。

　　A. "行和列"　　　B. "表格属性"　　　C. "套用格式"　　D. 以上都不对

9. 在 Word 2010 中，关于"套用内置表格样式"的用法，下列说法正确的是（　　）。

　　A. 可在生成新表时使用自动套用格式或在插入表格的基础上使用自动套用格式

　　B. 只能直接使用自动套用格式生成表格

　　C. 每种自动套用的格式已经固定，不能对其进行任何形式的更改

　　D. 在套用一种格式后，不能再更改为其他格式

10. 在 Word 2010 中，表格和文本是可以互相转换的，以下叙述错误的是（　　）。

　　A. 文本能转换成表格　　　　　　　　B. 表格能转换成文本

　　C. 文本与表格可以相互转换　　　　　D. 文本与表格不能相互转换

11. 在 Word 2010 中，下列关于单元格的拆分与合并操作错误的是（　　）。

　　A. 可以将表格左右拆分成 2 个表格

　　B. 可以将同一行连续的若干个单元格合并为 1 个单元格

　　C. 可以将某一个单元格拆分为若干个单元格，这些单元格均在同一列

D. 可以将某一个单元格拆分为若干个单元格，这些单元格均在同一行

12. 在 Excel 2010 工作表中，行号和列标的交叉处按钮的功能是（　　）。

    A. 选定全部行   B. 选定全部单元格

    C. 选定全部列   D. 无作用

13. 在 Excel 2010 工作表的某单元格中，输入'2014-11-28，则该单元格内保存的是（　　）。

    A. 公式   B. 日期   C. 数值   D. 字符串

14. 在 Excel 2010 工作表的某单元格中，直接输入 6-20，则被认为是（　　）。

    A. 数值   B. 字符串   C. 时间   D. 日期

15. 在 Excel 2010 单元格中，要显示数字字符串的学号 070001，应输入（　　）。

    A. 070001   B. "070001   C. '070001   D. "070001"

16. 在 Excel 2010 工作表的某单元格中，输入=2014-2-28，则该单元格显示（　　）。

    A. =2014-2-28   B. 1984

    C. 2014 年 2 月 28 日   D. 2014-2-28

17. 要在 Excel 2010 单元格中输入数值-0.123，输入方法错误的是（　　）。

    A. -.123   B. (.123)   C. -0.123   D. (-0.123)

18. 要在 Excel 2010 单元格中输入数值 100000，输入方法错误的是（　　）。

    A. 100000/1   B. =100000/1   C. 1E5   D. 100,000

19. 在 Excel 2010 单元格中输入字符型数据，其宽度大于单元格宽度时，（　　）。

    A. 超出单元格宽度的数据将丢失

    B. 右侧单元格中显示一串"######"符号

    C. 右侧单元格中的数据将丢失

    D. 超出单元格宽度的数据不会丢失，但可能不显示出来

20. 在 Excel 2010 单元格中输入（　　），使该单元格显示 0.3。

    A. 6/20   B. =6/20   C. "6/20"   D. ="6/20"

21. 在 Excel 2010 中，执行"粘贴"菜单中的（　　）命令，可以实现对行列数据位置的转置。

    A. 粘贴数值   B. 粘贴文本

    C. 选择性粘贴   D. 粘贴对象

22. 在 Excel 2010 中，关于填充数据的表述错误的是（　　）。

    A. 如果要以升序填充数据，则从上到下或从左到右拖动填充柄

    B. 如果要以降序填充数据，则从下到上或从右到左拖动填充柄

    C. 填充数字型数据时，拖动填充柄，则以升序或降序方式填充数据

    D. 填充数字型数据时，拖动填充柄，则以复制的方式填充数据

23. 在 Excel 2010 工作簿中，关于工作表操作的表述正确的是（　　）。

    A. 在工作簿中，工作表的排列顺序是不能改变的

    B. 不允许一次删除多个工作表

    C. 不允许添加工作表

    D. 可以将当前工作簿中的工作表移动到其他工作簿的工作表中

24. 建立 Excel 2010 工作表时，若在单元格中输入公式，正确的形式是（　　）。

  A．A1*D2+100   B．=1.57*B2

  C．SUM(A1:D1)   D．A1+A8

25. 下列选项中，属于对 Excel 2010 工作表单元格绝对引用的是（　　）。

  A．$B$2   B．￥B￥2   C．$B2   D．B2

26. 假设在 Excel 2010 的 B1 单元格存储的公式中含有单元格地址 A$5，将其公式复制到 D1 单元格后，该单元格地址变为（　　）。

  A．A$5   B．B$5   C．C$5   D．D$1

二、应用题

1．制作规则表格

2014 年巴西足球世界杯比赛，1/8 决赛共有 16 个国家。试制作如表 3-10 所示的巴西足球世界杯 1/8 决赛的赛程表。具体要求如下：

（1）设置最合适列宽。

（2）每一行标题加粗，水平居中对齐。

（3）整个表格相对页面水平居中。

表 3-10　巴西足球世界杯 1/8 决赛赛程表

比赛日期	北京时间	对阵	组别	比赛地
2014/6/29	0:00	巴西 VS 智利	1A-2B	贝洛奥里藏特
2014/6/29	4:00	哥伦比亚 VS 乌拉圭	1C-2D	里约热内卢
2014/6/30	0:00	荷兰 VS 墨西哥	1B-2A	福塔莱萨
2014/6/30	4:00	哥斯达黎加 VS 希腊	1D-2C	累西腓
2014/7/1	0:00	法国 VS 尼日利亚	1E-2F	巴西利亚
2014/7/1	4:00	德国 VS 阿尔及利亚	1G-2H	阿雷格里港
2014/7/2	0:00	阿根廷 VS 瑞士	1F-2E	圣保罗
2014/7/2	4:00	比利时 VS 美国	1H-2G	萨尔瓦多

2．制作不规则表格

制作"管理才能考核表"，如表表 3-11 所示。具体要求如下：

（1）设置 1 至 8 列的列宽分别为 1.2、2、1.2、1.2、1.2、1.2、3、2 厘米；1 至 8 行的行高为 0.8 厘米，9 至 10 行的行高为 5 厘米。

（2）第 1、2 行的 4、5、6 单元格合并，第 3 行的 7、8 单元格合并，第 4 至 8 行的 7、8 单元格合并，第 9、10 行的 2 至 8 单元格合并；第 3 至 8 行的第 1 列单元格合并。

（3）设置外框为 2.5 磅粗实线，内框为 0.5 磅细实线。

（4）设置单元格内的字体为"宋体"、字号为"5 号"，水平和垂直都居中对齐。

（5）设置"管理才能、培养建议、派职建议"为竖排文字；字间距加宽为 2 磅。

表 3-11　管理才能考核表

姓名		年龄				到职日期	
部门		职位				任职起始日期	
管理才能	项目	优异	良好	平常	欠佳	总评	
	领导能力						
	处事能力						
	协调能力						
	责任感						
	总评						
培养建议							
派职建议							

3．制作填充文字有规律的表格

制作某城市近 5 年的"信息技术市场产值表"，如表 3-12 所示。具体要求如下：

（1）斜线表头，字体"宋体"，字号为"小六"。

（2）设置内框线为 0.5 磅单实线，外框线为 0.5 磅双实线。

（3）设置单元格内文字字体为"宋体"，字号为"5 号"，水平和垂直都居中对齐。

表 3-12　信息技术市场产值表（单位：10 亿美元）

项目 季度 年份		2010	2011	2012	2013	2014
计算机	一	72.4	76.3	81.6	86.4	90.0
	二	31.3	33.8	36.8	40.0	50.0
	三	60.2	63.9	68.7	73.6	80.0
	四	70.6	72.7	83.5	85.1	90.0

办公自动化任务驱动教程

4．制作 Excel 2010 成绩表

某学院 2014 级计算机专业成绩存放在 Excel 工作簿 Ex2014.xlsx 的"成绩"工作表中，如图 3-56 所示，要求对该表格进行如下计算：

（1）使用函数法计算每个学生 4 门课的平均分，并保留 1 位小数。

（2）求出最高分平均分和最低分平均分。

（3）统计平均成绩 85 分以上学生人数。

（4）根据 4 门课的平均分评定成绩的等级，90 分以上为"优"，80～89 分为"良"，70～79 分为"中"，60～69 分为"及格"，60 分以下为"不及格"；并设置等级水平居中。

（5）将所有学生各门课的不及格成绩用红色标示。

图 3-56　Ex2014.xlsx 工作簿"成绩"工作表

第4章 办公数据的处理

在日常办公事务中，经常有大量的数据需要处理。例如，职工工资表中数据的计算、汇总和分析；又如，分期付款方案中数据的计算和分析等。

Excel 具有数据库管理的计算和分析功能。使用 Excel 的数据库功能能够对表格数据进行计算、查询、排序、筛选和分类汇总等操作，并预测其发展趋势，从而实现对 Excel 工作表中的数据进行高效加工、分析和利用。

4.1 Excel 数据库的创建及计算

在关系数据库中，一个数据库通常由若干个互相关联的二维数据表构成。一个二维数据表就构成了一个最简单的数据库。Excel 数据库又称为数据清单。图 4-1 所示的二维数据表（不包括标题行、制表日期行和合计行）是一个"工资表"数据库，它由若干个行和列组成。数据表中的每一列称为一个字段，每一列的第一行为字段名，以下是该字段的值，同一列的数据的类型相同；数据表中除了列标题行之外，其他行称为记录，一个记录由若干个数据项（字段值）组成。

【任务 4-1】制作工资表

新亚公司职工基本工资表如图 4-1 所示。

新亚公司职工工资表

| | | | | | | | | | 制表日期： | 2014年6月30日 | |
编号	姓名	部门	籍贯	基本工资	住房补贴	奖金	应发工资	所得税	其他扣款	实发工资
001	李广林	生产部	福州	3500		200			30	
002	马丽萍	财务部	厦门	3200		150			60	
003	高去河	管理部	泉州	3600		200			80	
004	王卓然	生产部	厦门	3500		200			60	
005	张成洋	开发部	泉州	3400		240			100	
006	陈小英	销售部	福州	3300		150			10	
007	张雷	开发部	泉州	3500		200			60	
008	韩文杰	销售部	厦门	3400		180			0	
009	王俊奇	管理部	福州	3500		220			30	
010	黄彩云	销售部	厦门	3300		160			60	
011	林云飞	开发部	福州	3700		300			60	
012	牟其文	管理部	泉州	3500		200			80	
013	李铁	销售部	福州	3500		280			70	
014	赵小妹	财务部	厦门	3300		200			50	
015	张鹏	生产部	泉州	3500		250			80	
		合计								

图 4-1 工资表（基本）

工资表中的基本工资已经扣除了三险一金，要求做如下各项计算：

（1）计算住房补贴。（住房补贴 = 基本工资 × 20%）

（2）计算应发工资。（应发工资 = 基本工资 + 住房补贴 + 奖金）

（3）计算个人所得税。

个人所得税计算方法如下：

① 全月应纳税所得额 = 扣除三险一金后月收入 – 个税起征点 3 500 元。

② 在表 4-1 中，找到个人收入所对应的税率及速算扣除数。

表 4-1　2011 年 9 月 1 日起调整后的 7 级超额累进税率

级　数	全月应纳税所得额	税　率	速算扣除数/元
1	全月应纳税额不超过 1 500 元	3%	0
2	全月应纳税额超过 1 500 元至 4 500 元	10%	105
3	全月应纳税额超过 4 500 元至 9 000 元	20%	555
4	全月应纳税额超过 9 000 元至 35 000 元	25%	1 005
5	全月应纳税额超过 35 000 元至 55 000 元	30%	2 755
6	全月应纳税额超过 55 000 元至 80 000 元	35%	5 505
7	全月应纳税额超过 80 000 元	45%	13 505

③ 计算每月应纳个人所得税额 = 应纳税所得额 × 对应的税率 – 速算扣除数。

例如：某人的工资收入为 5 000 元，其应纳个人所得税为(5 000 – 3 500)×10% – 105=45(元)。

（4）计算实发工资。（实发工资 = 应发工资 – 所得税 – 其他扣款）

任务分析

"工资表(基本)"剔除标题和制表日期后余下的二维行列数据表恰好符合数据库表的特征，因此，可使用 Excel 2010 的数据库功能来处理。

制作工资表的流程如下：创建 Excel 工作簿→在 Excel 工作表中创建数据清单→输入公式计算"住房补贴""应发工资""所得税"和"实发工资"字段的数据→保存工作簿。

任务实现

在 Excel 工作表中，被组织成二维表形式的数据称为数据清单，即 Excel 数据库。

1. 创建数据清单

操作方法如下：

（1）启动 Excel 2010

启动 Excel 2010，将创建 Excel 工作簿，并以"新亚公司.xlsx"为文件名保存。

（2）重命名工作表

将工作表 Sheet1 重命名为"工资表(基本)"。

（3）输入标题

① 选定要合并的单元格区域 A1:K1。

② 选择"开始"选项卡，在"对齐方式"选项组中单击"合并后居中"按钮。

③ 输入"新亚公司职工工资表"。

④ 选择"开始"选项卡，使用"字体"选项组中的按钮，将工资表的标题格式化成"隶

书”“24”号（见图 4-1）。

（4）输入数据清单的制作日期

① 选定单元格 I2，输入“制表日期:”。

② 选定单元格区域 J3:K3,。

③ 选择“开始”选项卡，在“对齐方式”选项组中单击“合并后居中”按钮。

④ 输入函数“=NOW()”。

（5）创建字段标题

① 在单元格 A3，B3，C3…，K3 中，分别输入各字段的标题。

② 选定单元格区域 A3:K3，将各字段的标题格式化成“宋体”、“12”号、“加粗”，如图 4-1 所示。

（6）输入数据清单的数据

①“编号”字段的数据输入。“编号”“座号”“学号”和“身份证号”等字段中的数字一般作为文字型数据输入，这样就可以在数字中使用前置“0”，或在数字之间使用连接符“-”，使得数字组合形式多样化。

如果要把数字作为字符型数据输入，则必须在数字前面加上半角单引号的前导符。操作方法如下：

- 选定 A4 单元格，输入“'001”。
- 将鼠标指针指向 A4 单元格右下角的填充柄，待鼠标指针呈“+”字形时，按住鼠标左键拖动到 A18 单元格，拖动时经过的单元格都将填充序列编号，如图 4-1 所示。

②“部门”和“籍贯”字段的数据输入。“部门”和“籍贯”字段的数据有很多是相同的，输入时使用“复制”和“粘贴”的方法，既快捷，又可以减少差错。

输入基本数据后的工作表如图 4-2 所示。

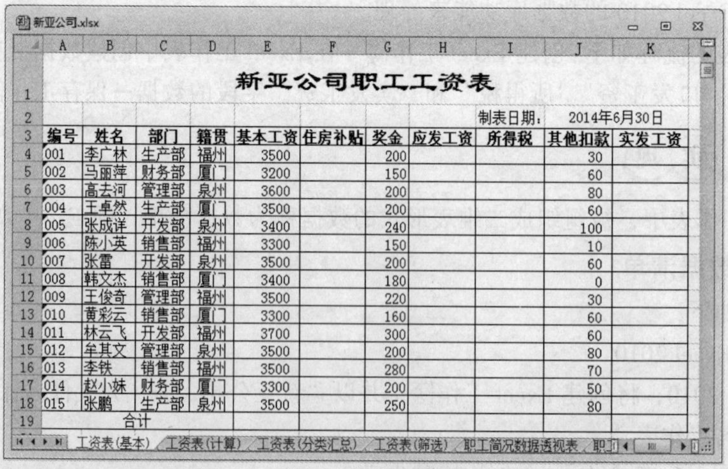

	A	B	C	D	E	F	G	H	I	J	K
1	新亚公司职工工资表										
2									制表日期:	2014年6月30日	
3	编号	姓名	部门	籍贯	基本工资	住房补贴	奖金	应发工资	所得税	其他扣款	实发工资
4	001	李广林	生产部	福州	3500		200			30	
5	002	马丽萍	财务部	厦门	3200		150			60	
6	003	高去河	管理部	泉州	3600		200			80	
7	004	王卓然	生产部	厦门	3500		200			60	
8	005	张成祥	开发部	泉州	3400		240			100	
9	006	陈小英	销售部	福州	3300		150			10	
10	007	张雷	开发部	泉州	3500		200			60	
11	008	韩文杰	销售部	厦门	3400		180			0	
12	009	王俊奇	管理部	福州	3500		220			30	
13	010	黄彩云	销售部	厦门	3300		160			60	
14	011	林云飞	开发部	福州	3700		300			60	
15	012	牟其文	管理部	泉州	3500		200			80	
16	013	李铁	销售部	福州	3500		280			70	
17	014	赵小妹	财务部	厦门	3300		200			50	
18	015	张鹏	生产部	泉州	3500		250			80	
19	合计										

图 4-2　输入基本数据后的工作表

2．制作工作表副本

不同月份的“工资表（基本）”只要修改“奖金”和“其他扣款”两个字段，故“工资表（基本）”工作表应予以保留。先制作“工资表（基本）”工作表的副本，然后在工作表副本中改名，并在其中进行计算填写。

制作工作表的副本的操作方法如下：

（1）在 Excel 工作簿"新亚公司.xls"中，选定工作表标签"工资表（基本）"，按住【Ctrl】键将其拖动到新的位置，生成复制的工作表"工资表(基本)（2）"。

（2）右击工作表标签"工资表(基本)（2）"，在弹出的快捷菜单中选择"重命名"命令，使该工作表标签变为可编辑状态。

（3）将插入点移入工作表标签，输入新名称"工资表（计算）"，然后单击工作表标签之外任意处。

3．计算"住房补贴"字段的数据

在工作表副本中进行计算填充数据的方法：先用输入公式计算一个记录的字段数据，然后利用填充柄将公式复制到余下记录的字段单元格中。操作步骤如下：

（1）选定 F4 单元格，输入公式"=E4*0.2"。

（2）将鼠标指针指向 F4 单元格右下角的填充柄，待鼠标指针呈"+"字形时，按住鼠标左键拖动到 F18 单元格，计算结果如图 4-3 所示。

4．计算"应发工资"字段的数据

操作步骤如下：

（1）选定单元格区域 E4:H4。

（2）选择"开始"选项卡，在"编辑"选项组中单击"自动求和"按钮，在编辑栏中显示单元格 H4 的公式为"=SUM(E4:G4)"；在单元格 H4 中显示公式计算的结果。

（3）将鼠标指针指向 H4 单元格右下角的填充柄，待鼠标指针呈"+"字形时，按住鼠标左键拖动到 H18 单元格，计算结果如图 4-3 所示。

5．计算"所得税"字段的数据

操作步骤如下：

（1）选定 I4 单元格，根据应纳所得税的计算公式，输入如下公式：

=IF(H4-3500<0,0,IF(H4-3500<1500,0.03*(H4-3500),IF(H4-3500<4500,0.1*(H4-3500)-105,IF(H4-3500<9000,0.2*(H4-3500)-555,IF(H4-3500<35000,0.25*(H4-3500)-1055,IF(H4-3500<55000,0.3*(H4-3500)-2755, IF(H4-3500<80000, 0.35*(H4-3500)-5055, 0.45*(H4-3500)-13505)))))))

（2）将鼠标指针指向 I4 单元格右下角的填充柄，待鼠标指针呈"+"字形时，按住鼠标左键拖动到 I18 单元格，计算结果如图 4-3 所示。

6．计算"实发工资"字段的数据

操作步骤如下：

（1）选定 K4 单元格，输入公式"=H4-I4-J4"。

（2）将鼠标指针指向 K4 单元格右下角的填充柄，待鼠标指针呈"+"字形时，按住鼠标左键拖动到 K18 单元格，计算结果如图 4-3 所示。

7．计算"实发工资"总额

操作步骤如下：

（1）选定要合并的单元格区域 A19:D19。

（2）选择"开始"选项卡，在"对齐方式"选项组中单击"合并后居中"按钮。

（3）输入"合　计"，并将其格式化成"宋体""12号""加粗"，如图4-3所示。

（4）选定单元格区域K4:K19。

（5）选择"开始"选项卡，在"编辑"选项组中单击"自动求和"按钮，在编辑栏中显示单元格K19的公式为"=SUM(K4:K18)"；在单元格K19中显示"应发工资"的合计数。

计算后的工资表如图4-3所示。

<table>
<tr><td colspan="11">新亚公司职工工资表</td></tr>
<tr><td colspan="8"></td><td colspan="3">制表日期：　2014年7月1日</td></tr>
<tr><td>编号</td><td>姓名</td><td>部门</td><td>籍贯</td><td>基本工资</td><td>住房补贴</td><td>奖金</td><td>应发工资</td><td>所得税</td><td>其他扣款</td><td>实发工资</td></tr>
<tr><td>001</td><td>李广林</td><td>生产部</td><td>福州</td><td>3500</td><td>700</td><td>200</td><td>4400</td><td>27.00</td><td>30</td><td>4343.00</td></tr>
<tr><td>002</td><td>马丽萍</td><td>财务部</td><td>厦门</td><td>3200</td><td>640</td><td>150</td><td>3990</td><td>14.70</td><td>60</td><td>3915.30</td></tr>
<tr><td>003</td><td>高去河</td><td>管理部</td><td>泉州</td><td>3600</td><td>720</td><td>200</td><td>4520</td><td>30.60</td><td>80</td><td>4409.40</td></tr>
<tr><td>004</td><td>王卓然</td><td>生产部</td><td>厦门</td><td>3500</td><td>700</td><td>200</td><td>4400</td><td>27.00</td><td>60</td><td>4313.00</td></tr>
<tr><td>005</td><td>张成详</td><td>开发部</td><td>泉州</td><td>3400</td><td>680</td><td>240</td><td>4320</td><td>24.60</td><td>100</td><td>4195.40</td></tr>
<tr><td>006</td><td>陈小英</td><td>销售部</td><td>福州</td><td>3300</td><td>660</td><td>150</td><td>4110</td><td>18.30</td><td>10</td><td>4081.70</td></tr>
<tr><td>007</td><td>张雷</td><td>开发部</td><td>泉州</td><td>3500</td><td>700</td><td>200</td><td>4400</td><td>27.00</td><td>60</td><td>4313.00</td></tr>
<tr><td>008</td><td>韩文杰</td><td>销售部</td><td>厦门</td><td>3400</td><td>680</td><td>180</td><td>4260</td><td>22.80</td><td>0</td><td>4237.20</td></tr>
<tr><td>009</td><td>王俊奇</td><td>管理部</td><td>福州</td><td>3500</td><td>700</td><td>220</td><td>4420</td><td>27.60</td><td>30</td><td>4362.40</td></tr>
<tr><td>010</td><td>黄彩云</td><td>销售部</td><td>厦门</td><td>3300</td><td>660</td><td>160</td><td>4120</td><td>18.60</td><td>60</td><td>4041.40</td></tr>
<tr><td>011</td><td>林云飞</td><td>开发部</td><td>厦门</td><td>3700</td><td>740</td><td>300</td><td>4740</td><td>37.20</td><td>60</td><td>4642.80</td></tr>
<tr><td>012</td><td>牟其文</td><td>管理部</td><td>泉州</td><td>3500</td><td>700</td><td>200</td><td>4400</td><td>27.00</td><td>80</td><td>4293.00</td></tr>
<tr><td>013</td><td>李铁</td><td>销售部</td><td>福州</td><td>3500</td><td>700</td><td>280</td><td>4480</td><td>29.40</td><td>70</td><td>4380.60</td></tr>
<tr><td>014</td><td>赵小妹</td><td>财务部</td><td>厦门</td><td>3300</td><td>660</td><td>200</td><td>4160</td><td>19.80</td><td>50</td><td>4090.20</td></tr>
<tr><td>015</td><td>张鹏</td><td>生产部</td><td>泉州</td><td>3500</td><td>700</td><td>250</td><td>4450</td><td>28.50</td><td>80</td><td>4341.50</td></tr>
<tr><td colspan="7">合　计</td><td colspan="4">63959.90</td></tr>
</table>

图4-3　计算后的工资表

1．数据清单的概念

Excel数据清单就是一个关系数据库。数据清单的数据组织必须遵循以下原则：

（1）数据清单的第1行为列标题。

（2）在数据清单中，同一列数据类型保持一致。

（3）数据清单中不可有空行或空列。

2．数据清单的选定

如果数据清单与其他数据之间以空行或空列隔开，那么选定数据清单中任意一个单元格，该数据清单就成为当前数据清单，接着就可以对数据清单进行排序、筛选、分类汇总等操作。

如果数据清单与其他数据相连，例如数据清单之上有一个标题行，就必须选定数据清单（包括字段标题行和记录行），然后才可以对数据清单进行排序、筛选、分类汇总等操作。

4.2　Excel数据库的排序和分类汇总

Excel具有数据管理和分析的功能。在Excel工作表中，被组织成二维表形式的数据称为数据清单或Excel数据库。使用Excel的数据库功能能够对数据清单进行排序、分类汇总和筛选等操作。

【任务4-2】制作工资分类汇总表

将"工资表（计算）"工作表中的数据清单复制到新工作表，然后改名为"工资表（分类汇总）"，在"工资表（分类汇总）"工作表中，完成如下操作：

（1）在"工资表（分类汇总）"工作表中，对数据清单进行排序。要求以"部门"作为主要关键字，排序方式升序；以"籍贯"为次要关键字，排序方式降序；以"应发工资"为第三关键字，排序方式升序。

（2）求各部门实发工资的平均值。

（3）显示分类汇总结果的2级明细。

（4）制作各部门实发工资平均值的三维簇状柱形图。

（5）设置图表：将图表标题格式化成字体为"隶书"，字号为"20"磅，字体颜色为红色；"图表区"填充"黄色"；"基底"填充橙色；"背景墙"渐变填充预设颜色"麦浪滚滚"。

 任 务 分 析

数据清单中的数据记录是按照创建时输入的先后顺序排列，这种数据排列的顺序称为物理顺序。物理顺序通常不能满足数据处理的需求。Excel排序功能则将数据清单中的记录按照指定条件重新排列，称为逻辑顺序，以便对工作表数据进行比较和分析。

数据清单排序需要依据，排序所依据的字段称为关键字。根据排序所使用的关键字的数目，可将排序分为：单关键字排序和多关键字排序。Excel最多允许使用3个关键字进行排序。先按"主要关键字"的值排序；当"主要关键字"的值相同时，按"次要关键字"的值排序；当"次要关键字"的值相同时，再按"第三关键字"的值排序。

排序是有方向的，排序方向可分为升序和降序两种。

求各部门实发工资的平均值就是按"部门"对"实发工资"字段进行分类汇总，汇总的方式是求平均。

分类汇总操作的要点：要先对数据清单进行排序，使同类记录集中在一起，然后才能进行分类汇总操作；排序所依据的关键字段与分类汇总所用的关键字段要一致。

制作工资分类汇总表的流程如下：制作工作表"工资表（计算）"的副本→将副本工作表重命名为"工资表（分类汇总）"→对数据清单进行排序→对数据清单进行分类汇总。

 任 务 实 现

1．制作工作表副本

操作方法如下：

（1）在Excel工作簿"新亚公司.xlsx"中，选定工作表标签"工资表（计算）"，按住【Ctrl】键将其拖动到新的位置，生成复制的工作表"工资表（计算）（2）"。

（2）右击工作表标签"工资表（计算）（2）"，在弹出的快捷菜单中选择"重命名"命令，该工作表标签变为可编辑状态。

（3）将插入点移入工作表标签，输入新名称"工资表（分类汇总）"，然后单击工作表标签之外任意处。

2．多关键字排序

操作方法如下：

（1）在"工资表（分类汇总）"工作表中，选定数据清单的数据区域 A3:K18。

（2）选择"数据"选项卡，在"排序和筛选"选项组中单击"排序"按钮，打开"排序"对话框。

（3）单击"主要关键字"列表框右侧的下拉按钮，从下拉列表中选择作为主要关键字的字段名"部门"，并在右侧的"次序"列表框中选择"升序"。

（4）以同样的方法设置"次要关键字"和"第三关键字"，"排序"，如图 4-4 所示。

图 4-4　"排序"对话框

（5）为了避免数据清单标题也参加排序，应选中"数据包含标题"复选框。

（6）单击"确定"按钮，排序的结果如图 4-5 所示。

图 4-5　多关键字排序的结果

3．分类汇总

若要按"部门"对"实发工资"字段进行分类汇总，首先要按"部门"字段对数据清单进行排序。由于以上已经按"部门"字段对数据清单进行排序，所以可直接执行分类汇总操作。操作步骤如下：

（1）在"工资表（分类汇总）"工作表中，选定数据清单的数据区域 A3:K18。

（2）选择"数据"选项卡，在"分级显示"选项组中单击"分类汇总"按钮，打开"分类汇总"对话框。在"分类字段"列表框中选择"部门"。在"汇总方式"列表框中选择"平均值"。在"选定汇总项"列表框中选择"实发工资"（汇总字段只能是数值型的），如图 4-6 所示。

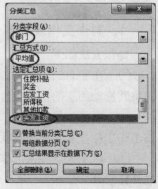

图 4-6　"分类汇总"对话框

（3）单击“确定”按钮，Excel 为每一个部门增加一行，以存放分类汇总的结果，并注明分类汇总的名称。同时，在工作表左侧插入分级显示控制栏，如图 4-7 所示。

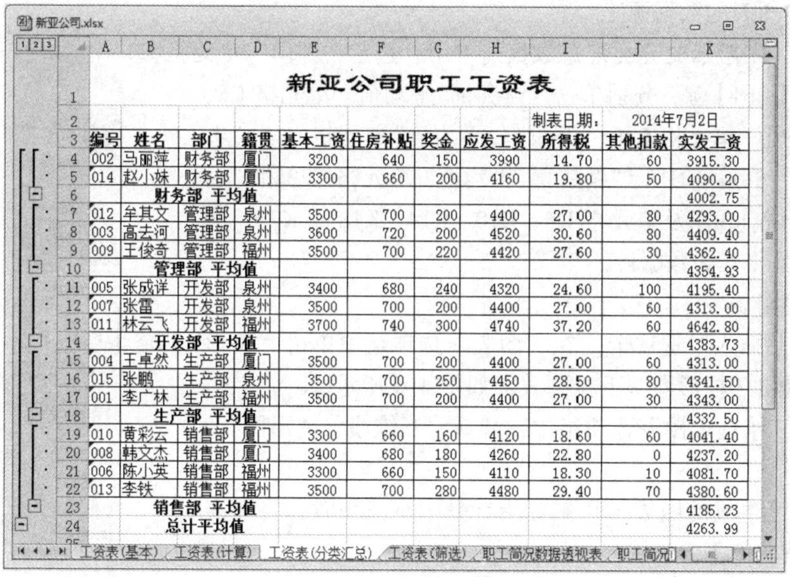

新亚公司.xlsx

新亚公司职工工资表

制表日期： 2014年7月2日

编号	姓名	部门	籍贯	基本工资	住房补贴	奖金	应发工资	所得税	其他扣款	实发工资
002	马丽萍	财务部	厦门	3200	640	150	3990	14.70	60	3915.30
014	赵小妹	财务部	厦门	3300	660	200	4160	19.80	50	4090.20
	财务部 平均值									4002.75
012	牟其文	管理部	泉州	3500	700	200	4400	27.00	80	4293.00
003	高去河	管理部	泉州	3600	720	200	4520	30.60	80	4409.40
009	王俊奇	管理部	福州	3500	700	220	4420	27.60	30	4362.40
	管理部 平均值									4354.93
005	张成详	开发部	泉州	3400	680	240	4320	24.60	100	4195.40
007	张雷	开发部	泉州	3500	700	200	4400	27.00	60	4313.00
011	林云飞	开发部	福州	3700	740	300	4740	37.20	60	4642.80
	开发部 平均值									4383.73
004	王卓然	生产部	厦门	3500	700	200	4400	27.00	60	4313.00
015	张鹏	生产部	泉州	3500	700	250	4450	28.50	80	4341.50
001	李广林	生产部	福州	3500	700	200	4400	27.00	30	4343.00
	生产部 平均值									4332.50
010	黄彩云	销售部	厦门	3300	660	160	4120	18.60	60	4041.40
008	韩文杰	销售部	厦门	3400	680	180	4260	22.80	0	4237.20
006	陈小英	销售部	福州	3300	660	150	4110	18.30	10	4081.70
013	李铁	销售部	福州	3500	700	280	4480	29.40	70	4380.60
	销售部 平均值									4185.23
	总计平均值									4263.99

工资表(基本) 工资表(计算) 工资表(分类汇总) 工资表(筛选) 职工简况数据透视表 职工简况

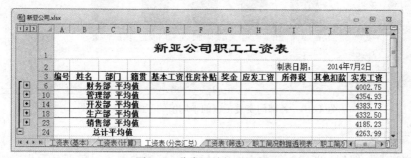

图 4-7 分类汇总的结果

4. 显示分类汇总的结果

数据清单分类汇总后，可以隐藏明细数据或显示不同级别的明细数据。

（1）隐藏明细数据符号[−]

单击该符号，将隐藏符号所在组的所有记录，同时该符号变为[+]。

（2）显示明细数据符号[+]

单击该符号，将显示符号所在组的所有记录，同时该符号变为[−]。

（3）显示级别符号[1][2][3]

在隐藏/显示明细数据符号的上方有一组显示级别符号[1][2][3]。

① 单击符号[1]，只显示分类汇总的总计结果（1 级明细）。

②单击符号[2]，显示所有分类汇总的结果及总计结果（2 级明细），如图 4-8 所示。

新亚公司.xlsx

新亚公司职工工资表

制表日期： 2014年7月2日

编号	姓名	部门	籍贯	基本工资	住房补贴	奖金	应发工资	所得税	其他扣款	实发工资
	财务部 平均值									4002.75
	管理部 平均值									4354.93
	开发部 平均值									4383.73
	生产部 平均值									4332.50
	销售部 平均值									4185.23
	总计平均值									4263.99

工资表(基本) 工资表(计算) 工资表(分类汇总) 工资表(筛选) 职工简况数据透视表 职工简况

图 4-8 分类汇总的 2 级显示

③单击符号[3]，显示全部数据（1 级明细）（见图 4-7）。

5．创建图表

图表是工作表数据的图形表示。工作表中的数据是图表的数据源。创建图表的操作步骤如下。

（1）选定图表的数据源

① 在图4-7所示的分类汇总数据清单中，选定"部门"单元格C3。

② 按住【Ctrl】键，分别单击"财务部 平均值"单元格C6、"管理部 平均值"单元格C10、"开发部 平均值"单元格C14、"生产部 平均值"单元格C18、"销售部 平均值"单元格C23和"实发工资"单元格K3以及单元格K6、K10、K14、K18和K23，共选定10个单元格作为数据源。

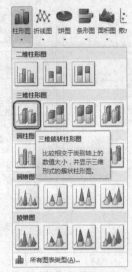

图4-9 "柱形图"下拉列表

（2）创建图表

① 选择"插入"选项卡，在"图表"选项组中单击"柱形图"按钮，弹出"柱形图"下拉列表，如图4-9所示。

② 在"三维柱形图"选项组中，选择"三维簇状柱形图"，即生成图表。

③ 选定已生成的图表，待鼠标指针呈十字箭头时，将图表拖动到数据清单的下方。

④ 鼠标指针指向图表边框，待鼠标指针呈空心双字箭头时，拖动鼠标指针，改变图表大小，使图表位于单元格区域A26:K42，如图4-10所示。

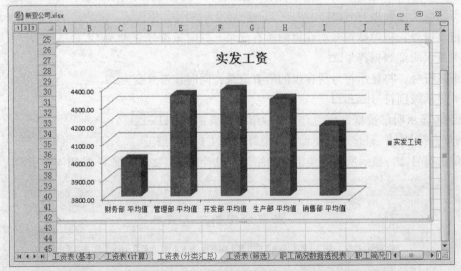

图4-10 各部门实发工资的平均值的三维簇状柱形图

6．设置图表

图表中的标题、图例、坐标轴等称为图表对象，鼠标指向图表对象即显示相应的说明文字。

单击图表对象，则选定图表对象。双击图表中任意一个对象，即打开该图表对象的格式化对话框。在此对话框中进行格式化设置，然后关闭格式化对话框。

（1）设置图表标题

① 单击选定图表标题，将插入点移到图表标题，将原标题文字修改为"各部门实发工资的平均值"。

② 选择"开始"选项卡，使用"字体"选项组中的按钮，将图表标题格式化成字体为"隶书"，字号为"20"磅，字体颜色为红色。

（2）设置图表区

① 双击"图表区"，打开"设置图表区格式"对话框。

② 在"设置图表区格式"对话框中选择"填充"→"纯色填充"→"黄色"，如图 4-11 所示，然后单击"关闭"按钮。

使用同样的方法，将"基底"设置为橙色。

（3）设置背景墙

① 双击"背景墙"，打开"设置背景墙格式"对话框。

② 在"设置背景墙格式"对话框中，选择"填充"→"渐变填充"→"预设颜色"→"麦浪滚滚"，然后单击"关闭"按钮，如图 4-12 所示。

图 4-11 "设置图表区格式"对话框

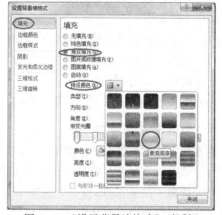

图 4-12 "设置背景墙格式"对话框

设置后的图表如图 4-13 所示。

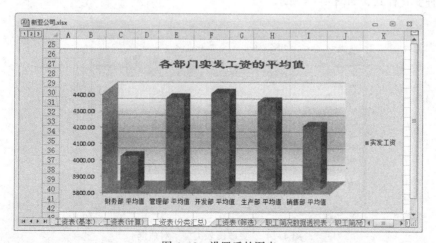

图 4-13 设置后的图表

拓 展 知 识

1. 单关键字排序

对于四周无其他数据的数据清单，其关键字排序的快捷方法如下：

（1）在数据清单中，选定作为排序关键字段列中的任意一个单元格。

（2）如果要按升序排列，则单击"排序和筛选"选项组中的"升序"按钮；如果要按降序排列，则单击"降序"按钮。

注意：如果数据清单与其他数据相连，那么排序的方法如下。

（1）选定数据清单的数据区域。

（2）选择"数据"选项卡，在"排序和筛选"选项组中单击"排序"按钮，打开"排序"对话框，如图4-4所示。在"排序"对话框中，进行单关键字排序。

2. 清除分类汇总

清除分类汇总，同时也清除了分级显示，但不影响数据清单中的数据记录。

操作方法如下：

（1）选定已分类汇总数据清单的数据区域。

（2）选择"数据"选项卡，在"分级显示"选项组中单击"分类汇总"按钮，打开"分类汇总"对话框，如图4-6所示。

（3）单击左下角的"全部删除"按钮。

3. 更改图表类型

更改图表类型的操作方法如下：

（1）单击选定图表，即激活"图表工具"选项卡。

（2）选择"图表工具-设计"选项卡，在"类型"选项组中单击"更改图表类型"按钮，打开"更改图表类型"对话框。左窗格显示的图表类型有：柱形图、折线图、饼图、条形图、面积图、XY（散点图）、股价图、曲面图、圆环图、气泡图和雷达图。右窗格是每种类型所对应的若干种变化样式，如图4-14所示。

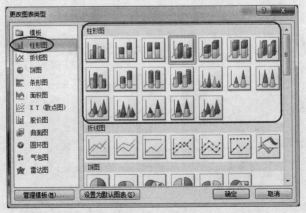

图4-14 "更改图表类型"对话框

（3）选定某图表类型，单击"确定"按钮，即完成图表类型更改。

4．设置图表元素

图表元素又称为图表对象，设置图表元素的操作方法如下：

（1）单击选定图表，即激活"图表工具"选项卡。

（2）选择"图表工具–布局"选项卡，如图 4-15 所示。在"标签""坐标轴"和"背景"选项组中，单击某图表对象按钮，可实现对该图表对象的设置。

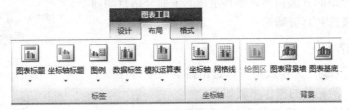

图 4-15 "图表工具栏布局"选项卡

图表对象说明：

- 图表标题：用于标明图表的名称。
- 坐标轴：位于图形边缘的直线。大多数图表都有 X 轴（分类轴）和 Y 轴（数值轴）。三维图表还有 Z 轴，有的图表（如饼图）没有坐标轴。
- 坐标轴标题：用于表明轴所代表的数据含意。
- 图例：用于定义图表中各数据系列的颜色及图案。
- 数据标签：用于标示图表的系列名称、对象名称和值。
- 网格线：指平行于坐标轴、便于读数的参照线。

4.3 数据记录的筛选

数据记录的筛选就是显示数据清单中满足条件的记录，而将不满足条件的记录隐藏起来。筛选操作可分为自动筛选和高级筛选两种。

【任务 4-3】筛选工资表记录

将"工资表(计算)"工作表中的数据清单复制到新工作表，并改名为"工资表（筛选）"，然后要求完成以下操作：

（1）在"工资表（筛选）"工作表中，筛选出籍贯为厦门且在销售部门工作的职工记录。

（2）取消所有字段的筛选。

（3）筛选出应发工资在 4 000～4 300 元之间（包括 4 000 和 4 300 元）的职工记录。

（4）先取消所有字段的筛选，然后筛选出籍贯是福州的且应发工资小于 4 400 元或者在财务部工作且奖金大于 150 元的职工记录。

任务分析

本任务的第 1 项可以用 Excel 2010 自动筛选的功能来实现；第 2 项是第 1 个问题的逆操作；第 3 项是自定义条件筛选；第 4 项是高级筛选。

筛选工资表记录的操作流程如下：制作工作表"工资表（计算）"的副本→将副本工作表重命名为"工资表（筛选）"→激活筛选状态→设置筛选条件→取消所有字段筛选→设置自定义条件筛选→取消所有字段筛选→建立筛选条件区域→执行高级筛选。

任务实现

制作工作表"工资表（计算）"的副本，然后将其重命名为"工资表（筛选）"的操作方法与任务 4-2 中所介绍的方法相同，不再重述。下面介绍自动筛选、自定义条件筛选和高级筛选。

1. 自动筛选

在"工资表(筛选)"工作表中，筛选出籍贯为厦门且在销售部门工作的职工的记录的操作步骤如下：

（1）在"工资表（筛选）"工作表中，选定数据区域 A3:K18。

（2）选择"开始"选项卡，在"编辑"选项组中单击"排序和筛选"按钮，弹出下拉菜单，如图 4-16 所示。

（3）选择"筛选"命令，即在每个字段名右侧出现一个下拉按钮。

（4）单击"籍贯"字段的下拉按钮，在下拉菜单中选中"厦门"复选框，然后单击"确定"按钮，如图 4-17 所示。

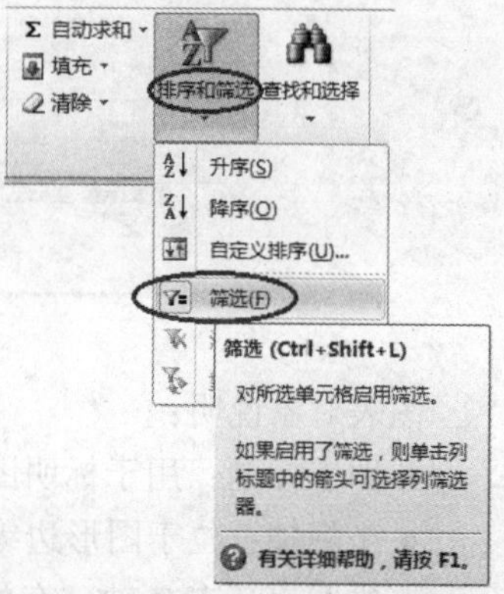

图 4-16 "开始"选项卡 "编辑"选项组"排序和筛选"下拉菜单

图 4-17 "籍贯"筛选下拉菜单

（5）单击"部门"字段的下拉按钮，在下拉菜单中选中"销售部"复选框，然后单击"确定"按钮。筛选的交集如图 4-18 所示。

图 4-18 筛选出籍贯为厦门且在销售部门工作的职工

2．取消筛选

取消所有字段筛选有如下 2 种方法：

（1）取消所有字段的筛选

选择"开始"选项卡，在"编辑"选项组的"排序和筛选"下拉菜单中选择"清除"命令，则取消所有字段的筛选，但所有字段仍保持筛选状态。

（2）退出筛选状态

选择"开始"选项卡，在"编辑"选项组的"排序和筛选"下拉菜单中再次选择"筛选"命令，则取消所有字段的筛选，并退出筛选状态。

3．自定义条件筛选

自定义筛选即由用户设置条件进行筛选，以满足特殊的筛选要求。操作方法如下：

（1）在"工资表（筛选）"工作表中，选定数据区域 A3:K18。

（2）选择"开始"选项卡，在"编辑"选项组中，单击"排序和筛选"按钮，弹出下拉菜单（见图 4-16）。

（3）选择"筛选"命令，即在每个字段名右侧出现一个下拉按钮。单击"应发工资"字段的下拉按钮▼，在下拉菜单中选择"数字筛选"命令，弹出子菜单，如图 4-19 所示。

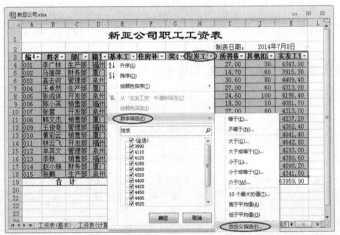

图 4-19　选择"自定义自动筛选"方式

（4）选择"自定义筛选"，打开"自定义自动筛选方式"对话框。在"应发工资"下方的第一个条件列表框中选择关系运算"大于或等于"，并在其右边的文本框中输入 4000；在"应发工资"下方的第二个条件列表框中选择关系运算"小于或等于"，并在其右边的文本框中输入 4300；两个关系表达式框之间的逻辑运算选用"与"，如图 4-20 所示。

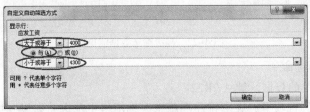

图 4-20　"自定义自动筛选方式"对话框

(5) 单击“确定”按钮。数据清单中仅显示应发工资在 4000～4300 之间的记录，如图 4-21 所示。

	A	B	C	D	E	F	G	H	I	J	K
1	新亚公司职工工资表										
2									制表日期：	2014年7月8日	
3	编	姓名	部门	籍	基本工	住房补	奖	应发工	所得税	其他扣	实发工
9	006	陈小英	销售部	福州	3300	660	150	4110	18.30	10	4081.70
11	008	韩文杰	销售部	厦门	3400	680	180	4260	22.80	0	4237.20
13	010	黄彩云	销售部	厦门	3300	660	160	4120	18.60	60	4041.40
17	014	赵小妹	财务部	厦门	3300	660	200	4160	19.80	50	4090.20
20											

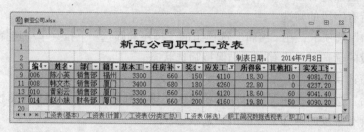

图 4-21　自定义条件筛选的结果

4. 高级筛选

高级筛选是多条件的复杂筛选。首先要建立筛选条件区域，然后执行高级筛选。

首先退出所有字段筛选状态，然后按照如下步骤操作：

(1) 建立筛选条件区域

筛选条件区域必须在数据清单之外，一般建立在数据清单的上方。

条件区域包含两部分：字段名和筛选条件。筛选条件写在字段名下面的若干个行内。如果筛选条件行是空行，那么所有的记录都被筛选出来。如果将条件写在同一个筛选条件行内，那么条件之间是“与”的关系；如果将条件写在不同的筛选条件行内，那么条件之间是“或”的关系。

建立了高级筛选的条件区域之后，数据清单如图 4-22 所示。

	A	B	C	D	E	F	G	H	I	J	K
1	条件区域										
2	编号	姓名	部门	籍贯	基本工资	住房补贴	奖金	应发工资	所得税	其他扣款	实发工资
3				福州				<4400			
4			财务部				>150				
5	新亚公司职工工资表										
6									制表日期：	2014年7月11日	
7	编号	姓名	部门	籍贯	基本工资	住房补贴	奖金	应发工资	所得税	其他扣款	实发工资
8	001	李广林	生产部	福州	3500	700	200	4400	27.00	30	4343.00
9	002	马丽萍	财务部	厦门	3200	640	150	3990	14.70	60	3915.30
10	003	高去河	管理部	泉州	3600	720	200	4520	30.60	80	4409.40
11	004	王卓然	生产部	厦门	3500	700	200	4400	27.00	60	4313.00
12	005	张成详	开发部	泉州	3400	680	240	4320	24.60	100	4195.40
13	006	陈小英	销售部	福州	3300	660	150	4110	18.30	10	4081.70
14	007	张雷	开发部	泉州	3500	700	200	4400	27.00	60	4313.00
15	008	韩文杰	销售部	厦门	3400	680	180	4260	22.80	0	4237.20
16	009	王俊奇	管理部	福州	3500	700	220	4420	27.60	30	4362.40
17	010	黄彩云	销售部	厦门	3300	660	160	4120	18.60	60	4041.40
18	011	林云飞	开发部	福州	3700	740	300	4740	37.20	60	4642.80
19	012	牟其文	管理部	泉州	3500	700	200	4400	27.00	80	4293.00
20	013	李铁	销售部	福州	3500	700	280	4480	29.40	70	4380.60
21	014	赵小妹	财务部	厦门	3300	660	200	4160	19.80	50	4090.20
22	015	张鹏	生产部	泉州	3500	700	250	4450	28.50	80	4341.50
23	合　计										63959.90
24	筛选结果区域										
25	编号	姓名	部门	籍贯	基本工资	住房补贴	奖金	应发工资	所得税	其他扣款	实发工资
26	006	陈小英	销售部	福州	3300	660	150	4110	18.30	10	4081.70
27	014	赵小妹	财务部	厦门	3300	660	200	4160	19.80	50	4090.20

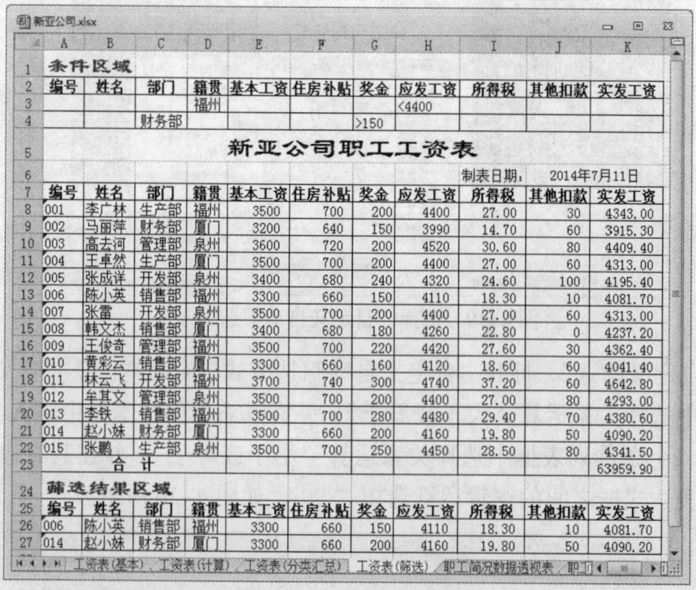

图 4-22　高级筛选数据清单

(2) 使用高级筛选命令

① 选定数据清单的数据区域 A7:K22。

② 选择“数据”选项卡，在“排序和筛选”选项组中单击“高级”按钮，打开“高级筛选”对话框，如图 4-23 所示。

③ 设置筛选结果的显示方式。在"高级筛选"对话框中的"方式"选项组中，若选中"在原有区域显示筛选结果"单选按钮，那么筛选的结果会放置于原有的区域，不符合筛选条件的记录被隐藏起来。

本例将筛选的结果放置于数据清单的下方，所以选中"将筛选结果复制到其他位置"单选按钮。

④ 设置列表区域、条件区域和复制到区域。设置列表区域即设置筛选的数据清单区域。单击"列表区域"文本框右侧的"收缩对话框"按钮将对话框折叠起来，在数据清单中选择单元格区域$A$7:$K$22，然后再单击"展开对话框"按钮，返回"高级筛选"对话框。

用同样的方法设置"条件区域"和"复制到"区域，如图4-23所示。

⑤ 单击"高级筛选"对话框中的"确定"按钮，筛选结果显示于单元格区域A25:K27。在单元格A24中输入筛选结果区域的标题"筛选结果区域"（见图4-22）。

图4-23 "高级筛选"对话框

4.4 数据透视表

数据透视表是对数据清单进行分类汇总而建立的行列交叉表，或者说数据透视表是行列交叉的分类汇总表。它可以转换行和列，以不同的方式显示分类汇总的结果。数据透视表是分析、组织复杂数据表的有力工具。

建立数据透视表并没有修改原有的数据清单，它只是对数据清单中的原有数据进行重新组织，从而提供了新的数据表示形式，以便用户对数据清单中的数据进行分析。

【任务4-4】创建职工简况数据透视表

"新亚公司.xls"工作簿中的"职工简况表"工作表如图4-24所示。要求进行如下操作：

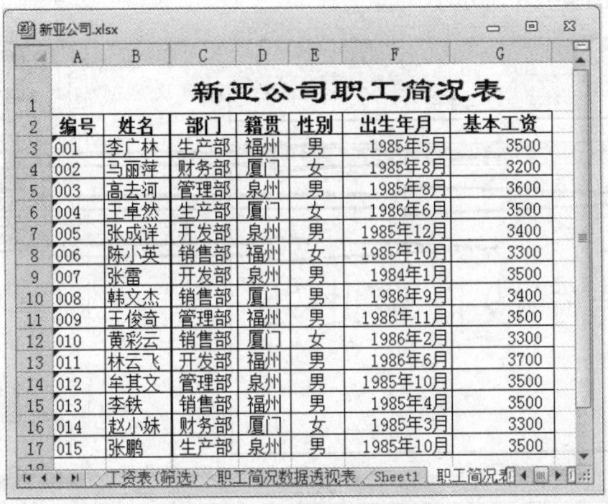

图4-24 职工简况表

（1）建立名为"职工简况数据透视表"的数据透视表。

（2）分别对各部门的男女职员的基本工资求平均值。

（3）求出每个部门的基本工资平均值，男职员和女职员的基本工资平均值，以及整个公司的基本工资平均值，并保留一位小数。

（4）对数据透视表进行行列转置，以不同角度观察和分析数据。

创建数据清单的数据透视表，通过使用"插入"选项卡"表格"选项组中的"数据透视表"按钮而实现，其中使用"数据透视表字段列表"窗格设置"分类"和"汇总"字段是操作的关键。

拖动数据透视表中行或列的字段可改变数据透视表的数据分类汇总方式。

创建数据透视表的流程如下：在数据清单中选定数据区域→打开"创建数据透视表"对话框→设置"分类"和"汇总"字段→生成数据透视表→设置值字段的汇总方式→重命名生成的数据透视表的工作表标签→拖动数据透视表中行或列的字段以改变数据透视表的显示方式。

1．建立数据透视表

创建数据清单的数据透视表的操作步骤如下：

（1）在"职工简况表"工作表中，选定数据清单中的数据区域 A2:H17。

（2）选择"插入"选项卡，在"表格"选项组中单击"数据透视表"按钮，弹出"创建数据透视表"对话框。在"请选择要分析的数据"选项组的"选择一个表或区域"选项中，选择"职工简况表!\$A\$2:\$G\$17"。在"选择放置数据透视表的位置"选项组中，选中"新工作表"单选按钮，如图 4-25 所示。

（3）单击"确定"按钮，即在新工作表 Sheet1 中建立空白的数据透视表，同时在窗口右侧弹出"数据透视表字段列表"窗格，如图 4-26 所示。

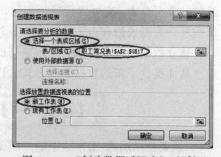

图 4-25 "创建数据透视表"对话框

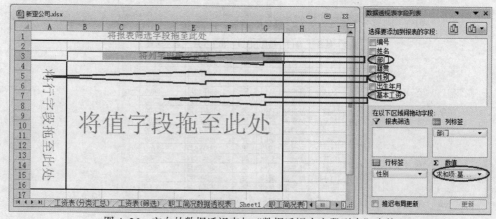

图 4-26 空白的数据透视表与"数据透视表字段列表"窗格

（4）设置"分类"和"汇总"字段。

按照任务要求，将"数据透视表字段列表"窗格中的"性别"字段拖动到"行"字段区，将"部门"字段拖动到"列"字段区，将"基本工资"字段拖动到"数据"字段区，默认的汇总方式是"求和"，即生成数据透视表。

（5）设置值字段的汇总方式。单击"数据透视表字段列表"窗格右下方的"求和项：基本工资"右侧的下拉按钮，在弹出的菜单中选择"值字段设置"命令，打开"值字段设置"对话框。在"值字段汇总方式"列表框中选择汇总方式为"平均值"，如图4-27所示。然后，单击"确定"按钮，关闭"值字段设置"对话框。

（6）使用工具栏中的"增加小数位" 按钮和"减少小数位" 按钮，将数据透视表中的数字调整为保留一位小数，如图4-28所示。

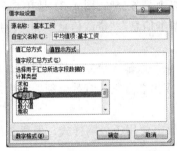

图4-27 "值字段设置"对话框

图4-28 "职工简况数据透视表"窗口

（7）右击数据透视表的工作表标签，在弹出的快捷菜单中选择"重命名"命令。将插入点移入工作表标签，输入"职工简况数据透视表"，然后单击工作表标签之外任意处。

2．改变数据透视表显示方式

（1）把图4-28数据透视表中的列字段区的"部门"拖动到行字段区"性别"后面，得到新的数据透视表，如图4-29所示。

（2）把图4-29中的行字段区"性别"拖动到"列"字段区的位置，得到"性别"字段和"部门"字段互换位置后的数据透视表，如图4-30所示。

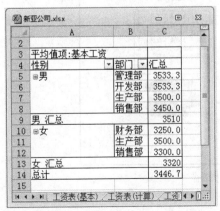

图4-29 "部门"字段拖动到"性别"字段后

图4-30 "性别"和"部门"字段互换位置表

4.5 财务函数的使用

本节通过 3 个任务，介绍如何使用 Excel 的财务函数进行数据处理。

Excel 2010 提供了很多财务函数，为财务分析提供了极大的便利。例如，确定贷款的支付额、投资的未来值或净现值，以及债券或息票的价值等。这些财务函数大体上可分为 4 类：投资计算函数、折旧计算函数、偿还率计算函数、债券及其他金融函数。使用这些函数不必具备高深的财务知识，只要填写函数的参数值，就可以求得所需的结果。

【任务 4-5】制作"购房贷款计算器"

假设 2014 年购房商业贷款的基准利率，5 年是 6.4%，5 年以上是 6.55%。图 4-31 是在 Excel 2010 中制作的一个"购房贷款计算器"，它由"银行利率""基本信息""贷款信息"和"使用说明" 4 个区组成。要求如下：

（1）只要在"银行利率"区输入贷款年利率，在"基本信息"区输入房屋面积、每平方米单价、首付金额和贷款年限，在"贷款信息"区中就会自动计算出总金额、贷款金额、贷款月份、每月还款额、还款总额和总利息。

（2）"基本信息"区内框用蓝色细线，外框用蓝色粗线。数字使用千分隔样式，保留 2 位小数。

（3）"贷款信息"区内框用红色细线，外框用红色粗线。数字使用千分隔样式，保留 2 位小数。

（4）在"使用说明"区中输入说明文字，添加紫色粗线外框，并插入剪贴画。

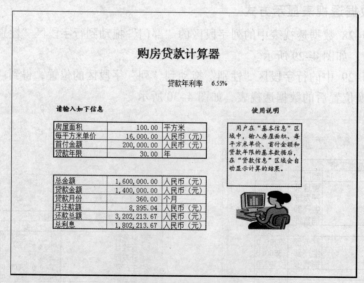

图 4-31　购房贷款计算器

"银行利率"区和"基本信息"区中的房屋面积、每平方米单价、首付金额和贷款年限的

数据由用户输入。"贷款信息"区的数据通过计算求得，其中"每月还款额"要使用"求贷款分期偿还额"函数 PMT 计算。

PMT 函数是基于固定利率和等额分期付款方式，返回投资或贷款的每期付款额。

PMT 函数的语法形式为：`PMT(rate,nper,pv,fv,type)`

其中，rate 为各期利率，是一固定值，nper 为总投资（或贷款）期，即该项投资（或贷款）的付款期总数，pv 为现值，或一系列未来付款当前值的累积和，也称为本金，fv 为未来值，或在最后一次付款后希望得到的现金余额，如果省略 fv，则假设其值为零（例如，一笔贷款的未来值即为零），type 为 0 或 1，用以指定各期的付款时间是在期初或期末。如果省略 type，则默认值为 0。

制作"购房贷款计算器"的流程如下：创建 Excel 工作簿和工作表→重命名工作表→输入标题→制作"银行利率"区→制作"基本信息"区→制作"贷款信息"区→输入基本数据和计算公式→制作"使用说明"区→预览所制作的"购房贷款计算器"→保存 Excel 工作簿。

任务实现

根据任务分析，按以下步骤制作"购房贷款计算器"。

1. 建立"购房贷款计算器"工作簿和工作表

（1）启动 Excel 2010，即新建一个 Excel 工作簿，将其以"购房贷款"为文件名保存。

（2）双击工作表标签 Sheet1，将其改名为"购房贷款计算器"。

2. 制作标题

（1）选中单元格区域 B2:G2。

（2）选择"开始"选项卡，在"对齐方式"选项组中单击"合并后居中"按钮圉。

（3）输入标题文字"购房贷款计算器"。

（4）把标题格式化成"宋体"、"20 号"、"加粗"和"蓝色"。

3. 制作"银行利率"区域

（1）选中单元格 D5，输入文字"贷款年利率"，并把它格式化成"宋体""12 号""水平居中对齐"和"加粗"。

（2）选中单元格 E5，输入银行利率 6.65。

（3）选择"开始"选项卡，在"数字"选项组中单击"百分比样式"按钮，数字则显示为 6.65%。

4. 制作"基本信息"区域

（1）输入基本数据

① 选中单元格 B8，输入文字"请输入如下信息"，并把它格式化成"楷体""12 号""蓝色"和"加粗"。

② 在单元格 B10～B13 中，依次输入行标题"房屋面积""每平方米单价""首付金额"和"贷款年限"，并将它们格式化成"宋体""12 号"。

③在单元格 D10～D13 中，依次输入"平方米""人民币（元）""人民币（元）"和"年"，并将它们格式化成"宋体""12 号"。

（2）设置框线

① 选中单元格区域 B10:D13。

② 选择"开始"选项卡，在"字体"选项组中单击"边框"下拉按钮，在弹出的菜单中选择"线条颜色"→"其他颜色"命令，打开"颜色"对话框。选择"自定义"选项卡，并设置 RGB (0，0，255)，如图 4-32 所示。

③ 选择"开始"选项卡，在"字体"选项组中单击"边框"下拉按钮，在弹出的菜单中选择"所有框线"命令。

④ 选择"开始"选项卡，在"字体"选项组中，单击"边框"按钮，在弹出的菜单中选择"粗匣框线"命令。

（3）输入购房数据

在"基本信息"区域输入：房屋面积为 100 平方米，每平方米单价为 16 000 人民币（元），首付金额为 200 000 人民币（元），贷款年限为 30 年。

（4）设置数据格式

① 选中单元格区域 C10: C13。

② 选择"开始"选项卡，在"数字"选项组中单击"增加小数位数"按钮。设置数据格式后，如图 4-33 所示。

图 4-32 "自定义"选项卡

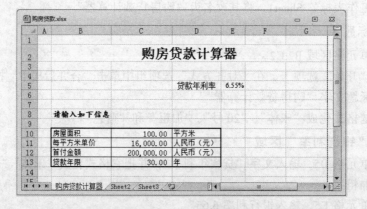

图 4-33 "银行利率"和"基本信息"区域的基本数据

5．制作"贷款信息"区域

（1）输入基本数据

① 在单元格 B16～B21 中，依次输入行标题"总金额""贷款金额""贷款月份""每月还款额""还款总额"和"总利息"，并将它们格式化成"宋体""12 号"。

② 在单元格 D16～D21 中，依次输入"人民币（元）""人民币（元）""个月""人民币（元）""人民币（元）"和"人民币（元）"，并将它们格式化成"宋体""12 号"。

（2）设置框线

设置框线的方法与建立"基本信息"区域相同。

（3）设置数据格式

设置数据格式的方法与建立"基本信息"区域相同。

（4）输入计算公式

计算贷款还款数据就是在"贷款信息"区域的相应单元格中输入计算公式或函数。

① 选中单元格 C16，输入公式"=C8*C9"，表示：总金额＝房屋面积×每平方米单价。

② 选中单元格 C17，输入公式"=C13－C10"，表示：贷款金额＝总金额－首付金额。

③ 选中单元格 C18，输入公式"=C11*12"，表示：贷款月份＝贷款年限×12。

④ 选中单元格 C19，输入公式"=-PMT(E5/12,C18,C17)"。其中，E5/12 为参数 rate，表示月利率；C18 为参数 Nper，表示总的贷款月份；C17 为参数 pv，表示贷款总金额。

⑤ 选中单元格 C20，输入公式"=C19*C18"。表示：还款总额＝月还款额×贷款月份。

⑥ 选中单元格 C21，输入公式"=C20－C17"。表示：总利息＝还款总额－贷款金额。

输入计算公式或函数后，工作表如图 4-34 所示。

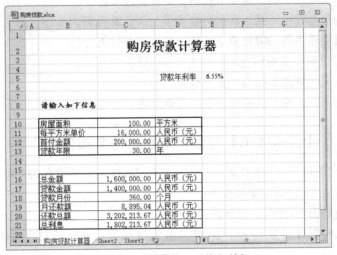

图 4-34　计算贷款、还款和利息

6. 制作"使用说明"区域

使用说明信息就像软件的帮助一样，可以增加可读性。制作的方法如下：

（1）建立"使用说明"区域标题

① 选定单元格区域 F8:G8。

② 选择"开始"选项卡，在"对齐方式"选项组中单击"合并后居中"按钮。

③ 输入标题文字"使用说明"，并格式化成"楷体""加粗""紫色"且字号为"12"。

（2）输入"使用说明"区域文字

① 选定单元格区域 F10:G16。

② 选择"开始"选项卡，在"对齐方式"选项组中单击"合并后居中"按钮。

③ 输入说明文字，并格式化成"楷体"，字号为"11"。

④ 设置框线的方法与制作"基本信息"区域相同。

（3）插入剪贴画

① 选定单元格区域 F17:G21。

② 选择"插入"选项卡，在"插图"选项组中单击"剪贴画"按钮，激活"剪贴画"窗格。单击"选中的媒体文件类型"列表框右侧的下拉按钮，在弹出的下拉列表中选择"插图"。

在"搜索文字"文本框中输入关键词"科技",然后单击"搜索"按钮。有关"科技"的剪贴画即显示于任务窗格,如图 4-35 所示。

③ 用鼠标指向所需的剪贴画,该剪贴画的右侧即出现一个下拉按钮,单击该按钮,弹出下拉菜单,选择"插入"命令,该剪贴画即插入工作表。然后,通过剪贴画四周的句柄来调整其大小。

7. 打印预览

在"文件"下拉菜单中选择"打印"命令,即切换到打印窗口。窗口的右边是"打印预览窗格",左边是"打印窗格"。

8. 保存工作簿

单击快速访问工具栏中的"保存"按钮,即可保存工作簿。

提出问题:购房者看中了某小区的一套房子,决意要购买,根据现有存款以及能够发掘的筹集资金渠道,最大的首付能力为 20 万元。购房者考虑到自身的薪金和日常支出,可接受的月还款额为 8 500~9 000 元。贷款年限应选择多少年?

此问题可使用 Excel 2010 的模拟运算功能来解决。

图 4-35 "剪贴画"窗格

【任务 4-6】制作"购房月还款模拟器"

在 Excel 2010"购房贷款"工作簿中,将工作表 Sheet2 的标签改名为"购房月还款模拟器",并输入数据,如图 4-36 所示。要求如下:

(1)当贷款年限为 30 年时,试计算月还款额。

(2)假设贷款年限分别为 10 年、20 年、40 年和 50 年,试计算对应的月还款额。

图 4-36 "购房月还款模拟器"工作表

 任 务 分 析

可使用 PMT 函数计算贷款年限为 30 年的月还款额。

假设贷款年限分别为 10 年、20 年、40 年和 50 年，若要计算相应的月还款额，则使用 Excel 2010 的模拟运算功能来实现。

制作"购房月还款模拟器"的流程如下：在 Excel 2010 中打开"购房贷款"工作簿→在工作表 Sheet2 输入"购房月还款模拟器"的基本数据→重命名工作表→使用 PMT 函数计算贷款年限为 30 年的月还款额→在"贷款年限变化"列输入模拟值→使用 Excel 2010 的模拟运算功能计算出对应的月还款额。

任 务 实 现

1．制作"购房月还款模拟器"工作表

（1）将"购房贷款计算器"数据复制到工作表 Sheet2，然后修改成如图 4-36 所示。

（2）将工作表标签 Sheet2 改名为"购房月还款模拟器"。

（3）按照图 4-36 输入"购房月还款模拟器"的基本数据。

2．计算贷款年限为 30 年的月还款额

（1）选中单元格 E15。

（2）输入公式"=-PMT(C17/12,C15*12,C16)"。其中，C17/12 为参数 rate，表示月利率；C15*12 为参数 Nper，表示总的贷款月份；C16 为参数 pv，表示贷款总金额。

3．模拟运算

（1）选中单元格区域 D15:E19。

（2）选择"数据"选项卡，在"数据工具"选项组中单击"模拟分析"按钮，在弹出的菜单中，选择"模拟运算表"，打开"模拟运算表"对话框。

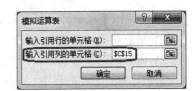

（3）在"输入引用列的单元格"文本框中，输入"$C$15"，如图 4-37 所示。

图 4-37 "模拟运算表"对话框

（4）单击"确定"按钮，模拟计算结果如图 4-38 所示。

图 4-38 模拟计算结果

问题提出：某大学毕业生计划用 10 年时间攒足购房的 20 万元首付款。其月薪约 5000 元，零存整取五年的年利率为 3.00%，每月要存多少元？为此，制作"存款模拟器"。

【任务 4-7】制作"存款模拟器"

在 Excel 2010 "购房贷款"工作簿中，将工作表 Sheet3 的标签改名为"存款模拟器"，并输入数据，如图 4-39 所示。要求如下：

① 当月存款额为 1 000 元时，试计算最终存款额。

② 假设月存款额分别为 1 500、2 000、2 500、3 000 元，试计算对应的最终存款额。

图 4-39 "存款模拟器"工作表

任务分析

可使用 FV 函数计算月存款额为 1 000 元的最终存款额。

PV 函数用于计算某项投资的现值。现值为一系列未来付款的当前值的累积之和。

PV 函数的语法形式为：PV(rate,nper,pmt,fv,type)

其中，rate 为各期利率。nper 为总投资（或贷款）期，即该项投资（或贷款）的付款期总数；pmt 为各期所应支付的金额，其数值在整个存款期间保持不变；fv 为未来值，或在最后一次支付后希望得到的现金余额，如果省略 fv，则假设其值为零（一笔贷款的未来值即为零）；type 为 0 或 1，用以指定各期的付款时间是在期初还是期末，如果省略 type，则默认值为 0。

假设月存款额分别为 1 500、2 000、2 500、3 000 元，欲计算对应的最终存款额，则使用 Excel 2010 的模拟运算功能来实现。

制作"存款模拟器"的流程如下：在 Excel 2010 中打开"购房贷款"工作簿→在工作表 Sheet3 输入"存款模拟器"的基本数据→重命名工作表→使用 FV 函数计算月存款额为 1 000 元的最终存款额→在"月存款额变化"列输入模拟值→使用 Excel 2010 的模拟运算功能计算出对应的最终存款额。

任务实现

1. 制作"购房月还款模拟器"工作表

（1）在工作表 Sheet3 中，按照图 4-39 输入"存款模拟器"的基本数据。

（2）将工作表标签 Sheet3 改名为"存款模拟器"。

2. 计算贷款年限为 30 年的月还款额

（1）选中单元格 E10。

148

（2）输入公式"=FV(C11/12,C12*12,C10)"。其中，C11/12 为参数 rate，表示月利率；C12*12 为参数 Nper，表示总的存款月份；C10 为参数 pv，表示月存款额。

3．模拟运算

（1）选中单元格区域 D10:E14。

（2）选择"数据"选项卡，在"数据工具"选项组中单击"模拟分析"按钮，在弹出的菜单中选择"模拟运算表"，打开"模拟运算表"对话框。

图 4-40　"模拟运算表"对话框

（3）在"输入引用列的单元格"文本框中输入"$C$10"，如图 4-40 所示。

（4）单击"确定"按钮，模拟计算结果，如图 4-41 所示。

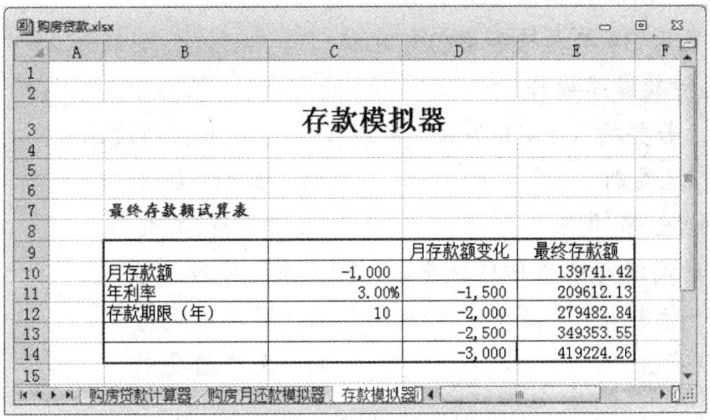

图 4-41　模拟计算结果

课后习题 4

一、选择题

1．以下关于 Excel 数据清单的叙述，正确的是（　　　）。

    A．所有 Excel 工作表都可以称为数据清单

    B．在一张工作表中，可以建立多个数据清单

    C．在一张工作表中建立了一个数据清单后，还允许存在其他数据

    D．数据清单内可以出现空行与空列。

2．在 Excel 2010 中，关于公式和函数的叙述，正确的是（　　　）。

    A．公式包含前导等号，函数不用前导等号

    B．公式和函数都需要前导等号

    C．在公式中，表示单元格数据相乘只要将单元格地址并排写在一起，单元格地址之间的乘号可以省略

    D．函数名只允许使用大写字母，不能使用小写字母

3．下面关于 Excel 数据清单排序的叙述，正确的是（　　　）。

    A．只可以递增排序　　　　　　　　B．只可以单关键字排序

    C．可以指定 3 个关键字排序　　　　D．只可以递减排序

4. 下列关于 Excel 分类汇总操作的叙述，正确的是（　　）。

   A. 所有的 Excel 工作表都可以进行分类汇总操作

   B. 要先对数据清单进行排序，然后才能进行分类汇总操作

   C. 排序所根据的关键字段与分类汇总所用的关键字段可以不同

   D. "汇总方式"只有"求和"一种

5. 下列关于 Excel 分类汇总操作的汇总方式的叙述，正确的是（　　）。

   A. 汇总方式只能是求和　　　　　　　　B. 汇总方式只能是均值

   C. 汇总方式只能是计数　　　　　　　　D. 可以是以上三者之一

6. 在 Excel 中，下列说法中错误的是（　　）。

   A. 在工作簿中可以增加和删除工作表

   B. 数据图表可以和数据表分开存放

   C. B4:E10 表示 B4 单元格和 E10 单元格

   D. Excel 支持数据库操作

7. 在 Excel 中，若要插入 PMT 函数，可在（　　）中找到该函数。

   A. "常用函数"类别　　　　　　　　　　B. "统计"类别

   C. "财务"或"全部"类别　　　　　　　　D. "逻辑"类别

8. 在数据清单的高级筛选条件区域中，"与"关系的字段必须（　　）。

   A. 写在同一行中　　　　　　　　　　　B. 写在不同列中

   C. 写在不同行中　　　　　　　　　　　D. 无严格要求

二、应用题

1. 创建数据清单

创建工作簿"学生成绩管理.xls"，在"302 班"工作表中，输入如图 4-42 所示的基本数据。

2. 计算部分和平均分

（1）使用公式计算 3 门课的总分。

（2）使用函数计算 3 门课的平均分。

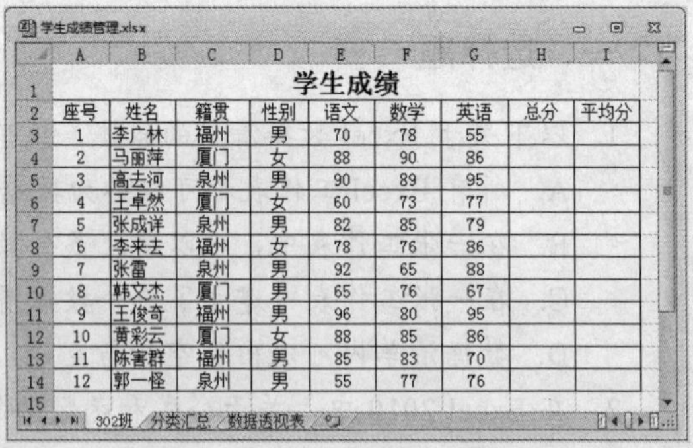

3. 单关键字排序

将"学生成绩管理.xls"工作簿中的"302 班"工作表中的记录，按英语成绩降序排列。

4. 多关键字排序

将"学生成绩管理.xls"工作簿中的"302 班"工作表中的记录，按总分降序排列，当总分相同时，按英语成绩降序排列。

图 4-42　"学生成绩"工作表

5. 筛选

在"学生成绩管理.xls"工作簿中的"302 班"工作表中，筛选出总分最高的 3 个学生，然后清除筛选。

6. 自定义筛选

在"学生成绩管理.xls"工作簿中的"302 班"工作表中，筛选出语文成绩小于 85 分且数学成

绩大等于 80 分的学生名单，然后清除自定义筛选。

7. 高级筛选

（1）将"302 班"工作表的数据复制到工作表 Sheet2，并将工作表 Sheet2 改名为"高级筛选"。

（2）在"高级筛选"工作表中，建立条件区域。

（3）在"高级筛选"工作表中，筛选出总分大于 240，并且数学成绩大于 85；或者总分大于 240，并且语文成绩大于 80 的学生名单，并将筛选的结果复制到单元格区域 A22:I32。

8. 分类汇总

（1）将"302 班"工作表的数据复制到工作表 Sheet3，并将 Sheet3 工作表改名为"分类汇总"，然后完成如下操作：

（2）按"籍贯"升序排列。

（3）按"籍贯"分类汇总，求各城市学生的"语文""数学""英语""总分""平均分"字段的平均值，并显示分类汇总的结果及总平均结果，保留 2 位小数。

（4）取消分类汇总，将数据清单恢复到分类汇总前的状态。

9. 建立数据透视表

将"302 班"工作表的数据复制到工作表 Sheet4，并将 Sheet4 工作表改名为"数据透视表"，然后完成如下操作：

（1）建立数据透视表，分别求出各个城市的男学生和女学生"英语"成绩的平均分，如图 4-43 所示。

（2）将"列"字段区的"籍贯"字段拖动到"行"字段区"性别"字段上，就形成行形式的数据透视表，如图 4-44 所示。

图 4-43　数据透视表

图 4-44　行形式的数据透视表

（3）将"行"字段区"性别"字段拖动到"列"字段区的"籍贯"字段上，就形成了"性别"和"籍贯"互换位置的数据透视表，如图 4-45 所示。

（4）将"行"字段区"籍贯"字段拖动到"列"字段区的"性别"字段上，就形成列形式的数据透视表，数据透视表，如图 4-46 所示。

图 4-45　互换行和列的数据透视表

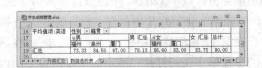

图 4-46　列形式的数据透视表

第 5 章　办公演示文稿的制作

在办公事务中，常遇到新闻发布、工作汇报、企业宣传、产品推介、项目竞标、管理咨询和专题讲座等。为了更好地表达内容和观点，常通过制作演示文稿，把静态内容变成动态的幻灯片，把复杂的问题分解成通俗易懂的图文，以给人深刻的印象。

Microsoft Office 组件中的 PowerPoint 2010 是制作演示文稿的优秀工具软件。

PowerPoint 2010 创建的文件称作演示文稿（扩展名为.pptx）。一个演示文稿一般由若干张幻灯片组成。幻灯片内容包括文本、图片、表格和图表等对象，还可以添加声音和视频等媒体对象。一般简单的幻灯片通常包含两部分内容：幻灯片标题（用来表明主题）和若干个条目（用来论证主题）。

5.1　创建演示文稿

本章通过一个综合实例介绍演示文稿制作的全过程。

【任务 5-1】创建演示文稿"海西服装有限公司"

创建如图 5-1 所示的演示文稿"海西服装有限公司.pptx"，制作过程所需的图片文件、声音文件和视频文件放置在相应的素材文件夹中。具体要求如下：

（1）在幻灯片母版中插入日期、编号和图片（"商标.jpg"），然后将图片移到幻灯片的右上角，并加载"暗香扑面"主题样式。

（2）在第 1 张幻灯片中，插入音频文件 Xy.mid。

（3）将素材文件夹中的影片文件"服装.wmv"，插入第 2 张幻灯片，并设置播放演示文稿时自动循环播放视频。

（4）在第 3 张幻灯片中制作"演示的主要内容"；在第 4 张幻灯片中制作"公司情况简介"；在第 5 张幻灯片中，制作公司组织结构图；在第 6 张幻灯片中制作"企业荣誉"。

（5）将素材文件夹中的 Excel 工作簿"海西服装有限公司.xlsx"中的"近三年业绩"工作表中的单元格区域"A2:E5"中的数据导入第 7 张幻灯片，并生成三维簇状柱形图。

（6）在第 8 张幻灯片中制作"产品展示"；在第 9～16 张幻灯片中插入各种服装产品的展示图片；在第 17 张幻灯片中制作"诚聘英才"；在第 18 张幻灯片中制作"联系我们"。

（7）在第 3 张幻灯片"演示的主要内容"的内容文本框中各个条目上设置超链接，使之在播放时，单击它能跳转到相应的幻灯片上。

（8）在第 8 张幻灯片"产品展示"内容文本框中各个条目上，设置二级超链接，使之在播放时，单击它能跳转到相应的幻灯片上。

（9）在第 4~18 张幻灯片中设置"前进""返回"和"后退"动作按钮。在播放时，单击"前进"动作按钮，则播放前一张幻灯片；单击"后退"动作按钮，则播放后一张幻灯片；在第 4~8 和 17~18 张幻灯片中设置"返回"动作按钮，单击"返回"动作按钮，则返回到第 3 张幻灯片；在第 9~16 张幻灯片中设置"返回"动作按钮，单击"返回"动作按钮，则返回到第 8 张幻灯片。

（10）保存演示文稿。

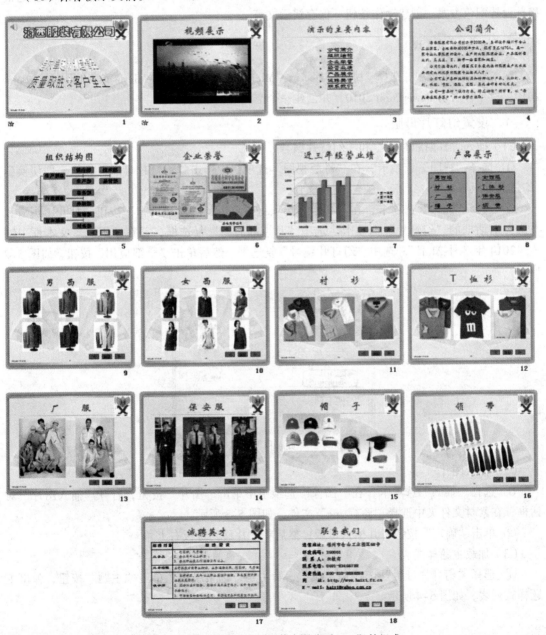

图 5-1　演示文稿"海西服装有限公司.pptx"的组成

任务分析

创建演示文稿"海西服装有限公司.pptx"涉及 PowerPoint 2010 各个方面的知识。例如，设置演示文稿的母版和设计模板；设置幻灯片版式和配色方案；插入多媒体对象：艺术、声音、影片、图片、图表和表格；创建组织结构图；创建超链接和"动作按钮"；设置演示文稿播放时的动画效果等。

创建演示文稿"海西服装有限公司.pptx"的流程：创建空演示文稿→设置母版→设置设计模板→设置幻灯片版式→输入文本并格式化→插入多媒体对象→导入 Excel 工作表→设置超链接→设置配色方案→创建动作按钮→保存演示文稿。

任务实现

在"开始"菜单中，选择"所有程序"→"Microsoft Office"→"Microsoft Office PowerPoint 2010"命令，启动 PowerPoint 2010，并创建一个空白的演示文稿。

1．设置幻灯片母版

（1）插入"日期和时间"和"幻灯片编号"

① 选择"视图"选项卡，在"母版视图"选项组中单击"幻灯片母版"按钮，即切换到"幻灯片母版"视图。

② 选择"插入"选项卡，在"文本"选项组中单击"页眉和页脚"按钮，打开"页眉和页脚"对话框的"幻灯片"选项卡。选中"日期和时间"复选框，并在"固定"文本框中输入"2014 年 7 月 21 日"；选中"幻灯片编号"复选框，然后单击"全部应用"按钮，如图 5-2 所示。

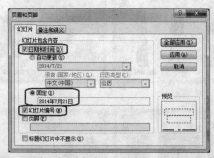

图 5-2 "页眉和页脚"对话框

（2）插入图片

① 选择"插入"选项卡，在"图像"选项组中单击"图片"按钮，打开"插入图片"对话框；在素材文件夹中选择"商标.jpg"文件，如图 5-3 所示。

② 单击"确定"按钮将其插入母版；然后将图片移到母板右上角。

（3）加载主题样式

① 选择"幻灯片母版"选项卡，在"编辑主题"选项组中，单击"主题"按钮，弹出主题样式列表，如图 5-4 所示。

图 5-3 "插入图片"对话框 　　　　　　　　　　图 5-4 主题样式列表

② 在"内置"主题样式选项组中，单击"暗香扑面"。加载主题样式后，幻灯片母版如图 5-5 所示。

图 5-5 "幻灯片母版"视图

（4）返回普通视图

选择"视图"选项卡，在"演示文稿视图"选项组中单击"普通视图"按钮，即退出母版视图，返回幻灯片普通视图。

2．制作第 1 张幻灯片

（1）设置幻灯片版式

选择"开始"选项卡，在"幻灯片"选项组中单击"版式"按钮，弹出版式列表，如图 5-6 所示。单击"仅标题"版式。

（2）输入标题文字

① 在"幻灯片"窗格中单击"标题"文本框的占位符"单击此处添加标题"，提示文字随即消失，然后输入文字"海西服装有限公司"。

② 使用"开始"选项卡"字体"选项组中的按钮，将标题格式化成字体为"华文彩云"，字号为"66"磅，字形为"加粗"，颜色为"红色"。

（3）插入艺术字

①选择"插入"选项卡，在"文本"选项组中单击"艺术字"按钮，弹出艺术字样式列表，如图 5-7 所示。

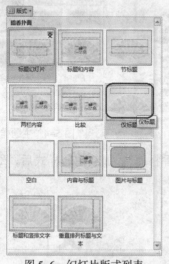

图 5-6　幻灯片版式列表

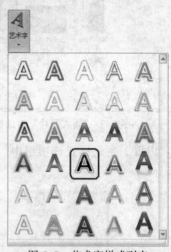

图 5-7　艺术字样式列表

② 选择第 3 行第 4 列样式，单击"确定"按钮，即在幻灯片上插入艺术字文本框。在艺术字文本框中输入两行文字"追求卓越☆创造精品　质量取胜☆客户至上"，并将其设置为"黑体""36"磅，如图 5-8 所示。

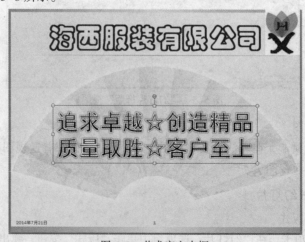

图 5-8　艺术字文本框

（4）设置艺术字形状

① 单击选定艺术字文本框。

② 选择"绘图工具–格式"选项卡，在"艺术字样式"选项组中单击"文本效果"按钮，弹出的菜单，如图 5-9 所示。

③ 选择"转换"→"正梯形"，第 1 张幻灯片如图 5-10 所示。

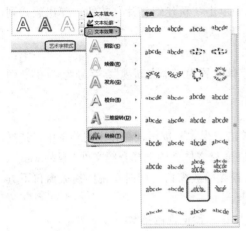

图 5-9 艺术字样式列表

图 5-10 第 1 张幻灯片

（5）插入音频

① 选择"插入"选项卡，在"媒体"选项组中单击"音频"按钮，在弹出的菜单中选择"文件中的音频"命令，打开"插入音频"对话框。在素材文件夹中选择音频文件 Xy.mid，如图 5-11 所示。

图 5-11 "插入音频"对话框

② 单击"确定"按钮，在幻灯片上会插入一个音频图标 ，然后将音频图标拖放到幻灯片的左上角。

③ 单击选定音频图标，则激活"音频工具"选项卡。

④ 选择"播放"选项卡，在弹出的"音频选项"选项组中选中"循环播放，直到停止"复选框，在"开始"列表框中选择"自动"，如图 5-12 所示。

图 5-12 "音频工具–播放"选项卡

3．制作第 2 张幻灯片

（1）插入新幻灯片并设置版式

① 在"幻灯片/大纲"窗格，选定第 1 张幻灯片。

② 选择"开始"选项卡，在"幻灯片"选项组中单击"新建幻灯片"按钮，弹出版式列表，选择"仅标题"版式，即在第 1 张幻灯片后添加新幻灯片。

（2）输入并设置标题

在标题文本框中输入"视频展示"，并将标题的字体设置为"华文新魏"，字号为"60"，颜色为"红色"。

（3）插入影片文件

① 选择"插入"选项卡，在"媒体"选项组中单击"视频"按钮，在弹出的菜单中，选择"文件中的视频"命令，打开"插入视频文件"对话框；在素材文件夹中选择音频文件"服装.wmv"。

② 单击"确定"按钮，即在 2 张幻灯片中插入视频播放窗口，同时在视频播放窗口下方弹出"视频播放工具栏"，并激活"视频工具"选项卡。

③ 单击"视频播放工具栏"中的"播放/暂停"按钮，预览视频播放。

④ 调整视频播放窗口的和大小位置：单击选定视频播放窗口，使用鼠标拖拉视频播放窗口四周边的控制点，调整视频播放窗口的大小；鼠标按住视频播放窗口拖放，改变视频播放窗口的位置。第 2 张幻灯片如图 5-13 所示。

图 5-13　第 2 张幻灯片

⑤ 选择"视频工具-播放"选项卡，在"视频选项"选项组的"开始"列表框中选择"自动"；选中"循环播放，直到停止"复选框，如图 5-14 所示。

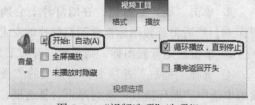

图 5-14　"视频选项"选项组

4．制作第 3～4 张幻灯片

（1）制作第 3 张幻灯片

① 在"幻灯片/大纲"窗格，选中第 2 张幻灯片。

② 选择"开始"选项卡，在"幻灯片"选项组中单击"新建幻灯片"按钮，弹出版式列表，选择"标题和内容"版式，即在第 2 张幻灯片之后插入第 3 张幻灯片。

③ 单击标题文本框，输入"演示的主要内容"，并设置字体为"华文新魏"，字号为"54"，颜色为"红色"RGB(255,0,0)。

④ 单击内容文本框，输入演示内容的小标题，并设置字体为"隶书"，字号为"36"，颜色为"蓝色"RGB(0,0,255)。

⑤ 选定内容文本框中所有小标题。选择"开始"选项卡，在"段落"选项组中单击"项目符号"下拉按钮，在弹出的工作间中选择"项目符号和编号"选项，打开"项目符号和编号"对话框。在"项目符号"选项卡中选定第 2 行第 3 列的项目符号，在"颜色"列表框中选择蓝色，如图 5-15 所示。

⑥ 单击"确定"按钮，关闭"项目符号和编号"对话框，第 3 张幻灯片如图 5-16 所示。

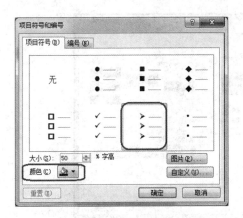

图 5-15 "项目符号和编号"对话框

图 5-16 第 3 张幻灯片"演示的主要内容"

（2）制作第 4 张幻灯片

用同样的方法创建第 4 张幻灯片，将标题的字体设置为"隶书"，字号为"60"，颜色为"红色"；将内容的字体设置为"楷体"，字号为"24"，行距为"1.15"倍，如图 5-17 所示。

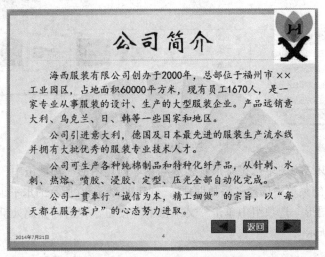

图 5-17 第 4 张幻灯片"公司简介"

5. 制作第 5 张幻灯片

（1）制作第 5 张幻灯片

① 在"幻灯片/大纲"窗格选定第 4 张幻灯片。

② 选择"开始"选项卡，在"幻灯片"选项组中单击"新建幻灯片"按钮，弹出版式列表，选择"标题和内容"版式，即在第 4 张幻灯片之后插入第 5 张幻灯片。

（2）创建标题

在标题栏中输入"组织结构图"，并将标题的字体设置为"华文新魏"，将字号设置为"60"，字形为"加粗"。

（3）创建组织结构图

① 在幻灯片的内容框中，单击"插入 SmartArt 图形"图标，弹出"选择 SmartArt 图形"对话框。选择"层次结构"→"水平组织结构图"，如图 5-18 所示。

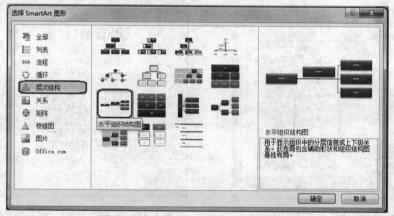

图 5-18　"选择 SmartArt 图形"对话框

② 单击"确定"按钮，即在内容框中插入含有 3 个层次的"水平组织结构图"，同时激活"SmartArt 工具-设计"选项卡，如图 5-19 所示。

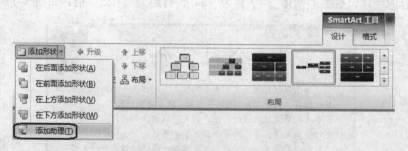

图 5-19　"SmartArt 工具-设计"选项卡

③ 在水平组织结构图中选定某形状，然后在"创建图形"选项组中，单击"添加形状"下拉按钮，在弹出的菜单中选择"添加助理"，创建如图 5-20 所示的水平组织结构图。

④ 在"创建图形"选项组中单击"文本窗格"按钮，弹出"在此处键入文字"窗格。输入文字如图 5-21 所示。

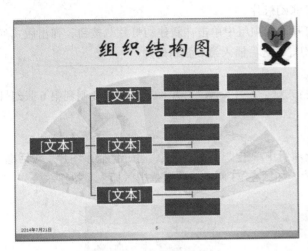

图 5-20　水平组织结构图　　　　　　图 5-21　"在此处键入文字"窗格

⑤ 按住【Shift】键，连续单击，选定水平组织结构图中的全部形状。选择"开始"选项卡，使用"字体"选项组中的按钮，将字体设置为"黑体"，将字号设置为"28"磅。

（4）格式化组织结构图

① 选定水平组织结构图中的全部形状。

② 选择"SmartArt 工具-格式"选项卡，在"形状"选项组中单击"更改形状"按钮，在弹出的形状列表中选择"圆角矩形"。

③ 在"形状样式"选项组中单击"形状填充"按钮，在弹出的颜色列表中选择"浅蓝"。格式化后第 5 张幻灯片如图 5-22 所示。

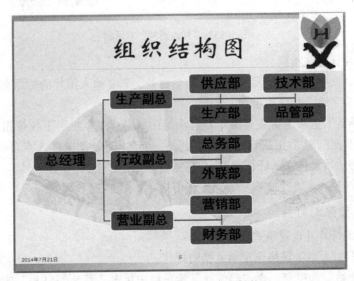

图 5-22　第 5 张幻灯片"组织结构"

6．制作第 6 张幻灯片

（1）插入新幻灯片并设置版式

① 在"幻灯片/大纲"窗格选定第 5 张幻灯片。

② 选择"开始"选项卡，在"幻灯片"选项组中单击"新建幻灯片"按钮，弹出版式列表，选择"仅标题"版式，即在第 5 张幻灯片之后插入第 6 张幻灯片。

（2）创建标题

在标题栏中输入"企业荣誉"，使用格式刷，将第 5 张幻灯片标题的格式复制到第 6 张幻灯片标题。

（3）插入图片

选择"插入"选项卡，在"图像"选项组中单击"图片"按钮，打开"插入图片"对话框。在素材文件夹中，选定要插入的 4 张图片，如图 5-23 所示，然后单击"插入"按钮。

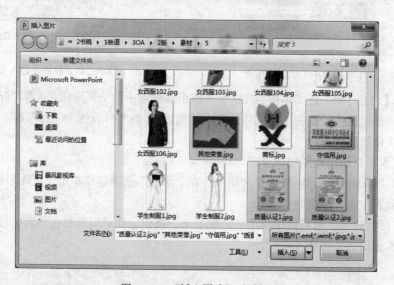

图 5-23 "插入图片"对话框

（4）插入图片标题文本框

在幻灯片中，文字不能直接写在幻灯片的空白处。若要输入图片的标题文字，则要先插入文本框，然后将文字输入在文本框中。

① 选择"插入"选项卡，在"文本"选项组中单击"文本框"下拉按钮，在弹出的菜单中选择"横排文本框"，然后用鼠标在幻灯片上画一个文本框，此时插入点自动置于文本框中。

② 输入文字"质量体系认证证书"，并将其格式化为"楷体""20"号。

用同样的方法插入第 2 个文本框，第 6 张幻灯片如图 5-24 所示。

7．制作第 7 张幻灯片

（1）插入新幻灯片并设置版式

① 在"幻灯片/大纲"窗格选定第 6 张幻灯片。

② 选择"开始"选项卡，在"幻灯片"选项组中单击"新建幻灯片"按钮，弹出版式列表，选择"标题和内容"版式，即在第 6 张幻灯片之后插入第 7 张幻灯片。

图 5-24 第 6 张幻灯片"企业荣誉"

（2）创建标题

在标题栏中输入"近三年经营业绩"，使用格式刷，将第 6 张幻灯片标题的格式复制到第 7 张幻灯片标题。

（3）创建图表

① 在幻灯片的内容框中单击"插入图表"图标，弹出"插入图表"对话框。选择"柱形图"→"三维簇状柱形图"，如图 5-25 所示。

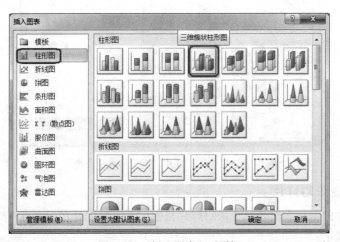

图 5-25 "插入图表"对话框

② 单击"确定"按钮，则在第 7 张幻灯片内容框中显示一个样板图表，如图 5-26 所示。同时，在 Excel 2010 窗口中打开"Microsoft PowerPoint 中的图表"工作簿，在 Sheet1 工作表中显示与样板图表相关的数据，如图 5-27 所示。

③ 删除"Microsoft PowerPoint 中的图表"工作簿 Sheet1 工作表中的数据。

④ 在素材文件夹中，打开"海西服装有限公司"工作簿，在"近三年业绩"工作表中，选定单元格区域 A2:E5，将其复制到"Microsoft PowerPoint 中的图表"工作簿 Sheet1 工作表中。

第 7 张幻灯片内容框中的图表随着数据变化而变成如图 5-28 所示。

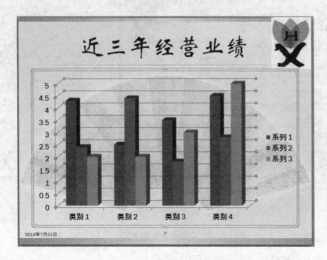

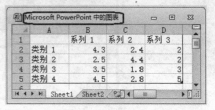

图 5-26　样板图表　　　　　图 5-27　"Microsoft PowerPoint 中的图表"

工作簿 Sheet1 工作表

办公自动化任务驱动教程

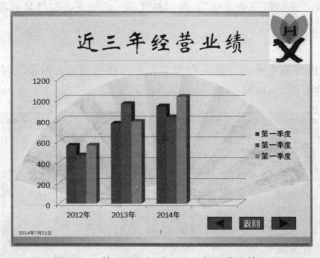

图 5-28　第 7 张幻灯片"近三年经营业绩"

8．制作第 8 张幻灯片

第 8 张幻灯片的制作方法与第 3 张幻灯片相似，所不同之处在于文本框边框。设置文本框边框的格式方法如下：

（1）右击文本框，在弹出的快捷菜单中选择"设置形状格式"命令，打开"设置形状格式"对话框。选择"填充"→"纯色填充"→"浅绿"，如图 5-29 所示。

（2）在"设置形状格式"对话框中，选择"线条颜色"→"实线"→"红色"。

（3）在"设置形状格式"对话框中，选择"线型"→"复合类型"（三线）→"宽度"（6磅），然后单击"关闭"按钮。第 8 张幻灯片如图 5-30 所示。

164

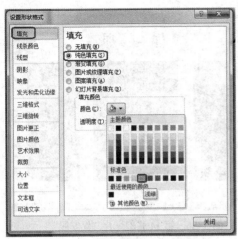

图 5–29　"设置形状格式"对话框　　　　图 5–30　第 8 张幻灯片"产品展示"

9. 制作第 9～16 张幻灯片

第 9～16 张幻灯片为服装产品的展示图片，如图 5–31～图 5–38 所示，其制作的方法与第 6 张幻灯片相同。

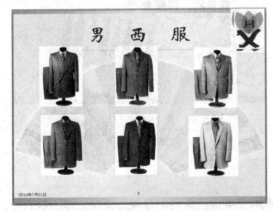

图 5–31　第 9 张幻灯片"男西装"

图 5–32　第 10 张幻灯片"女西装"

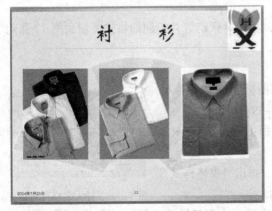

图 5–33　第 11 张幻灯片"衬衫"

图 5–34　第 12 张幻灯片"T 恤衫"

图 5-35 第 13 张幻灯片"厂服"

图 5-36 第 14 张幻灯片"保安服"

图 5-37 第 15 张幻灯片"帽子"

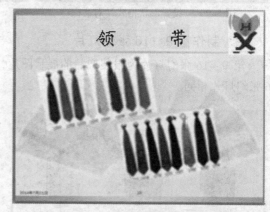

图 5-38 第 16 张幻灯片"领带"

10. 制作第 17 张幻灯片

（1）插入新幻灯片并设置版式

① 在"幻灯片/大纲"窗格选定第 16 张幻灯片。

② 选择"开始"选项卡，在"幻灯片"选项组中单击"新建幻灯片"按钮，弹出版式列表，选择"标题和内容"版式，即在第 16 张幻灯片之后插入第 17 张幻灯片。

（2）创建标题

在标题栏中输入"诚聘英才"，使用格式刷，将第 8 张幻灯片标题的格式复制到第 17 张幻灯片标题。

（3）插入表格

① 在幻灯片的内容框中单击"插入表格"图标，弹出"插入表格"对话框。输入表格的列数和行数，如图 5-39 所示。

②单击"确定"按钮，在幻灯片的内容文本框中插入一个 4×3 的表格。同时激活"表格工具"选项卡。

③在"表格样式"选项组中，单击下拉按钮，弹出"表格样式"列表。选择"无样式 网格型"，如图 5-40 所示。

④ 将鼠标指针指向表格线，待鼠标指针变成双箭头形状╫或
╪时，按住鼠标左键拖动，调整表格列宽和行高。

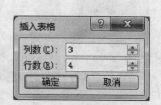

图 5-39 "插入表格"对话框

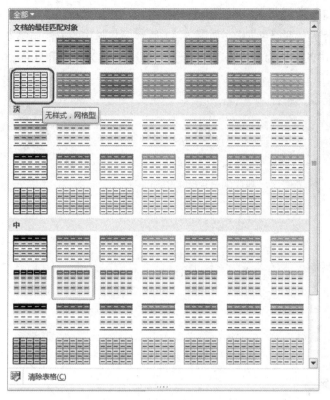

图 5-40 "表格样式"列表

⑤ 输入表格的文字内容，并将表格列标题文字格式化，字体为"幼圆"和"字号"为"20"；将表格行标题文字格式化，字体为"隶书"，"字号"为"24"；将其他单元格中的文字格式化，字体为"楷体"，"字号"为"20"，如图 5-41 所示。

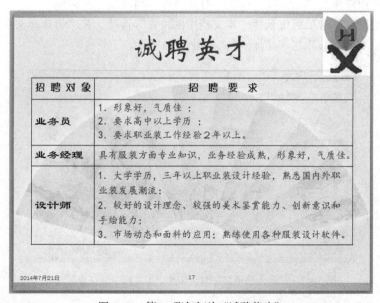

图 5-41 第 17 张幻灯片"诚聘英才"

11. 制作第 18 张幻灯片

第 18 张幻灯片为"联系我们",如图 5-42 所示,其制作的方法与第 3 张幻灯片相同,差异在于内容文本框中的字体为"仿宋",字号为"28",颜色为黑色和红色。(蓝色为插入超链接的颜色)

图 5-42　第 18 张幻灯片"联系我们"

12. 设置超链接

在第 3 张幻灯片内容文本框中第 5 个条目"产品展示"上设置超链接,使之在播放时,单击它能跳转到第 8 张幻灯片。设置方法如下:

(1)在第 3 张幻灯片中,选定文本"产品展示"。

(2)右击选定的文字,在弹出的快捷菜单中选择"超链接"命令,或选择"插入"选项卡,在"链接"选项组中单击"超链接"按钮,打开"插入超链接"对话框。

(3)在"链接到"选项组中选择"本文档中的位置"选项,在"请选择文档中的位置"列表框中,选定第 8 张幻灯片"产品展示",如图 5-43 所示。

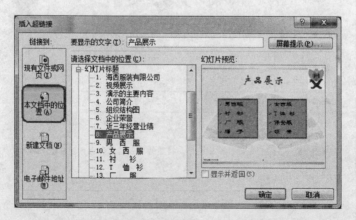

图 5-43　"插入超链接"对话框的"本文档中的位置"选项

(4)单击"确定"按钮,"产品展示"的超链接设置完毕。

（5）用同样的方法，设置第3张幻灯片中其他条目（公司简介、组织结构、企业荣誉、经营业绩、诚聘英才、联系我们）的超链接。

（6）在第8张幻灯片内容文本框中各个条目上，设置二级超链接，使之在播放时，单击它能跳转到相应的幻灯片上。设置二级超链接的方法与设置一级超链接的方法一样，不再赘述。

13．设置超链接的颜色

（1）选择"设计"选项卡，在"主题"选项组中单击右上角的"颜色"下拉按钮，在弹出的菜单底部选择"新建主题颜色"命令，打开"新建主题颜色"对话框，如图5-44所示。

（2）单击"超链接"下拉按钮，在弹出的列表中，选择"其他颜色"，打开"颜色"对话框，选择"自定义"选项卡，设置RGB(0,0,255)，如图5-45所示。

图5-44 "新建主题颜色"对话框

图5-45 "颜色"对话框

（3）单击"确定"按钮，返回"新建主题颜色"对话框。

（4）在"新建主题颜色"对话框中单击"保存"按钮。

14．创建动作按钮

动作按钮具有超链接功能，按钮上标示符号（左箭头或右箭头等），也可以添加文字，使用动作按钮改变演示文稿中幻灯片的播放顺序，直观且便捷。动作按钮的创建方法如下：

（1）创建"返回"动作按钮

① 在工作区的"中大纲/幻灯片"窗格中，选中第4张幻灯片。

② 选择"插入"选项卡，在"插图"选项组中单击"形状"按钮，弹出形状列表，如图5-46所示。

③ 在"动作按钮"选项组中，单击"自定"动作按钮，鼠标指针变成了"十"字形。用鼠标在幻灯片的右下角画出矩形的对角线，松开鼠标，即生成"矩形"动作按钮，同时弹出"动作设置"对话框。

图5-46 形状列表

④ 在"动作设置"对话框中，选中"超链接到"单选按钮；在"超链接到"列表框中选

择"幻灯片"选项，如图 5-47 所示。

　　⑤ 打开"超链接到幻灯片"对话框，选择"3.演示的主要内容"，如图 5-48 所示。

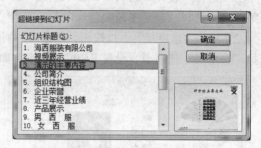

図 5-47　"动作设置"对话框　　　　　　　　　　図 5-48　"超链接到幻灯片"对话框

　　⑥ 单击"确定"按钮，返回"动作设置"对话框；单击"确定"按钮，关闭"动作设置"对话框。

　　（2）设置动作按钮的格式

　　① 右击自定义动作按钮，在弹出的快捷菜单中选择"设置形状格式"命令，打开"设置形状格式"对话框。

　　② 选择"大小"选项，设置"高度"为 1 厘米，"宽度"为 2 厘米，如图 5-49 所示。然后单击"关闭"按钮。

　　（3）向自定义动作按钮添加文字并设置文字格式

　　① 添加文字。右击"自定义"动作按钮，在弹出的快捷菜单中选择"编辑文字"命令，插入点即置于动作按钮内；然后输入文字"返回"。

　　② 格式化文字。右击所输入的文字，在弹出的快捷菜单中，选择"字体"命令，打开"字体"对话框，设置字体为"幼圆"，字形为"加粗"，大小为"20"，颜色为"白色"，如图 5-50 所示；然后单击"确定"按钮，关闭"字体"对话框。

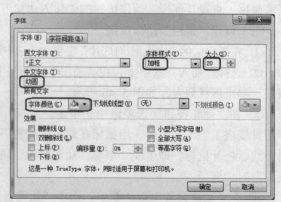

図 5-49　"设置形状格式"对话框　　　　　　　　図 5-50　"字体"对话框

（4）创建"前进"和"后退"动作按钮

与创建"返回"自定义动作按钮的方法一样。"前进"和"后退"动作按钮无须添加文字，创建的方法更加简单，留给读者自行实践。

创建了"前进"、"返回"和"后退"动作按钮后，第4张幻灯片如图5-51所示。

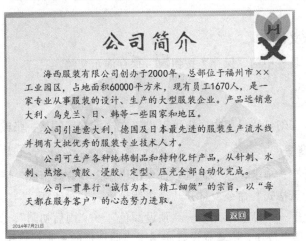

图5-51　创建动作按钮后的第4张幻灯片

（5）其他幻灯片动作按钮的创建

其他幻灯片动作按钮不必重复创建，只要将第4张幻灯片中的动作按钮复制到其他幻灯片中，然后重新设置"返回"动作按钮的超链接即可。操作方法如下：

① 在第4张幻灯片中，按住【Shift】键，单击"前进""返回"和"后退"动作按钮，同时选定3个动作按钮。

② 单击工具栏中的"复制"按钮。

③ 分别选定第5、6、7、8、9、17和18张幻灯片，然后单击工具栏中的"粘贴"按钮，将3个动作按钮复制到选定的各张幻灯片中。

④ 在第9张幻灯片中，右击"返回"动作按钮的边框，在弹出的快捷菜单中选择"超链接"命令，打开"插入超链接"对话框。在"链接到"选项组中，选择"本文档中的位置"选项，在"请选择文档中的位置"列表框中，选定"8. 产品展示"，如图5-52所示。

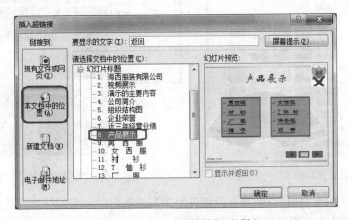

图5-52　"插入超链接"对话框

⑤ 在第 9 张幻灯片中，按住【Shift】键，单击"前进""返回"和"后退"动作按钮，同时选定这 3 个动作按钮。

⑥ 按复制快捷键【Ctrl+C】。

⑦ 分别选定第 10 ~ 16 张幻灯片，按粘贴快捷键【Ctrl+V】，将 3 个动作按钮复制到第 10 ~ 16 张幻灯片。

15．保存演示文稿

单击快速访问工具栏中的"保存"按钮，保存演示文稿。

背景既可以设置在幻灯片母版中，也可以设置在演示文稿的某一张或全部幻灯片中。

1．设置渐变背景

（1）选择"设计"选项卡，在"背景"选项组中单击"背景样式"下拉按钮，在弹出的列表中，选择"设置背景格式"命令，打开"设置背景格式"对话框。

（2）选择"填充"→"渐变填充"→"预设颜色"→"雨后初晴"，如图 5-53 所示。

（3）若单击"关闭"按钮，则背景设置应用于当前选定的一张幻灯片；若单击"全部应用"按钮，则背景设置应用于演示文稿的所有幻灯片。

2．设置纹理背景

（1）选择"设计"选项卡，在"背景"选项组中单击"背景样式"下拉按钮，在弹出的列表中，选择"设置背景格式"命令，打开"设置背景格式"对话框。

（2）选择"填充"→"图片或纹理填充"→"纹理"→"白色大理石"，如图 5-54 所示。

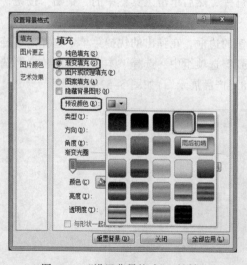

图 5-53 "设置背景格式"对话框

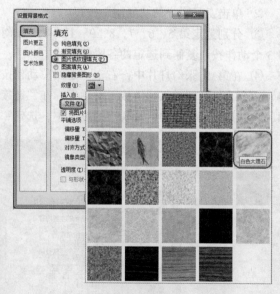

图 5-54 "设置背景格式"对话框

（3）若单击"关闭"按钮，则背景设置应用于当前选定的一张幻灯片，若单击"全部应用"按钮，则背景设置应用于演示文稿的所有幻灯片。

3. 设置图片背景

（1）选择"设计"选项卡，在"背景"选项组中单击"背景样式"下拉按钮，在弹出的列表中，选择"设置背景格式"命令，打开"设置背景格式"对话框。

（2）选择"填充"→"图片或纹理填充"，单击"文件"按钮，打开"插入图片"对话框，如图 5-55 所示。

图 5-55 "插入图片"对话框

（3）若单击"插入"按钮，关闭"插入图片"对话框，返回"设置背景格式"对话框。

（4）若单击"关闭"按钮，则背景设置应用于当前选定的一张幻灯片。若单击"全部应用"按钮，则背景设置应用于演示文稿的所有幻灯片。

5.2　播放演示文稿

【任务 5-2】播放演示文稿"海西服装有限公司"

打开已创建的演示文稿"海西服装有限公司.pptx"，进行放映设置，然后播放演示文稿。具体要求如下。

（1）为第 5 张幻灯片"组织结构图"添加 2 个动画效果。第 1 个动画为：单击时自右侧飞入，持续时间 1 秒；第 2 个动画为：在上一动画之后，放大/缩小，持续时间 2 秒。

（2）在最后一张"联系我们"的幻灯片内容框中，设置自定义动画。使得播放时，幻灯片的内容逐字逐行显示，并伴随有打字机的声音。

（3）设置播放演示文稿时第 1 张幻灯片的切换方式为"单击鼠标时，伴随着鼓掌声自底部推进而入，持续时间 2 秒。"设置第 2 张幻灯片的切换方式为"1 秒钟自动换片，伴随着风铃声菱形展开，持续时间 1 秒。"其余幻灯片的切换方式由制作者自行设置。

（4）设置演示文稿的"放映类型"为"演讲者放映（全屏幕）"；"放映幻灯片"为"全部"；"换片方式"为"如果存在排练时间，则使用它"；"绘画笔颜色"为红色。

（5）保存对演示文稿进行的播放设置。

（6）以全屏方式播放演示文稿；在播放过程中，将当前幻灯片定位到第 7 张，并设置可用鼠标指针在屏幕上画红色的字迹。

播放演示文稿"海西服装有限公司.pptx"之前，需要对其进行播放设置，包括设置动画效果、幻灯片切换方式和演示文稿放映方式等，保存所做的设置，然后播放演示文稿。

在演示文稿中设置幻灯片的动画效果，可以突出重点，控制播放流程，提高演示文稿的趣味性。幻灯片的动画效果分为"预设动画"和"自定义动画"两大类。"预设动画"功能是系统预先设计了多种动画方案，供制作者选用，其设置的方法比较简单。"自定义动画"功能为制作者提供灵活的动画设置方案，制作者可以根据实际需要，给幻灯片中每一个对象分别设置自定义的动画效果。

幻灯片切换是指在放映演示文稿时幻灯片换片的方式。在 PowerPoint 2010 中，内置了 35 种幻灯片换片的方式，每一种切换方式又有若干种效果选项和计时方式。

设置演示文稿播放方式包括：设置放映的类型、放映的幻灯片和放映选项等。

播放演示文稿的流程为：启动 PowerPoint 2010→打开演示文稿→设置预设动画→设置自定义动画→设置幻灯片切换方式→设置演示文稿放映方式→保存演示文稿→播放演示文稿。

1．打开演示文稿

（1）在"开始"菜单中，选择"所有程序"→"Microsoft Office"→"Microsoft Office PowerPoint 2010"命令，打开 PowerPoint 2010 窗口。

（2）选择"文件"→"打开"命令，打开"打开"对话框。选择演示文稿所在的文件夹，在文件夹内容窗格中，选定要打开的演示文稿"海西服装有限公司.pptx"，如图 5-56 所示。

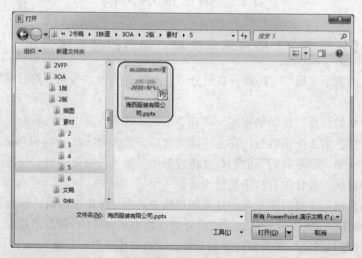

图 5-56 "打开"对话框

（3）单击"打开"按钮，即打开演示文稿，并显示第一张幻灯片。

2．设置预设动画

在幻灯片的一个对象上，可以设置一个或多个动画效果。方法如下：

（1）设置第 1 个动画效果

① 在工作区中的"大纲/幻灯片"窗格中，选择第 5 张幻灯片"组织结构图"。

② 单击选定整个幻灯片内容文本框（不包括标题文本框）。

③ 选择"动画"选项卡，在"动画"选项组中单击"飞入"按钮；单击"效果选项"，在弹出的列表中选择"自右侧"。

④ 在"计时"选项组中，在"开始"列表框中选择"上一动画之后"；在"持续时间"文本框中，设置"1"秒，如图 5-57 所示。

（2）添加第 2 个动画效果

① 选定第 5 张幻灯片的内容文本框。

② 在"动画"选项卡的"高级动画"选项组中，单击"添加动画"按钮，在弹出的动画列表中，选择"强调"→"陀螺旋"。

③ 在"计时"选项组中单击"开始"右侧的下拉按钮，在弹出的列表框中选择"上一动画之后"；在"持续时间"文本框中，设置"2"秒，如图 5-58 所示。

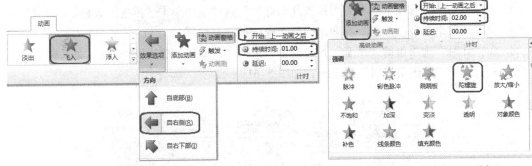

图 5-57 "动画"选项卡　　　　　　图 5-58 "动画"选项卡

3．设置自定义动画

（1）在工作区的"中大纲/幻灯片"窗格中，选择最后一张"联系我们"幻灯片。

（2）单击选定整个幻灯片内容文本框（不包括标题文本框）。

（3）选择"动画"选项卡，在"高级动画"选项组中单击"动画窗格"按钮，在窗口右侧弹出"动画窗格"。

（4）在"高级动画"选项组中单击"添加动画"按钮，在弹出的动画列表中选择"进入"→"出现"。

（5）在"动画窗格"的动画列表框中，单击已设置动画列表项"1☆内容点位符"右侧下拉按钮，弹出如图 5-59 所示菜单。

（6）选择"效果选项"，打开"颜色打字机"对话框；选择"效果"选项卡，在"声音"列表框中选择"打字机"；在"动画文本"列表框中选择"按字母"；在"字母之间延迟秒数"文本框中设置"0.3"，然后单击"确定"按钮，如图 5-60 所示。

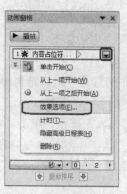

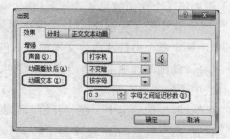

图 5-59　动画窗格　　　　　　　　　　图 5-60　"出现"对话框

（7）在"计时"选项组的"开始"列表框中，选择"上一动画之后"；在"持续时间"框中，设置"自动"。

4．设置幻灯片切换

（1）设置第 1 张幻灯片切换方式

① 在工作区中的"大纲/幻灯片"窗格中，单击选定的第 1 张幻灯片。

② 选择"切换"选项卡，在"切换到此幻灯片"选项组中单击"推进"按钮。

③ 单击"效果选项"按钮，在弹出的列表中选择"自底部"。

④ 在"计时"选项组的"声音"列表框中，选择"鼓掌"；在"持续时间"文本框中，设置"2"秒；选中"单击鼠标时"复选框，如图 5-61 所示。

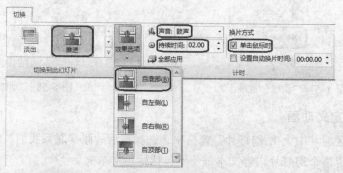

图 5-61　"切换"选项卡

（2）设置第 2 张幻灯片切换方式

① 在工作区中的"大纲/幻灯片"窗格中，单击选定的第 2 张幻灯片。

② 选择"切换"选项卡，在"切换到此幻灯片"选项组中单击"形状"按钮。

③ 单击"效果选项"按钮，在弹出的列表中选择"菱形"。

④ 在"计时"选项组的"声音"列表框中，选择"风铃"；在"持续时间"文本框中设置"1"秒；选中"设置自动换片时间"复选框，并设置时间为 1 秒，如图 5-62 所示。

5．设置演示文稿放映方式

（1）选择"幻灯片放映"选项卡，在"设置"选项组中单击"设置幻灯片放映"按钮，打开"设置放映方式"对话框。

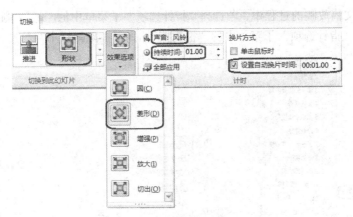

图 5-62 "切换"选项卡

（2）在"放映类型"选项组中选中"演讲者放映（全屏幕）"单选按钮；在"放映幻灯片"选项组中，选中"全部"单选按钮；在"换片方式"选项组中，选中"如果存在排练时间，则使用它"单选按钮；在"绘图笔颜色"下拉列表中选用红色，如图 5-63 所示。

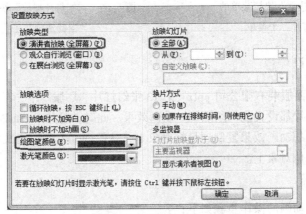

图 5-63 "设置放映方式"对话框

（3）单击"确定"按钮，关闭"设置放映方式"对话框。

（4）单击快速访问工具栏中的保存按钮，保存演示文稿。

6．播放演示文稿

（1）选择"幻灯片放映"选项卡，在"开始放映幻灯片"选项组中，若单击"从头开始"按钮，则从第 1 张幻灯片开始以全屏方式播放演示文稿；若单击"从当前幻灯片开始"按钮，则从当前幻灯片开始以全屏方式播放演示文稿。

（2）在演示文稿放映的过程中，右击屏幕，弹出快捷菜单，鼠标指针指向"定位至幻灯片"，弹出相关联的子菜单，如图 5-64 所示。"对钩"号表示当前播放的幻灯片。单击子菜单中某一张幻灯片，即播放选定的幻灯片。

（3）在演示文稿放映的过程中，右击屏幕，弹出快捷菜单，鼠标指针指向"指针选项"→"墨迹颜色"，弹出"主题颜色"选项板，如图 5-65 所示。可以从"主题颜色"选项板中，选用一种颜色作为绘图笔的颜色。

（4）在演示文稿放映的过程中，若选择"指针选项"子菜单中的"笔"，则可用鼠标在屏幕上书写；若选择"指针选项"子菜单中的"橡皮擦"，则可擦除鼠标书写墨迹。

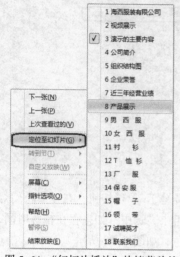

图 5-64　"幻灯片播放"快捷菜单的
"定位至幻灯片"子菜单

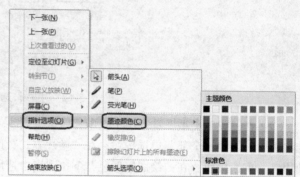

图 5-65　"幻灯片播放"快捷菜单中的
"指针选项"子菜单

拓 展 知 识

在演示文稿"海西服装有限公司.pptx"第 13 张幻灯片"厂服"中，有 2 张图片。为强调演示效果，欲将 2 张图片都设置成"陀螺旋"动画效果。此时，可用 PowerPoint 2010 提供的"动画刷"能将一个对象的动画效果复制到目标对象上，就像 Word 的"格式刷"一样，能将一个对象的格式复制到其他对象上。

1．使用动画刷

使用动画刷复制动画的操作步骤如下：

（1）设置自定义动画

①　打开演示文稿"海西服装有限公司.pptx"，选择第 13 张幻灯片"厂服"。

②　单击选定左边图片。

③　选择"动画"选项卡，在"高级动画"选项组中单击"添加动画"按钮，在弹出的动画列表中，选择"强调"→"陀螺旋"。

④　在"计时"选项组的"开始"列表框中，选择"单击时"；在"持续时间"文本框中，设置"2"秒，如图 5-66 所示。

（2）使用"动画刷"一次复制动画效果

在"高级动画"选项组中单击"动画刷"按钮，鼠标指针旁边将会多一个刷子图案，用

图 5-66　"动画"选项卡

带有刷子图案的鼠标指针单击第 13 张幻灯片右边的图片，右边的图片即复制了与左边图片相同

的动画效果。同时，鼠标指针旁边的刷子图案会消失。

（3）使用"动画刷"多次复制动画效果

在演示文稿"海西服装有限公司.pptx"第 10 张幻灯片"女西服"中，有 6 张图片。为强调演示效果，欲将 6 张图片都设置成"陀螺旋"动画效果。此时，可使用"动画刷"多次复制动画效果。操作步骤如下：

① 选择第 13 张幻灯片"厂服"，单击选定其中一张图片。

② 选择"动画"选项卡，在"高级动画"选项组中双击"动画刷"按钮。（注意：是双击，而不是单击。）

③ 选择第 10 张幻灯片"女西服"，用带有刷子的鼠标指针依次单击 6 张图片。

④ 在"高级动画"选项组中单击"动画刷"按钮，鼠标指针旁边的刷子图案会消失，退出复制动画的状态。

显然，"动画刷"与"格式刷"的使用方法相同，"动画刷"不但能将动画复制到同一张幻灯片的其他对象上，还能将动画复制到演示文稿的其他幻灯片的对象上，甚至将动画复制到其他演示文稿的对象上。

2．自定义放映

如果无须播放演示文稿全部幻灯片，而要播放指定的若干张幻灯片（例如，在演示文稿"海西服装有限公司.pptx"中，只播放第 8～16 张幻灯片），此时，是不必删除原演示文稿中不播放的幻灯片，只要使用 PowerPoint 2010 的"自定义放映"功能，建立一个幻灯片播放序列即可。具体操作方法如下：

（1）建立自定义放映

① 打开演示文稿"海西服装有限公司.pptx"。

② 选择"幻灯片放映"选项卡，在"开始放映幻灯片"选项组中单击"自定义幻灯片放映"下拉按钮，在弹出的菜单中选择"自定义放映"命令，打开"自定义放映"对话框，如图 5-67 所示。

③ 单击"新建"按钮，弹出"定义自定义放映"对话框。在"幻灯片放映名称"文本框中输入自定义

图 5-67　"自定义放映"对话框

放映的名称"产品展示"；在左边"在演示文稿中的幻灯片"列表框中选定所需的幻灯片，单击"添加"按钮，将其添加到右边"在自定义放映中的幻灯片"列表框中，如图 5-68 所示。如果要改变"在自定义放映中的幻灯片"列表框中幻灯片播放的顺序，可选择要改变播放顺序的幻灯片，然后单击右侧的箭头按钮上移或下移。

④ 单击"确定"按钮，返回"自定义放映"对话框，则建立了一个名为"产品展示"自定义放映序列。

（2）使用自定义放映

① 打开演示文稿"海西服装有限公司.pptx"。

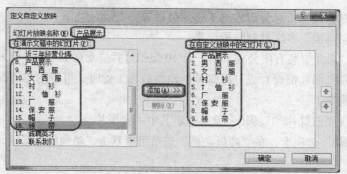

图 5-68　"定义自定义放映"对话框

② 选择"幻灯片放映"选项卡，在"开始放映幻灯片"选项组中单击"自定义幻灯片放映"下拉按钮，在弹出的菜单中单击自定义放映序列的名称"产品展示"，即按自定义的序列开始播放演示文稿中选定的幻灯片。

课后习题 5

一、选择题

1. 下列操作中，不能关闭 PowerPoint 2010 的操作是（　　　　）。
   A. 选择"文件"菜单中的"关闭"命令
   B. 选择"文件"菜单中的"退出"命令
   C. 按快捷键【Alt+F4】
   D. 双击 PowerPoint 2010 标题栏的控制菜单图标

2. PowerPoint 2010 的文件扩展名为（　　　　）。
   A. txt
   B. xlsx
   C. pptx
   D. docx

3. 新建一个 PowerPoint 2010 演示文稿，其默认视图是（　　　　）。
   A. 幻灯片浏览视图
   B. 备注页视图
   C. 大纲视图
   D. 普通视图

4. 演示文稿中每张幻灯片都基于某种（　　　　）创建，它预定义了新建幻灯片的各种占位符布局情况。
   A. 视图
   B. 版式
   C. 母版
   D. 模板

5. 在 PowerPoint 2010 中，插入新幻灯片的快捷键是（　　　　）。
   A.【Ctrl+N】
   B.【Ctrl+M】
   C.【Ctrl+D】
   D.【Ctrl+E】

6. 在 PowerPoint 2010 幻灯片浏览视图中，无法完成的操作是（　　　　）。
   A. 插入新的幻灯片
   B. 删除选定幻灯片
   C. 编辑选定幻灯片
   D. 移动选定幻灯片

7. 在幻灯片浏览视图中，用鼠标拖动法复制幻灯片时，要同时按住（　　　　）键。
   A.【Delete】
   B.【Ctrl】
   C.【Shift】
   D.【Alt】

8. 在 PowerPoint 2010 的"幻灯片母版视图"中，设置日期和幻灯片编号的操作方法是（　　）。

    A. 选择"插入"选项卡，在"文本"选项组中，单击"页眉和页脚"按钮

    B. 选择"插入"选项卡，在"文本"选项组中，单击"日期和时间"按钮

    C. 选择"插入"选项卡，在"文本"选项组中，单击"幻灯片编号"按钮

    D. 选择"插入"选项卡，在"文本"选项组中，单击"对象"按钮

9. 关于 PowerPoint 2010 演示文稿外观的设计，错误的是（　　）。

    A. 一篇演示文稿中可以允许使用多种母版格式

    B. 幻灯片选定主题样式后，还可以改变

    C. 一个演示文稿中不同幻灯片的主题颜色可以不同

    D. 幻灯片的大小（尺寸）能够调整

10. 在幻灯片插入形状，在形状中添加文字，下面说法正确的是（　　）。

    A. 只能对插入的形状对象设置超链接

    B. 只能对形状中的文字对象设置超链接

    C. 可以对形状和文字分别设置超链接

    D. 对形状和文字对象都不可以设置超链接

11. 关于 PowerPoint 2010 图表设计的叙述，不正确的是（　　）。

    A. 使用"插入"选项卡中的命令按钮，可在幻灯片中添加图表

    B. 双击幻灯片中的图表占位符，可在幻灯片中添加图表

    C. 图表生成后，还可以改变图表的类型

    D. 样本图表不会根据样本数据表中的数据改变而变化

12. 在 PowerPoint 2010 演示文稿中，插入超链接时所链接的目标不能是（　　）。

    A. Word 文档　　　　　　　　　　B. 同一个演示文稿的某一张幻灯片

    C. 幻灯片中的某个对象　　　　　　D. 另一个演示文稿

13. 以下关于动作按钮的叙述，错误的是（　　）。

    A. 插入动作按钮，使用的是"幻灯片放映"选项卡中的命令

    B. 插入动作按钮，使用的是"插入"选项卡中的"插图"→"形状"命令

    C. 在动作按钮上可以添加文字

    D. 可以改变动作按钮的形状

14. 以下关于设置动画效果的叙述，错误的是（　　）。

    A. 设置动画的对象可以是文字　　　　B. 设置动画的对象可以是图片

    C. 艺术字不能设置动画效果　　　　　D. 一个动画方案有多个效果选项

15. 以下关于设置幻灯片切换的叙述，错误的是（　　）。

    A. 演示文稿中的幻灯片可以设置切换方式，也可以不设置切换方式

    B. 演示文稿中的每一张幻灯片可以设置各不同的切换方式

    C. 一张幻灯片可以设置多种切换方式

    D. 一个切换方式有多个效果选项

16. 下列关于演示文稿放映叙述，正确的是（　　）。

    A. 演示文稿只能从第一张幻灯片开始放映

    B. 演示文稿中可以按指定的幻灯片和顺序放映

C. 演示文稿不可以从当前幻灯片开始放映

D. 演示文稿不可以设置循环放映

17. 关于 PowerPoint 2010 的描述，错误的是（　　）。

A. 在放映幻灯片时，绘图笔写在演示幻灯片上的文字和图案能够随文件一起保存

B. 设置在对象上的动画，其播放顺序可以改变

C. 可以在"设置放映方式"对话框中，设置幻灯片的播放顺序

D. 幻灯片中的超链接，在放映演示文稿时才有作用

18. 在 PowerPoint 2010 中，按（　　）键终止当前正在放映的幻灯片。

A.【Esc】　　　　　　　　　　　　　B.【Space】

C.【Ctrl+C】　　　　　　　　　　　D.【Delete】

二、应用题

1. 制作求职自荐材料的演示文稿

（1）设计内容要求。演示文稿要求包含如下内容：

① 求职自荐信。自荐信先简单介绍自己的概况；接着表述求职的态度和求职意向；展示求职的基本条件（政治表现和学习的课程及成绩）以及特殊条件（才能和特长）。

② 个人简历表。个人简历表填写要求简要且明了。个人情况的内容包括"姓名""性别""出生年月""民族""政治面貌""籍贯""毕业学校""系列""主修专业""辅修专业""学历""学位""外语水平""计算机水平""毕业时间""身体状况""特长"等；主要经历（从高中写起）；从事的社会工作、组织的活动、担任的职务；社会实践和生产实习；受奖励情况及取得的成绩等。表格右上方要贴上一张一寸近照。

③ 辅助材料。辅助材料强调自己所取得的成绩和自己的能力，要求尽量完整。

● 学习成绩单。学习成绩单是反映毕业生学习成绩的证明。（要求使用表格形式）

● 各种证书。例如，外语等级证书、计算机等级证书、各种荣誉证书、获奖学金以及各类竞赛的证书或驾照等。（要求使用图片形式）

● 参加社会实践和毕业实习的鉴定材料。

● 有关科研成果证明及在报刊发表的文章。

④ 联系方式。联系方式包括通信地址、邮政编码、联系人、联系电话和电子邮件地址等。

（2）设计形式要求：

① 根据内容和要求，在幻灯片中分别使用文本、图片、图表、组织结构图、表格等。

② 在幻灯片母版中添加毕业学校的校标和制作时间等信息。

③ 使用超链接、动画效果、幻灯片切换等手段，以烘托放映效果。

（3）设计篇幅要求：演示文稿应不少于 8 张幻灯片。

2. 制作旅游公司的演示文稿

上网搜索并下载旅游经典线路、旅游景点图片等资料，然后构思制作一个旅游公司的演示文稿。要求如下：

（1）设计内容：

① 封面页（要求使用艺术字，插入视频）。

② 公司情况简介（要求标题和内容使用不同的字体和字号）。

③ 公司组织结构（要求使用组织结构图）。

④ 公司经典线路（要求图片）。

⑤ 公司经营业绩（要求使用图表）。

⑥ 公司服务理念（自由发挥）。

⑦ 联系方式说明（自由发挥）。

（2）设计形式：

① 在幻灯片母版中插入公司图标和制作时间等信息。

② 使用超链接、动作按钮、动画效果、幻灯片切换等手段，以烘托放映效果。

（3）设计篇幅：所设计的演示文稿不少于10张幻灯片。

办公网络篇

本篇主要介绍办公局域网的组建和应用，以及互联网资源在办公中的获取和利用。

21 世纪，人类进入信息社会，计算机网络的出现使办公自动化技术发生了革命性的变革，并赋予办公自动化新的内涵和活力，彻底改变了传统办公的方式，使办公更加迅捷和高效。

本篇的学习要求：掌握办公局域网的组建和应用；熟练掌握浏览网页、复制和下载网络数据操作的技能；熟练掌握收发电子邮件、使用文件传输下载资料，以及即时通信的技能。

20 世纪后半叶，科学技术发展的一个突出成就是计算机与网络的应用和普及，它深刻地影响着人类活动的诸多方面，成为推动社会发展的巨大动力。

计算机网络是计算机技术和通信技术相结合的产物，代表着当代计算机技术发展的一个极其重要的方向。借助计算机网络，人们可以实现数据传输和资源共享。

计算机网络的出现使办公自动化技术发生了革命性的变革，它赋予办公自动化新的内涵和活力，彻底改变了传统办公的方式，使办公更加迅捷和高效。

现代办公已经离不开计算机网络。本章介绍与办公自动化相关的计算机网络基础知识，重点介绍办公局域网的组建与应用。

6.1　计算机网络基础知识

办公人员要具备能够较熟练地使用计算机网络的能力，有必要先了解一些与办公自动化相关的计算机网络基础知识。

6.1.1　计算机网络的含义和功能

1．计算机网络的含义

计算机网络是利用通信线路和通信设备将不同地理位置的多台功能独立的计算机及其辅助设备连接起来，在网络操作系统和网络协议的支持下，实现数据通信和资源共享的计算机系统。

2．计算机网络的功能

计算机网络的功能主要有如下几方面：

（1）数据通信

数据通信是计算机网络的基本功能。数据通信实现了在计算机之间信息的传输，使分散在不同地点的用户可以进行信息交流和控制管理。例如，利用计算机网络进行发送电子邮件和召开视频会议等。

（2）资源共享

资源共享是指突破地理位置的限制，共享网络中各种硬件和软件资源，使网络中的计算机能够互通有无，从而大大提高资源的利用率。例如，在公司或企业局域网中，各部门可以通过网络共享使用昂贵的外围设备（打印机、扫描仪等）；将图书、技术资料和客户信息放在局域网中，员工登录公司或企业的局域网，根据不同的权限，查阅相关的资料。

（3）分布式处理

通过一定的算法将一个大型的复杂问题，划分成若干个子问题，并将这些子问题分配给网络中若干台计算机处理，称为分布式处理。由多台计算机连成的计算机网络系统来解决大型问题，比购置单台高性能的计算机更节约费用。

此外，当网络中的某一台计算机负荷过重时，可将部分任务交给网络中其他较空闲的计算机承担，均衡负荷。当网络中的某一台计算机发生故障时，可将任务交给网络中其他的计算机接替完成，从而提高了计算机系统的可靠性。

6.1.2　计算机网络的分类

使用不同的分类标准，计算机网络就有多种不同的分类方法。例如，计算机网络可以按地理范围、传输介质、拓扑结构、传输速率和工作模式等来分类。

1．按地理范围分类

按照地理分布范围，计算机网络可分为：局域网、城域网和广域网。

（1）局域网

局域网（Local Area Network，LAN）的覆盖地理范围较小，一般在几十米到几千米之内。它常用于组建一个办公室、一栋楼、一个楼群、一个校园或一个企业的计算机网络。

局域网的特点是：传输速率比较高，可达到 $100 \sim 1\,000$ Mbit/s。数据传输可靠，误码率低，在 $10^{-7} \sim 10^{-12}$ 之间。

（2）城域网

城域网（Metropolitan Area Network，MAN）的覆盖范围一般为几千米至几万米，它将位于一个城市之内不同地点的多个计算机局域网连接起来。城域网的干路使用光纤，通信设备的功能比局域网高。

（3）广域网

广域网（Wide Area Network，WAN）亦称为远程网，覆盖范围从几百千米到几千千米，甚至全球。由于远距离数据传输的带宽有限，传输的速率较低，为了保证网络的可靠性，在广域网中采用比较复杂的控制机制。

因特网（Internet）是最大的广域网，它将各类物理网络（局域网、城域网与广域网）互联，并通过高层协议实现数据通信和资源共享。

2．按传输介质分类

传输介质是指数据传输系统中发送装置和接收装置之间的物理媒介，按其物理形态可以划分为有线和无线两大类。

（1）有线网络

采用有线介质连接的网络称为有线网络，传输的信号将被约束在介质实体内。常用的有线传输介质有双绞线、同轴电缆和光导纤维。

（2）无线网络

采用无线介质连接的网络称为无线网。目前，无线网主要采用 3 种技术：微波通信、红外线通信和激光通信。无线通信不需要传输介质实体。

3．按拓扑结构分类

计算机网络的物理连接形式叫作网络的物理拓扑结构。将连接在网络中的计算机和网络互连设备等抽象成结点，通信线路抽象成线，所画出的就是计算机网络拓扑结构图。

常见计算机网络的拓扑结构有5种：总线形（见图6-1）、星形（见图6-2）、环形（见图6-3）、树形（见图6-4）和网形（见图6-5）。

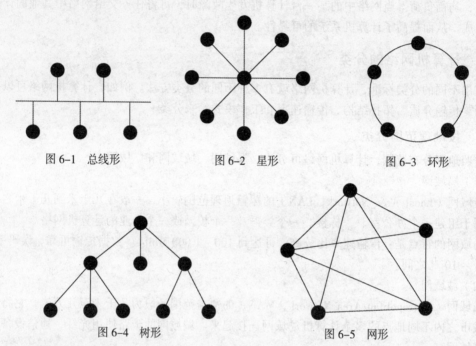

图 6-1　总线形　　　　　　图 6-2　星形　　　　　　图 6-3　环形

图 6-4　树形　　　　　　　　　　图 6-5　网形

办公自动化任务驱动教程

（1）总线形结构

总线形结构由一条称为总线的公用主干电缆连接若干个结点构成网络。网络中每个的结点都可以请求向总线发送信息，当总线上没有信息传送时，请求才会被批准。信息以广播方式发送到整个网络，只有当信息中的目的地址与结点地址相同时，信息才能被该结点接收。

总线形结构的优点是增减和改变结点容易，任意一个结点出现故障都不影响整个网络正常运行，可靠性高。其缺点是当一个端点发送数据时，其他端点必须等待到获得发送权；总线长度和结点的数目都有一定的限制；总线的故障将影响整个网络。

（2）星形结构

星形结构中各结点都与中心结点连接，网络中任意两个结点的通信都要通过中心结点转接，是一种集中式控制。

星线形结构的特点是结构简单、组网容易，易于维护；单个结点的故障不会影响到网络的其他部分。其缺点是通信线路利用率低，中心结点的故障会导致整个网络的瘫痪。

（3）环形结构

环形结构中各结点首尾相连形成一个闭合的环，环中网络中的信息传沿着一个方向绕环逐站传输。

环形结构的特点是结构简单，建网容易，控制机制较简单，实时性强。其缺点是当结点过多时，将影响传输效率，不利于扩充。

（4）树形结构

树形结构是分层结构，像一棵倒挂的树。最上端的结点称为根结点，其余的结点为支结点。

树形结构的优点是：容易扩展，故障也容易分离处理，适合作为分层控制管理的网络系统。其缺点是整个网络对根结点的依赖性太大，一旦根结点发生故障，整个系统就不能正常工作。

（5）网形结构

网形结构中的结点与结点之间的路径可能有多条，网络阻塞的可能大大减少，局部的故障不会影响整个网络的正常运行，网络可靠性高，扩充也比较灵活简单。其缺点是结点关系和控制机制复杂。在广域网中多采用网状结构。

4．按传输速率分类

按照传输速率计算机网络可分为：低速网、中速网和高速网。

（1）低速网

低速网的数据传输速率在 300 bit/s～1.4 Mbit/s 之间，这种网络系统通常是借助调制解调器利用电话网来实现。

（2）中速网

中速网的数据传输速率在 1.5～45 Mbit/s 之间，这种网络系统主要是传统的数字式公用网络。

（3）高速网

高速网的数据传输速率在 50～1 000 Mbit/s 之间，信息高速公路的数据传输速率会更高。

5．按工作模式分类

根据工作方式，局域网可划分为对等模式和客户机/服务器模式。

（1）对等模式

在对等网中，所有计算机的地位是平等的，没有专用的服务器。每台计算机既作为服务器，又作为客户机；既为别人提供服务，也从别人那里获得服务。

对等网的优点是组建和维护容易，不需要专用的服务器；其缺点是：数据保密性差，服务功能少，缺少统一管理。对等网一般应用于计算机数目较少且对安全要求不高的小型局域网。

（2）客户机/服务器模式（C/S）

客户机/服务器（Client/Server）模式是由一台服务器存放网络的配置信息，并提供网络管理和服务。网络中客户机可独立处理各种任务。客户机既可以与服务器端进行通信，也可以直接与其他客户机对话。

客户机/服务器式结构的优点是：能充分使用客户机的功能，减轻服务器的负担，网络工作效率较高；其缺点是数据的安全性不够高。

6.1.3　数据传输介质

网络通信可以分为有线通信与无线通信。有线通信所需的传输介质有：双绞线、同轴电缆和光缆等，信号将被约束在介质实体内。无线通信主要包括微波、红外线和激光等，无线通信不需要传输介质实体。以下介绍有线传输介质。

1．双绞线

双绞线通常由 4 对（8 根）绝缘的导线扭绞而成，如图 6-6 所示。导线成对地扭绞在一起，可以降低相互间的电磁干扰。

双绞线分为非屏蔽双绞线（UTP）和屏蔽双绞线（STP）两种。屏蔽双绞线增加了一层金属屏蔽护套，从而增强抗干扰性能，但价格较贵。

UTP双绞线分为3类、4类、5类和超5类，使用RJ-45连接器（俗称水晶头），遵循EIA-568接线标准。

双绞线价格低廉，安装容易，但抗干扰比较差，其传输距离约为130 m。目前，在小型局域网中，多数是采用5类或超5类双绞线连网。

2．同轴电缆

同轴电缆中的材料是共轴的。同轴电缆的内导体是圆形的铜质实芯线，外导体是一个由金属丝编织而成的柱形网，内外导体之间填充绝缘介质，如图6-7所示。

同轴电缆分50 Ω基带电缆和75 Ω宽带电缆两类。基带电缆又分细同轴电缆和粗同轴电缆。基带电缆仅仅用于数字传输，数据传输速率为10 Mbit/s。宽带电缆是CATV（Community Antenna Television）系统中使用的标准，它既可发送频分多路复用的模拟信号，也可传输数字信号。

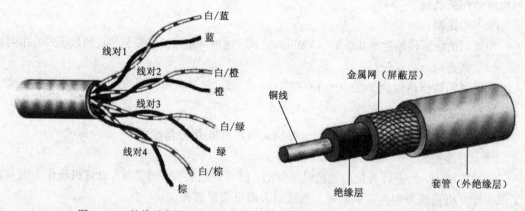

图6-6　双绞线示意图　　　　　　　　图6-7　同轴电缆示意图

同轴电缆的价格比双绞线高，抗干扰性能比双绞线强。但是，同轴电缆带宽只有10 Mbit/s，目前局域网的组网一般都不使用同轴电缆。

3．光缆

光缆由三部分组成。由光导玻璃纤维构成的纤芯用于传送光信号；芯外面的包层玻璃，用于将光线全反射到纤芯上；吸收层用于吸收未反射到芯上的光线；最外层是保护套，如图6-8所示。光缆由单股或多股光芯组成。

按光缆传输模式可分为单模光缆和多模光缆。单模光缆传输单一波长的光信号，它以激光为光源，传输距离远，但价格较贵。多模光缆传输多种波长的光信号，它以发光二极管为光源，传输距离相对要短，但价格相对便宜。多模光缆传输距离为几千米，单模光缆传输距离为几十千米。

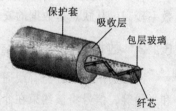

图6-8　光缆示意图

光缆上传输的是光信号，而不是电磁信号，所以它不受电磁干扰，不易被窃听，安全性好；

传输频带宽，传输速率高，损耗低，传输距离大，适用于中、远距离传输数据。光缆的缺点是质地脆，安装连接技术要求高，且需要进行光电信号转换设备。

6.1.4 网络互连设备

网络互连设备包括：中继器、集线器、网桥、交换机、路由器和网关。

1．中继器

中继器（Repeater）是物理层的互连设备，其功能是对接收信号进行再生和转发。当网段超过一定距离时，信号就会逐渐衰减而失真，此时可用中继器来延伸，从而扩展网络的范围。IEEE 802 标准规定最多允许 4 个中继器接 5 个网段。

2．集线器

集线器（Hub）是有多个端口的中继器，它工作在物理层，将信号再生，然后转发到各个接口，各端口共享一个信道带宽。

3．网桥

网桥（Bridge）是工作在数据链路层的存储转发设备。网桥将两个结构相同的网络连接起来，并对网络中的数据流进行管理。

网桥从一个网段接收数据包，进行必要的校检，然后决定丢弃还是发送到另一个网段。利用网桥可将网络隔离成多个网段，不但提高了网络的安全性，还可以起调整网络负载的作用。

4．交换机

交换机（Switch）具有多个端口，每个端口都具有桥接功能。交换机的连接方式与集线器基本相同，但工作方式与集线器不同。交换机根据所传递信息包的目的地址，将每一信息包独立地从源端口送至目的端口，避免了与其他端口发生冲突。早期的交换机只具有和多端口网桥相似的功能，称为二层交换机；新型交换机引入了路由技术，具有网桥和网络层路由选择的功能，故称为三层交换机。

交换机与集线器的最大区别在于交换机不以共享方式处理端口数据，交换机为每一个从端口提供专用带宽的信道。

5．路由器

路由器（Router）是在网络层实现网络互联的存储转发设备。当多个网络互联时，结点之间可供选择的路径往往不止一条。路由器具有判断网络地址和选择 IP 路径的功能，它使用最少时间算法或最优路径算法为数据报选择一条到达目标结点的最佳路径。路由器还可进行数据格式的转换，成为连接构造不同网络的设备。

6．网关

网关（Gateway）又称协议转换器，支持不同协议之间的数据交换，实现不同协议网络之间的互连。

网关是网络层以上互联设施的总称。之所以称之为设施，是因为网关不一定是一台设备，它可能是安装于某台服务器中的软件。网关可用于连接不同类型的网络。

6.1.5 局域网

21世纪,随着信息化社会的到来,局域网的产品已经大量涌现。目前,大多数单位的局域网采用树形拓扑结构。

局域网由硬件系统和软件系统构成。

1. 局域网的硬件系统

网络硬件主要包括:服务器、客户机、网卡、交换机、路由器、双绞线等。

(1)服务器

服务器是为网络提供共享资源并对网络资源进行管理的计算机。服务器通常是高性能、高配置的计算机,并配置大容量内存和大容量硬盘。在服务器中安装网络操作系统、通信协议和数据库管理系统等大量的网络应用程序。

(2)客户机

客户机是连接到网络上、能够使用网络资源的计算机,通常为普通计算机。客户机有自己的操作系统,能独立工作。通过运行客户机端的应用程序,能够与服务器或其他客户机进行通信和共享资源。

(3)网卡

网络适配器(Network Interface Card,NIC)俗称网卡,它是计算机与网络相连的接口。网卡的功能主要有两个:一是将发送方的数据报封装为帧(Frame,特定类型的数据包),并通过传输介质将数据发送到网络上;二是接收网络上传来的帧,并将其重新组合成数据报。网卡的接口有两种:BNC接口(接同轴电缆);RJ-45接口(接双绞线)。

不同类型的网络必须采用与之相适应的网卡。目前,最常用的是10/100 Mbit/s自适应、RJ-45接口的PCI以太网卡,如图6-9所示。

(4)交换机

交换机是局域网中常用的互连设备,如图6-10所示。

图6-9 10/100 Mbit/s自适应PCI网卡

图6-10 交换机

交换机属于OSI的第二层(数据链路层)网络互连设备。它不但可以对数据的传输做到同步、放大和整形,而且可以过滤短帧、碎片等。

从工作方式来看,交换机能将物理地址封装到数据包中,然后将其从源端口发送至目的端口,避免了与其他端口发生碰撞。

交换机每个端口都有一条独占的带宽,当两个端口通信时并不影响其他端口的通信。

（5）路由器

路由器是工作在 OSI 模型的第三层（网络层）网络互连设备，如图 6-11 所示。它用于连接多个独立的网络。

路由器具有路由与转发两种功能。确定数据包从来源端到目的端所经过的路由路径称为路由选择。路由器会根据信道的情况自动选择和设置路由，以最佳路径转发数据。

2．局域网的操作系统

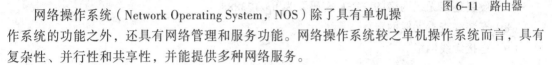

图 6-11　路由器

网络操作系统（Network Operating System，NOS）除了具有单机操作系统的功能之外，还具有网络管理和服务功能。网络操作系统较之单机操作系统而言，具有复杂性、并行性和共享性，并能提供多种网络服务。

（1）Windows 网络操作系统

Windows 是全球装机最多的网络操作系统。旧款多用 Windows Server 2003 做服务器操作系统，用 Windows XP 做客户机操作系统。新款多用 Windows Server 2008 做服务器操作系统，用 Windows 7 做客户端操作系统。

Windows 网络操作系统对服务器的硬件要求较高，且稳定性能不是很高，所以 Windows 网络操作系统一般只用在中低档网络服务器，高端服务器通常采用 UNIX 或 Linux。

（2）UNIX

UNIX 由 AT&T 公司推出，功能强大且稳定性和安全性能非常好，但它不能很好地支持 Windows。因此，小型局域网一般不使用 UNIX 作为网络操作系统。UNIX 通常用于大型企业、事业单位的局域网中。

（3）Linux

Linux 是免费的、源代码开放的网络操作系统。它与 UNIX 有许多类似之处，主要优点在于安全性和稳定性好。目前已有中文版本的 Linux，主要应用于中、高档服务器中。

3．局域网的通信协议

在局域网发展的历程中，曾经使用的协议有 NetBEUI 和 IPX/SPX、TCP/IP 三种。随着技术的进步，当今 TCP/IP 成为 Internet 最常用的通信协议。

TCP/IP（Transmission Control Protocol /Internet Protocol，传输控制协议/网际协议）最早用于 UNIX 系统中，现在是 Internet 的基础协议。

TCP/IP 支持任何规模的网络，具有很强的灵活性，但是 TCP/IP 的设置比较复杂。

6.2　办公局域网的组建

本节通过一个具体任务的实现，介绍办公局域网组建的全过程。

【任务 6-1】组建办公局域网

某办公室有 6 台计算机和一台打印机，现在要求将它们连成星形局域网，从而实现数据传输和资源共享。具体要求如下：

（1）利用现有计算机和打印机组网。

（2）购置网络设备：无线路由器、无线网卡、双绞线、RJ-45 接头（俗称水晶头）等。

（3）将 6 台计算机和无线路由器连接成星形局域网。

（4）将计算机设置为"自动获得 IP 地址"和"自动获得 DNS 服务器地址"。

（5）设置路由器"WAN 口链接类型"为 PPPoE。

（6）选择无线安全类型 WPA-PSK/WPA2-PSK，并设置标识无线网的 SSID 号为 TP-LINK_hpz888。

（7）设置连接无线网络的"PSK 密码"为 hpz123888。

（8）安装并查看无线网卡。

（9）连接无线网络。

组建一个网络，首先要进行需求分析，了解要连入网络的计算机和设备数量、网络的功能要求（例如，网络通信流量和接入 Internet 的方式等），以及目前市场上网络设备的特点、功能和价格；然后，在此基础上确定组网方案。

要把现有为数不多的计算机（不超过 10 台）连成局域网，实现数据传输和资源共享，可选择对等模式组网。采用星形局域网只需要购置路由器、网卡、双绞线、水晶头和双绞线等少量设备和配件，造价低廉，组网简单，易于维护。

若办公室已经装修，铺设网线既不方便，又不美观，此时，可采用无线路由器。随着技术的进步，目前无线路由器和无线网卡技术已经成熟，且价格也不高。

根据以上分析，拟将办公局域网组建成无线星形以太网，这样就不必铺设网线。

组网的流程：购置网络设备→连接网络硬件设备→设置计算机→设置路由器→设置无线网络安全→安装并查看无线网卡→连接无线网络。

1. 网络设备的购置

网络硬件主要包括：计算机（利用现有）、打印机（利用现有）、无线路由器（需购置）和无线网卡（需购置）。

（1）无线路由器（TL-WR740N）

TL-WR740N 是 TP-Link 推出的一款 150 Mbit/s 无线路由器，如图 6-12 所示。它外观时尚，简单易用，备受用户喜爱。

TL-WR740N 符合最新的 IEEE 802.11n 标准，无线传输速率可达 150 Mbit/s。此外，它还使用了 CCA（Clear Channel Assessment）空频道检测技术，在检测到周边有无线信号干扰时，可自动调整频宽模式，避开信道干扰，使无线信号更加稳定。当干扰消失时，又可自动捆绑空闲信道，充分利用信道捆绑优势，提升无线性能。

TL-WR740N 支持无线 MAC 地址过滤、64/128 位 WEP 加密及 WPA-PSK/WPA2-PSK、WPA/WPA2 等安全机制，保障无线网络安全可靠；而其 QSS（快速安全设置）功能，让用户不需要再记忆复杂的密码，即可轻松拥有安全的无线连接。

TL-WR740N 具有 IP 带宽控制功能，可以根据不同用户上网需求分配每台计算机的上网带宽，避免个别用户使用 BT、迅雷等软件占用过多带宽，而影响其他用户正常地使用网络。

TL-WR740N 还具有 WDS 无线桥接功能，可实现两台或多台无线路由器之间无线桥接，扩展无线覆盖范围。桥接同时还可支持 AP 模式，提供无线接入，满足远距离、多楼层或宿舍楼等环境的无线覆盖需求。

（2）无线网卡

水星（Mercury）MW3030U 300M 双频无线 USB 网卡的外观如图 6-13 所示。

图 6-12　TL-WR740N 无线路由器　　　图 6-13　Mercury MW3030U 300 Mbit/s 无线网卡

目前，2.4 GHz 频段设备众多，无线信号容易受倒干扰，而 5 GHz 频段无线设备少，干扰也少，无线信号稳定。

水星 MW3030U 支持 2.4 GHz 和 5 GHz 两个工作频段，可配合双频无线路由器使用，办公和家庭用户可以根据无线带宽需求自由选择其中一个频段，且无论是 2.4 GHz 还是 5 GHz 频段，无线传输速率最高均可达 300 Mbit/s。

此外，水星 MW3030U 同样支持模拟 AP 功能，用户只需在计算机的配置程序上通过简单的 AP 模式进行设置，MW3030U 可作为一台无线 AP/路由器使用，将笔记本式计算机、智能手机、Pad 等 Wi-Fi 设备快速互联，轻松组建无线局域网。

2．网络硬件连接

如前分析，本任务拟构建无线星形局域网，网络硬件连接如图 6-14 所示。

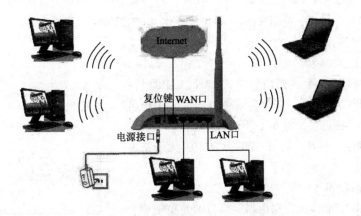

图 6-14　无线星形局域硬件连接

路由器的 WAN 口连接 Internet；与路由器距离较近的 2 台计算机，使用双绞线路连接路由器的 LAN 接口与机箱背后网卡插口；其余 4 台计算机通过无线路由器进行连接。台式计算机 USB 接口需插接无线网卡。笔记本式计算机内置无线网卡，不必另购。

注意：路由器的复位键用于重置设置。当忘记密码或需要重新设置参数时，长按该键约 8 s，然后放开，则恢复到默认设置。

3. 网络软件的安装

网络软件的安装包括：设置计算机、设置无线路由器和设置无线网卡。

（1）设置计算机

操作步骤如下：

① 选择"开始"按钮→"控制面板"→"网络和 Internet"→"网络和共享中心"→"更改适配器设置"，打开"本地连接"窗口。

② 在"网络连接"窗口中，右击"本地连接"图标，在弹出的快捷菜单中选择"属性"命令，打开"本地连接属性"对话框，如图 6-15 所示。

③在"本地连接属性"对话框的"常规"选项卡中，双击"Internet 协议版本 4（TCP/IPv4）"选项，打开"Internet 协议版本 4（TCP/IPv4）属性"对话框。选中"自动获得 IP 地址"和"自动获得 DNS 服务器地址"单选按钮，如图 6-16 所示。

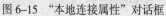
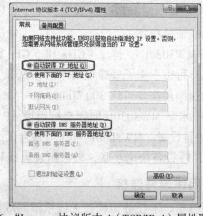

图 6-15　"本地连接属性"对话框　　　图 6-16　"Internet 协议版本 4（TCP/IPv4）属性"对话框

④ 单击"确定"按钮，关闭"Internet 协议版本 4（TCP/IPv4）属性"对话框；单击"确定"按钮，关闭"本地连接属性"对话框。

（2）设置路由器

① 打开 IE 浏览器，输入路由器默认 LAN 口 IP 地址：192.168.1.1，打开"Windows 安全"对话框。输入用户名 admin，输入密码 admin，如图 6-17 所示。

② 单击"确定"按钮，打开"TL-WR740N 无线路由器"窗口。

（3）设置路由器 WAN 口

① 在"TL-WR740N 无线路由器"窗口的左窗格中，单击"网络参数"，选择展开后的第二项"WAN 口设置"。

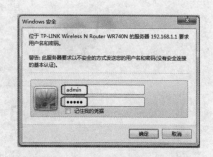

图 6-17　"Windows 安全"对话框

② 单击"WAN 口链接类型"右侧的下拉按钮，在弹出的下拉列表中选择 PPPoE。

③ 单击"保存"按钮，若显示 连接 断线 ，则表示 WAN 口未连接，再单击"保存"按钮。若显示 连接 断线 ，则表示 WAN 口已连接，如图 6-18 所示。

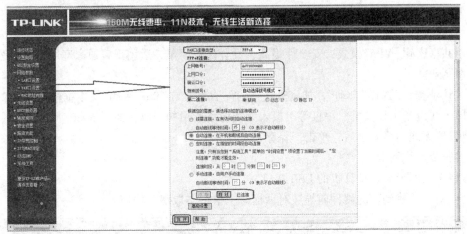

图 6-18　设置路由器 WAN 口

由于路由器设置了"自动连接，在开机和断线后自动连接"，所以，之后开机就可以直接上网。

（4）无线参数基本设置

进行基本设置之后，即可以开启并使用路由器的无线功能，组建无线网络。局域网内计算机通过无线网卡连接到路由器。

① 在"TL-WR740N 无线路由器"窗口的左窗格中，单击"无线参数"，选择展开后的第 1 项"基本设置"，如图 6-19 所示。其中，SSID 号和信道是路由器无线功能必须设置的参数。

② 在 SSID 号文本框输入自定义的无线网络名称 ChinaNet-FKF7。SSID 号用于标识无线网络的网络名称，它将显示在无线网卡搜索到的无线网络列表中。

③ 在"信道"列表框中，选择"自动"。信道是以无线信号作为传输媒体的数据信号传送的通道，选择范围为 1~13。若选自动，则 AP 会自动根据周围的环境选择一个最好的信道。

④ 无线参数基本设置完毕，单击"保存"按钮，如图 6-19 所示。

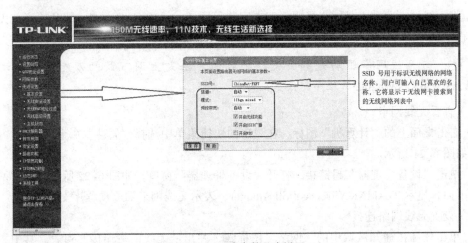

图 6-19　无线参数基本设置

（5）设置无线网络安全

完成基本设置之后，无线网络并不是安全的，需要进一步设置无线网络安全。操作步骤如下：

① 在"TL-WR740N 无线路由器"窗口的左窗格中，单击"无线参数"，选择展开后的第二项"无线安全设置"。

② 选择推荐的加密方法 WPA-PSK/WPA2-PSK。它是 WPA/WPA2 安全类型的一种简化版本，基于共享密钥 WPA 模式，安全性很高，设置比较简单，适用于普通家庭用户、办公局域网和小型企业。

③ "认证类型"选择"自动"，"加密算法"选择"自动"。在"PSK 密码"文本框输入 hpz123888，此密码即无线设备（计算机、手机等）接入无线网络所用的密码，如图 6-20 所示。

④ 设置无线网络安全后，单击"保存"按钮。

（6）安装无线网卡

① 将无线网卡插入计算机的 USB 接口。

② 当出现"找到新的硬件向导"对话框时，单击"取消"按钮。

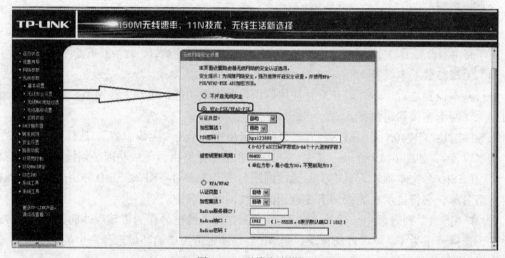

图 6-20 无线安全设置

③ 将无线网卡驱动光盘放入光驱，双击安装程序 Setup.exe，双击之，即开始安装无线网卡驱动程序。

注意：若无线网卡驱动光盘丢失，补救的方法是上网下载"万能网卡驱动 For Win7/Win8/WinXP/Win2003"程序，并安装。

（7）查看无线网卡

① 右击桌面上的"计算机"图标，在弹出的快捷菜单中选择"属性"命令，打开"系统"窗口，如图 6-21 所示。

② 单击"设备管理器"超链接，打开"设备管理器"窗口，如图 6-22 所示。在"网络适配器"下面，显示 TL-LINK Wireless USB Adapter，表示无线网卡的驱动程序安装成功。

（8）设置无线网络连接

① 单击任务栏通知区域中的"网络"图标，弹出"无线网络连接"列表。其中，列出了在有效范围内搜索到的无线网络。

图 6-21 "系统"窗口

② 选中无线网络 ChinaNet-FKF7,显示"连接"按钮,如图 6-23 所示。

图 6-22 "设备管理器"窗口

图 6-23 "无线网络连接"列表

③ 单击"连接"按钮,打开"连接到网络"对话框,如图 6-24 所示。

④ 输入安全密钥,然后单击"确定"按钮,显示无线网络 ChinaNet-FKF7 已连接,如图 6-25 所示。此时,"网络"图标显示为 ⏹。

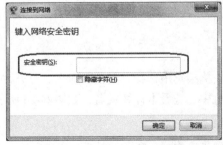

图 6-24 "连接到网络"对话框

图 6-25 "无线网络连接"列表

6.3　办公局域网的应用

建立办公局域网的目的是为了实现网络计算机之间资源共享和数据传输。网络资源共享包括两个方面：软件（文件夹和文件）资源和共享硬件（设备，如打印机和扫描仪等）资源共享。以下通过一个具体任务的实现，介绍办公局域网的应用。

【任务 6-2】办公局域网中资源共享和数据传输

利用任务 6-1 所建立的局域网，实现网络计算机之间资源共享和数据传输。具体要求如下：

（1）查看计算机名称。

（2）查看网络。

（3）将网络计算机 PC201405031110 中的"音乐"文件夹设置为共享文件夹。

（4）将网络计算机 PC201405031110 中的"爱听的歌曲"文件夹，复制到网络计算机 ADMIN-PC 中 G 盘的"音乐"文件夹中。

（5）将网络计算机 ADMIN-PC 所挂接的打印机 EPSON ME 700FW Series 设置为共享打印机。

（6）在网络计算机 PC201405031110 中，使用共享打印机打印 Word 文档。

局域网中连接多台计算机，有必要查看计算机名称，以便区分连接在网络中的每一台计算机。

网络计算机中的文件夹被设置为共享文件夹后，才能为网络中其他计算机发现，并对其进行操作，从而实现数据传输和共享。

在办公局域网中，没有必要为每一台网络计算机配备打印机、扫描仪等外围设备。通常，整个办公局域网只配备一套打印机、扫描仪等外围设备。通过设置设备共享，使得整个网络中的每一台计算机都可以使用外围设备，从而提高资源的利用率，节省资金。

要使得网络计算机都能够使用一台打印机打印文件，首先要将该打印机设置为共享设备，然后才能为所有网络计算机使用。

在办公局域网中实现资源共享和数据传输操作的流程：启动网络中的计算机→查看计算机名称→查看网络→设置共享文件夹→在网络计算机之间复制文件夹→设置共享打印机→安装打印机驱动程序→使用共享打印机输出文件。

1．查看计算机名称

（1）启动连入办公局域网的计算机。

（2）右击桌面上"计算机"图标，在弹出的快捷菜单中选择"属性"命令，打开"系统"窗口。在"计算机名称、域和工作组设置"选项组中，查看本计算机名，如图 6-26 所示。

2．查看网络

（1）双击桌面上"计算机"图标，打开"计算机"窗口。

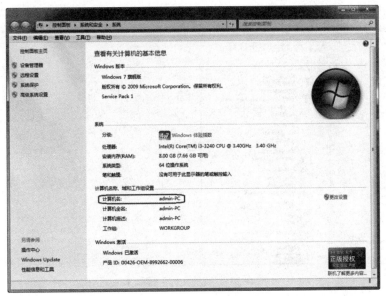

图 6-26 "系统"窗口

（2）在左窗格选择"网络"，在右边内容窗格可以看到：局域网中已经启动的 3 台计算机名和 1 台路由器，如图 6-27 所示。

（3）单击"网络和共享中心"按钮，打开"网络和共享中心"窗口。可以看到名为 ADMIN-PC 的计算机通过名为 ChinaNet-FKF7 的局域网连入 Internet，如图 6-28 所示。

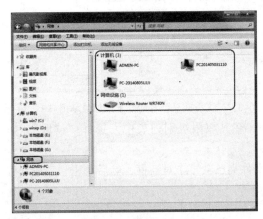

图 6-27 "网络"窗口

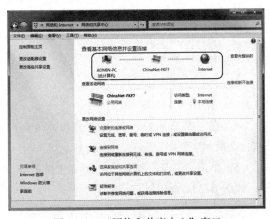

图 6-28 "网络和共享中心"窗口

3. 设置共享文件夹

（1）启动网络计算机 PC201405031110。双击桌面的"计算机"图标，打开"计算机"窗口；在"娱乐(F:)盘中，"右击"音乐"文件夹，弹出"快捷菜单"，如图 6-29 所示。

（2）在快捷菜单中选择"属性"命令，打开"音乐 属性"对话框；选择"共享"选项卡，如图 6-30 所示。

（3）单击"共享"按钮，打开"文件共享"对话框，在"选择要与其共享的用户"列表框中，选择 Everyone，然后单击"添加"按钮。如图 6-31 所示。

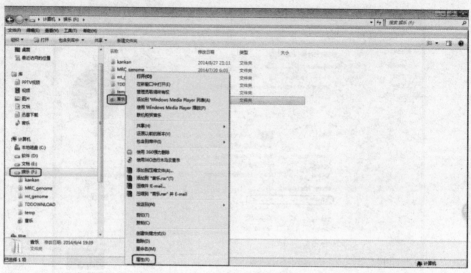

图 6-29 "我的文档"窗口 3

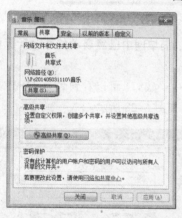

图 6-30 "共享"选项卡

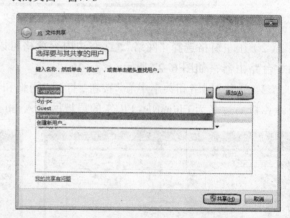

图 6-31 "文件共享"对话框（添加共享用户）

（4）在"共享用户"列表中，选择 Everyone，在其权限级别列表中，选择"读取"，如图 6-32 所示。

（5）单击"共享"按钮，弹出"文件共享"（文件夹已共享）对话框，然后单击"完成"按钮，如图 6-33 所示。

图 6-32 "文件共享"对话框（设置权限级别）

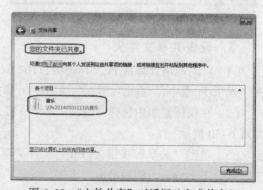

图 6-33 "文件共享"对话框（完成共享）

4．网络计算机之间数据传送

方法一：

（1）启动网络计算机 PC201405031110。

（2）启动网络计算机 ADMIN-PC，双击桌面上的"计算机"图标，打开"计算机"窗口。在左窗格选择"网络"中的计算机 PC201405031110，看到其下的共享文件夹"音乐"。在右侧文件夹中选定"爱听的歌曲"文件夹，直接将其拖放到"本地磁盘(G)"下的"音乐"文件夹上，从而实现将网络计算机 PC201405031110 的"爱听的歌曲"文件夹复制到网络计算机 ADMIN-PC，如图 6-34 所示。

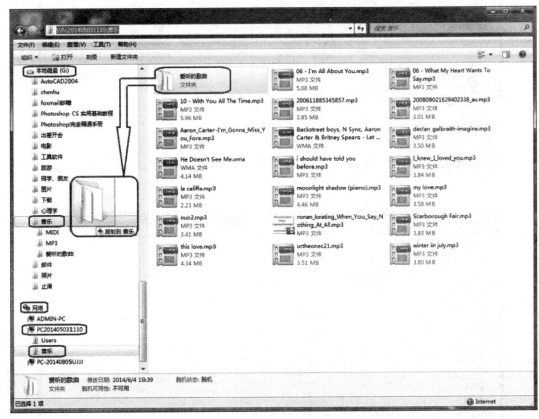

图 6-34 复制文件夹

方法二：

（1）选择网络计算机 PC201405031110 中的"音乐"文件夹，右击"爱听的歌曲"文件夹，在弹出的快捷菜单中选择"复制"命令，如图 6-35 所示。

（2）在网络计算机 ADMIN-PC 的"计算机"窗口中，展开"本地磁盘(G)"，并选择"音乐"文件夹，右击右侧文件夹内容窗格的空白处，在弹出的快捷菜单中选择"粘贴"命令，如图 6-36 所示。

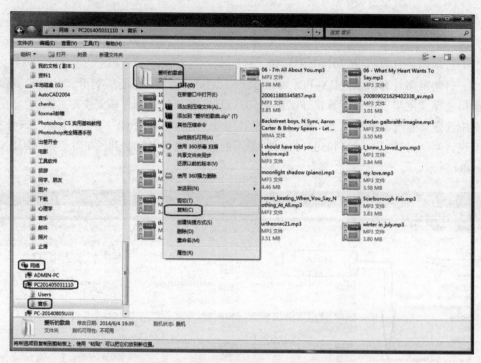

图 6-35　复制"爱听的音乐"文件夹

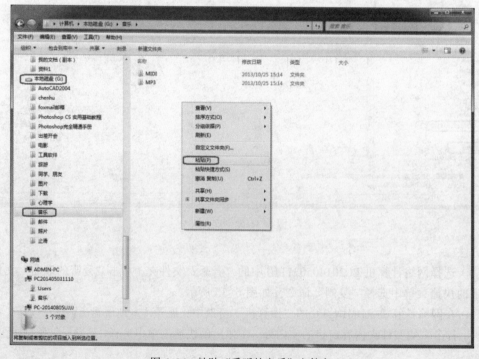

图 6-36　粘贴"爱听的音乐"文件夹

5．设置共享设备

（1）在网络计算机 ADMIN-PC 中，打开"控制面板"窗口，依次选择"硬件和声音"→"设

办公自动化任务驱动教程

备和打印机"，打开"设备和打印机"窗口，右击 EPSON ME 700FW Series 打印机图标，弹出快捷菜单，如图 6-37 所示。

（2）在弹出的快捷菜单中选择"打印机属性"命令，打开"EPSON ME 700FW Series 属性"对话框。选择"共享"选项卡，在此页面中，选中"共享这台打印机"复选框，在"共享名"文本框中，显示默认的共享设备名称 EPSON ME 700FW Series，如图 6-38 所示。

图 6-37　"设备和打印机"窗口

图 6-38　"共享"选项卡

（3）单击"确定"按钮，关闭"EPSON ME 700FW Series 属性"对话框。此时，在"ADMIN-PC"窗口中，显示共享打印机 EPSON ME 700FW Series 的图标，如图 6-39 所示。

图 6-39　"▶网络▶ADMIN-PC▶"窗口

6．使用共享打印机

EPSON ME 700FW Series 打印机挂接在 ADMIN-PC 计算机下，若在 PC201405031110 计算机中使用共享打印机打印文件，首先要设置打印机，然后才能打印文件。

（1）设置打印机

① 在 PC201405031110 计算机中安装 EPSON ME 700FW Series 打印机的驱动程序。

② 在 PC201405031110 计算机中，打开"控制面板"，依次选择"硬件和声音"→"设备和打印机"，打开"设备和打印机"窗口，如图 6-40 所示。

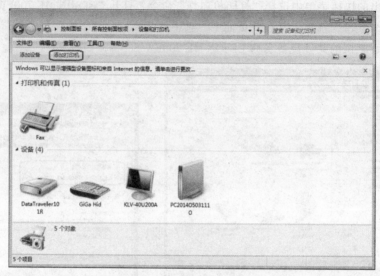

图 6-40 "设备和打印机"窗口

③ 单击"添加打印机"按钮，打开"要安装什么类型的打印机"对话框，如图 6-41 所示。

④ 单击"添加网络打印机"超链接，打开"正在搜索可用的打印机"对话框，如图 6-42 所示。

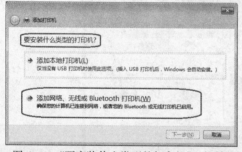

图 6-41 "要安装什么类型的打印机"对话框

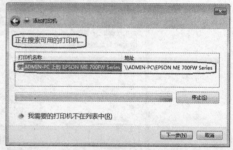

图 6-42 "正在搜索可用的打印机"对话框

⑤ 单击"下一步"按钮，打开"该打印机已安装驱动程序"对话框，如图 6-43 所示。

⑥ 单击"下一步"按钮，打开"设置为默认打印机"对话框，如图 6-44 所示。

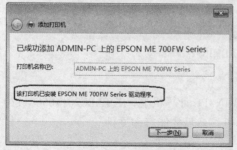

图 6-43 "该打印机已安装驱动程序"对话框

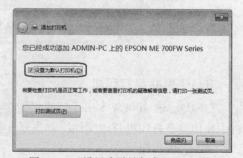

图 6-44 "设置为默认打印机"对话框

⑦ 单击"完成"按钮。

（2）打印文件

① 在 PC201405031110 计算机的 Word 2010 程序窗口中，打开 Word 文档，如图 6-45 所示。

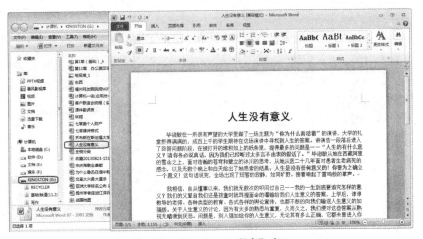

图 6-45　"Word 2010 程序"窗口

② 在"文件"下拉菜单中，选择"打印"命令，即切换到打印窗口。窗口的右边是"打印预览窗格"，左边是"打印窗格"。在"打印窗格"的"打印机名称"列表框中，选择"ADMIN-PC\EPSON ME 700FW Series"，如图 6-46 所示。

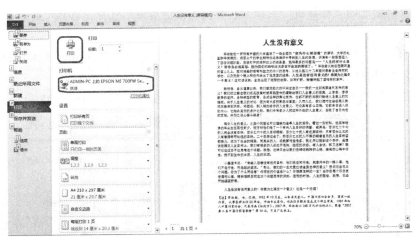

图 6-46　Word 2010 打印窗口

③ 单击"打印"按钮，则 Word 文档由网络共享打印机输出。

 拓 展 知 识

下面介绍 2 种取消共享的方法。

1. 在"计算机管理"窗口中取消共享

（1）右击桌面上的"计算机"图标，在弹出的快捷菜单中选择"管理"命令，打开"计算机管理"窗口。

（2）在左窗格中展开"共享文件夹"，并选择其子文件夹"共享"，在右窗格中显示所有的共享项目。

（3）右击要取消共享的项目"素材"，在弹出的快捷菜单中选择"停止共享"命令，如图 6-47 所示。

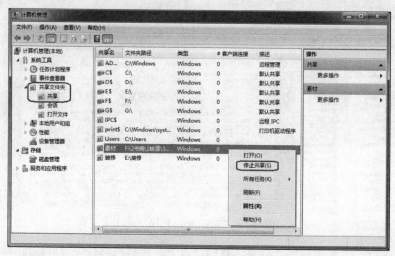

图 6-47 "计算机管理"窗口

2. 在"高级共享"对话框中取消共享

（1）右击桌面上的"计算机"图标，在弹出的快捷菜单中选择"管理"命令，打开"计算机管理"窗口。

（2）在左窗格"网络"选项组中，选择要取消共享的项目所在的计算机 ADMIN-PC，在右窗格即显示该计算机的所有共享项目。

（3）右击要取消共享的项目"素材"的图标，弹出快捷菜单，如图 6-48 所示。

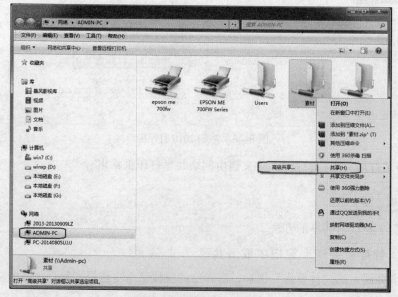

图 6-48 ADMIN-PC 窗口

（4）选择"共享"→"高级共享"命令，打开属性对话框中的"共享"选项卡，如图 6-49 所示。

（5）单击"高级共享"按钮，打开"高级共享"对话框，如图 6-50 所示。

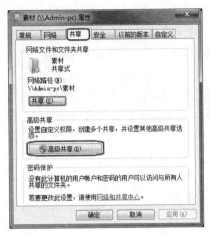

图 6-49　"共享"选项卡

图 6-50　"高级共享"对话框

（6）取消"共享此文件夹"复选框，然后单击"确定"按钮。

课后习题 6

一、选择题

1. 关于计算机网络，以下说法正确的是（　　　）。
   A. 广域网的英文缩写为 LAN
   B. 网络可提供远程用户共享网络资源，但可靠性很差
   C. 网络是通信、计算机和微电子技术相结合的产物
   D. 局域网的英文缩写为 WAN

2. 创建计算机网络的目的是实现（　　　）。
   A. 数据处理　　　　　　　　　　B. 信息传输与数据处理
   C. 文献查询　　　　　　　　　　D. 资源共享与信息传输

3. 计算机网络类型按通信范围分为（　　　）。
   A. 中继网、局域网、广域网　　　B. 电力网、局域网、广域网
   C. 局域网、城域网、广域网　　　D. 局域网、以太网、广域网

4. 一座办公大楼内各个办公室中的微机进行联网，这个网络属于（　　）。
   A. WAN　　　　　B. LAN　　　　　C. MAN　　　　　D. GAN

5. 当网络中中心结点发生故障时，整个网络停止工作，这种网络的拓扑结构为（　　　）。
   A. 星形　　　　　B. 网形　　　　　C. 环形　　　　　D. 树形

6. 无线信道的传输媒体不包括（　　　）
   A. 激光　　　　　B. 微波　　　　　C. 红外线　　　　D. 光纤

7. 以下网络传输介质中传输速率最高的是（　　）。

    A. 双绞线　　　　　B. 同轴电缆　　　　　C. 光缆　　　　　D. 电话线

8. 在网络互联中，实现网络层互联的设备是（　　）。

    A. 中继器　　　　　B. 路由器　　　　　C. 网关　　　　　D. 网桥

9. 计算机接入网络的接口设备是（　　）。

    A. 网卡　　　　　B. 路由器　　　　　C. 网桥　　　　　D. 网关

10. 在广域网中广泛使用的交换技术是（　　）。

    A. 线路交换　　　　B. 报文交换　　　　C. 信元交换　　　　D. 分组交换

11. 在计算机网络中，为了使计算机之间能够正确传送信息，必须按照（　　）来相互通信。

    A. 信息交换方式　　　　　　　　　B. 网卡

    C. 传输装置　　　　　　　　　　　D. 网络协议

12. 对于无线路由器组建的局域网，正确的描述是（　　）。

    A. 计算机只能通过无线网卡连接局域网

    B. 计算机只能通过网线连接局域网

    C. 计算机既可以通过无线网卡连接局域网，也可以通过网线连接局域网

    D. 通过无线网卡连接局域网比通过网线连接局域网，网速更快、更稳定

13. 计算机安装了无线网卡后，单击任务栏通知区域中的"网络"图标，弹出"无线网络连接"列表，其中列出范围内搜索到的无线网络，正确的是（　　）。

    A. 在"无线网络连接"列表中，只能选择一个无线网络连接上网

    B. 在"无线网络连接"列表中，任选一个无线网络直接上网

    C. 在"无线网络连接"列表中，可选择信号较弱的无线网络上网

    D. 在"无线网络连接"列表中，应选择信号较强的无线网络，并输入密钥才能上网

14. 对于连接在局域网中计算机，正确的描述是（　　）。

    A. 局域网中各计算机的数据是透明的，可以互相访问

    B. 局域网中计算机的文件夹或文件，不能设置为共享

    C. 局域网中计算机的文件夹或文件设置为共享后，才能被其他计算机访问

    D. 局域网中计算机的文件夹或文件可以设置为共享，但硬件设备不能设置为共享

二、应用题

1. 组建小型办公局域网

将办公室中若干台计算机和一台打印机联成一个局域网。

（1）可利用的网络硬件设备和材料：

计算机（若干台）、打印机（一台）、路由器（一台）、网卡（若干块）、五类双绞线（长度足够）、RJ-45 接头（若干个）。

（2）可使用的工具：RJ-45 压线钳（一把）、打线钳（一把），如图 6-51 所示。测线仪（一台），如图 6-52 所示。

图 6-51　RJ-45 压线钳（左）、打线钳（右）　　　　　图 6-52　测线仪

2．实现局域网资源共享

在所组建的办公局域网中，实现资源共享和数据传输。具体要求如下：

（1）在局域网的各台计算机中，分别创建名为"公用 A""公用 B""公用 C"……的文件夹，并将其设置为共享文件夹。然后，将共享文件复制到"公用 A""公用 B""公用 C"……文件夹中，以便局域网用户访问其中的文件。

（2）将打印机设置为共享设备。

（3）在局域网的各台计算机中，安装打印机驱动程序。

（4）在局域网的某台计算机中，通过共享打印机打印 Word 文件。

第 7 章　互联网资源在办公中的应用

Internet（因特网）由遵循 TCP/IP 协议的众多网络互联而成，是全球最大的计算机网络。Internet 起源于美国，普及到全世界。

1968 年，美国国防部高级研究计划局（Advanced Research Project Agency，ARPA）主持研制了用于支持军事研究的计算机实验网 ARPANET。其初衷旨在帮助为美国军方工作的研究人员通过计算机交换信息。ARPANET 的两大贡献是分组交换和 TCP/IP 协议。

1986 年，美国国家科学基金会（National Science Foundation，NSF）建立了名为 NSFNET 的广域网，并与 ARPANET 相连，鼓励大学与研究机构将其局域网并入 NSFNET，使 NSFNET 取代 ARPANET 成为 Internet 的主干网。

1990 年之后，网络的商业用户数量日益增加，由于 Internet 有着巨大的商业潜力，逐渐从研究教育网络向商业网络过渡。之后各国纷纷加入，使 Internet 发展为全球最大的广域网。

Internet 的发展和成功，把全世界联成一个数字地球村，使人类文明进入信息化时代。Internet 是巨大的信息海洋，也是办公自动化的高速公路和信息资源宝库。

7.1　Internet 的基础知识

7.1.1　Internet 的特点与服务

1. Internet 的特点

Internet 具有规模大、费用低、共享性和平等性等特点，其最大的特点是开放性。不论什么类型的计算机，也不论运行什么样的操作系统和应用软件，只要遵循 Internet 的约定，都能接入 Internet，与其他计算机友好协作，共享网络资源。在 Internet 中，不存在某个国家或某个集团控制的问题。

2. Internet 的服务

Internet 是一个巨大的信息库，通过 Internet 可以进行信息传播、资料检索、通信联络和专题讨论等。

Internet 提供的服务很多，其中多数服务是免费的。Internet 最主要的服务有：信息浏览（WWW）、电子邮件（E-mail）、文件传输（FTP）、远程登录（Telnet）、电子公告系统（BBS）即时通信（QQ 与微信）、博客（Blog）、社交网络服务等。

7.1.2 接入 Internet 的方式

若要利用Internet丰富的资源,首先要将个人计算机接入Internet,以下介绍几种接入Internet的方式。

1．ADSL 方式接入

ADSL 方式利用现有的电话线网络接入 Internet，在线路两端安装 Modem，可提供下行速率 8 Mbit/s 和上行速率 1 Mbit/s 的服务，且上网和打电话互不影响。

2．Cable Modem 方式接入

Cable Modem 方式利用有线电视网的同轴电缆进行数据传输，接入 Internet。Cable Modem 将数据调制在电缆的一个频率范围内传输，其他频段仍然可用于有线电视信号的传输。Cable Modem 方式的下行速率可达 36 Mbit/s。上行速率最高可达 10 Mbit/ s。

3．局域网方式接入

多数单位已经组建了局域网，通过本单位的局域网连接 Internet 是常用的办公方式。首先向因特网服务提供商（Internet Service Provider，ISP）申请一个 IP 地址，然后通过子网掩码为局域网中的各台计算机分配地址。其关键设备是路由器。

4．光纤接入

光纤接入是在本地 ISP 和用户之间全部或部分采用光纤传输数据，目前，适合我国国情的接入 Internet 的方式是"光纤+五类双绞线"。光纤以 1 000 Mbit/s 的带宽接到住宅小区、企事业单位和各大院校，以 100 Mbit/s 的带宽接到办公楼、住宅楼、宿舍楼，然后使用五类双绞线以 10 Mbit/s 的带宽接到终端用户。

5．Wi-Fi 接入

Wi-Fi（wireless-Fidelity）即以无线保真连接 Internet。在机场、车站、图书馆等人员较密集的场所设置信号发射点，常见设备是无线路由器，在电磁波覆盖的有效范围内，笔记本式计算机、平板计算机和智能手机等移动设备搜索到 Wi-Fi 信号，即可上网。

7.1.3 IP 地址和域名系统

1．IP 地址

在庞大 Internet 中有众多的主机，若要进行信息交流，则每台网络计算机都要赋予唯一的地址。这就像在日常生活中朋友之间互相通信，就必须知道通信地址一样。IP 地址就是唯一标识 Internet 中每一台主机的标识。

（1）IP 地址的构成

IP 地址共 32 位（4 字节），每个字节用十进制数表示，其取值范围为 0～255。字节之间以圆点"."分隔，称为点分十进制表示。例如，某台主机的 IP 地址为：11001010 01110010 01000000 00000010，写成点分十进制表示形式是：202.114.64.2。

所有的 IP 地址都要由国际组织 NIC（Network International Center）统一分配。目前，全世界共有 3 个网络信息中心，分别是：InterNIC（负责美国及其他地区）、ENIC（负责欧洲地区）、APNIC（负责亚太地区）。其中，APNIC 总部设在日本东京大学。

IP 地址资源有限，不可能每一台联网的计算机都分配一个 IP 地址。用户上网时由 Internet 服务提供商（Internet Service Provider，ISP）分配一个暂时 IP 地址，称为动态 IP 地址，断网后该 IP 地址被收回。

（2）IP 地址的分类

Internet 由众多独立的网络互联而成，每个网络内包含若干台计算机。由于这个原因，IP 地址分为网络号和主机号两部分。根据网络规模的大小，把 IP 地址分为 A、B、C、D、E 五类，其中常用的是 A、B、C 三类（D 类和 E 类保留未用），如图 7-1 所示。

① A 类地址：该类地址的第一个字节的首位为二进制数 0，其他 7 位为网络号（其中，全 "0" 地址对应于当前主机。全 "1" 是当前子网的广播地址），后 3 个字节为主机号。因此，A 类地址的表示范围是 1.0.0.0 ~ 126.255.255.255，其所能表示的网络数有 126 个，每个网络中的主机有 $2^{24}-2$ 个。这类地址适用于具有大量主机的大型网络。

② B 类地址：该类地址的第一个字节的前两位为二进制数 10，其他 6 位和第二个字节为网络号，后两个字节为主机号。因此，B 类地址的表示范围是 128.0.0.0 ~ 191.255.255.255，其所能表示的网络数有 $2^{14}-2$ 个，每个网络中的主机有 $2^{16}-2$ 个。这类地址适用于中等规模主机数的网络。

③ C 类地址：该类地址的第一个字节的前三位总是为二进制数 110，其他 5 位和第二、三个字节为网络号，最后一个字节为主机号。因此，C 类地址的表示范围是 192.0.0.0 ~ 223.255.255.255，其所能表示的网络数有 $2^{21}-2$ 个，每个网络中的主机有 2^8-2 个。这类地址适用于小型局域网。

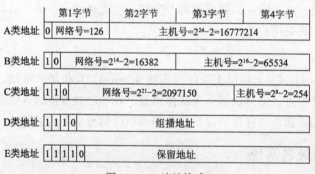

图 7-1　IP 地址格式

2．子网掩码

子网掩码的格式与 IP 地址格式相似，也是 4 字节（32 位），字节之间以圆点 "." 分隔，由一连串 "1" 和 "0" 组成。"1" 对应网络号和子网号字段，"0" 对应主机号字段。

（1）子网掩码的作用

子网掩码不能单独存在，它必须结合 IP 地址一起使用，用于划分 IP 地址中的网络地址和主机地址。

（2）子网掩码的分类与组成

A 类 IP 地址的默认子网掩码为：255.0.0.0。

B 类 IP 地址的默认子网掩码为：255.255.0.0。

C 类 IP 地址的默认子网掩码为：255.255.255.0。

3. 域名系统

IP 地址是用数字来表示一台主机的地址，难以记忆，且不能表现其含义。为了便于对网络地址的记忆和分层管理，引入域名管理系统（Domain Name System，DNS），通过 IP 地址与域名之间的对应关系，使用户避开难以记忆的 IP 地址，而用域名来标识网络中的计算机。

在 Internet 中，每个域都有各自的域名服务器，负责注册该域内的主机，建立本域内主机的域名与 IP 地址对照表。当域名服务器收到域名时，将域名解释为对应的 IP 地址。

域名地址的构成：

（1）域名地址的结构。域名采用层次结构，自左向右分别为：

主机名．三级域名．二级域名．顶级域名 或者 主机名．机构名．网络名．顶级域名

域名一般用英文字母（或缩写，大小写无区别）、汉语拼音、数字或其他字符。各级域名之间用点"．"分隔，从右到左各部分之间是上层对下层的包含关系。

例如，www.fuzhou.gov.cn/表示福州市人民政府门户网站的域名地址，cn 代表中国的计算机网络，gov 代表政府，fuzhou 代表福州市，www 代表万维网。

（2）顶级域名的分类。为了表示主机所属组织或机构的性质，Internet 的管理机构给出了 7 个顶级域名。顶级域名有两种类型：组织或机构顶级域名和国家或地区顶级域名。常见的组织或机构顶级域名如表 7-1 所示，常见的国家或地区顶级域名如表 7-2 所示。

表 7-1　常见的组织/机构顶级域名

域名缩写	组织/机构类型	域名缩写	组织/机构类型
com	商业机构	edu	教育机构
gov	政府机构	mil	军事机构
net	网络服务提供组织	org	非营利组织

表 7-2　常见的国家或地区顶级域名

域名缩写	国家或地区	域名缩写	国家或地区	域名缩写	国家或地区
au	澳大利亚	fl	芬兰	mo	中国澳门
be	比利时	fr	法国	nl	荷兰
ca	加拿大	hk	中国香港	no	挪威
ch	瑞士	ie	爱尔兰	ru	俄罗斯
cn	中国	in	印度	sg	新加坡
de	德国	it	意大利	tw	中国台湾
dk	丹麦	jp	日本	uk	英国
es	西班牙	kp	韩国	us	美国

4. IP 地址和域名的关系

在 Internet 中，每一台计算机都有唯一的 IP 地址，但不是所有上网的计算机都有域名地址，例如用户拨号上网的计算机就没有域名，但它有 IP 地址。

IP 地址和域名都指向唯一的一台计算机。例如，用户使用域名 www.baidu.com 或 IP 地址 119.75.218.70，打开的都是"百度"搜索引擎的主页。

IP 与域名的对应关系不是唯一的。一台主机只有一个 IP 地址，但可有多个域名，不同的域名指向同一个 IP 地址。一些企业和公司为了防止域名被别人抢注，常常将与公司或产品形象相关和相近的名称全部注册成的域名，这些域名都指向同一个 IP 地址，因而用户使用任何一个域名上网都能够登录该公司的主页。

7.2 浏 览 网 页

在 Internet 中，最常用的服务有：浏览 WWW 网页、电子邮件和文件传输等。

WWW 英文全称是 World Wide Web，译为万维网，简称为 Web。它使用超链接技术，将 Internet 中不同地点的 WWW 服务器中的网页链接起来。万维网以网页的形式展现信息，网页使用超文本置标语言（HTML）编写。

浏览器是安装在客户端程序。浏览器通过 HTTP 协议与 WWW 服务器交互，获取由 URL 指定的网页，并展现网页内容。

用户必须在本机安装浏览器，才能浏览万维网中的网页信息。

常见的网页浏览器有微软的 Internet Explorer（简称 IE）、Mozilla 的 Firefox、Apple 的 Safari、360 安全浏览器、百度浏览器、腾讯 QQ 浏览器等。

用户运行浏览器之后，就可以浏览各网站中网页的文本、图片、音频和视频等信息。

【任务 7-1】使用 IE 浏览万维网

启动 Internet Explorer，并对其进行适当的设置，然后浏览万维网，搜索所需的资料。具体要求如下：

（1）使用 IE 浏览网页，对 IE 进行设置，以阻止广告窗口弹出。

（2）使用 URL 地址 www.5566.net，打开对应的网站。

（3）将当前门户网站设置为 IE 的主页。

（4）搜索著名的旅游风景区武夷山的资料，将介绍武夷山的文本保存到 Word 文档；然后，以 "Web 档案，单个文件（*.mht）" 的格式保存网页。

（5）搜索武夷山景点的图片，将搜索到的图片以（*.jpg）格式保存到指定的文件夹，并将搜索到的武夷山景点图片的链接保存到 "收藏夹"，然后使用 "收藏夹" 中的地址快速打开介绍武夷山旅游图片的网页。

（6）下载国内开发的电子邮件程序 Foxmail，以便安装使用。

 任 务 分 析

Internet Explorer 是微软公司推出的网页浏览器，也是使用最广泛的网页浏览器，为了方便使用，要对 Internet Explorer 做必要的设置。

设置 Internet Explorer 的流程：启动 Internet Explorer→选择 "工具" 菜单中的 "Internet 选项" 命令→打开 "Internet 选项" 对话框→在 "Internet 选项" 对话框中进行设置。

Internet 是一个巨大的信息资源库，要在数百万个网站中快速有效地查找到所需的资料，则要借助搜索引擎。

使用搜索引擎素搜集资料的流程：启动 Internet Explorer→打开"百度"或"谷歌（Google）"→输入搜索的关键字→单击"百度一下"或"Google"按钮→打开搜索结果窗口。

任 务 实 现

1．启动 Internet Explorer

单击"快速启动栏"中的 Internet Explorer 按钮，或选择"开始"→"所有程序"→"Internet Explorer"命令，打开 Internet Explorer 窗口。

2．设置屏蔽弹出广告窗口

（1）在"工具"菜单中，选择"Internet 选项"命令，打开"Internet 选项"对话框。

（2）在"Internet 选项"对话框中，选择"隐私"选项卡；选中"启用弹出窗口阻止程序"复选框，如图 7-2 所示。

（3）单击"设置"按钮，打开"弹出窗口阻止程序设置"对话框；在"阻止级别"下拉列表框中选择"中：阻止大多数自动弹出窗口"，如图 7-3 所示。

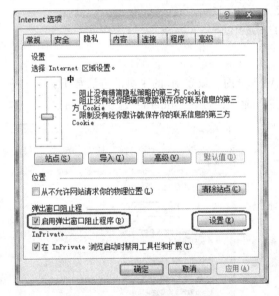

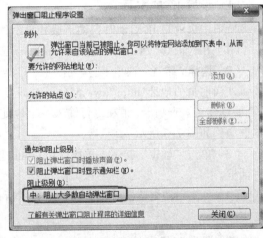

图 7-2　"Internet 选项"对话框　　　　图 7-3　"弹出窗口阻止程序设置"对话框

（4）单击"关闭"按钮，返回"Internet 选项"对话框；单击"确定"按钮，关闭"Internet 选项"对话框。

3．使用 URL 地址浏览网页

（1）在 IE 窗口的地址栏中，输入 URL 地址 www.5566.net。（http 是万维网默认的传输协议，"http://"可以省略。）

（2）按【Enter】键或者单击地址栏右边的"转至"按钮➜，打开对应网站窗口，如图 7-4 所示。

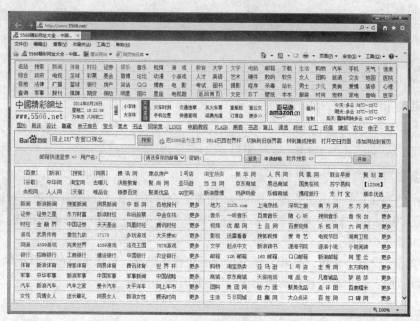

图 7-4 门户网站窗口

4. 设置 IE 的主页

所谓主页就是 IE 启动时自动下载并显示的 Web 页面。设置 IE 的主页的方法如下：

（1）在"工具"菜单中，选择"Internet 选项"命令，打开"Internet 选项"对话框。

（2）选择"常规"选项卡，单击"使用当前页"按钮，当前页的地址 http://www.5566.net 即显示于"若要创建主页选项卡，请在每行输入一个地址"文本框中，如图 7-5 所示。

（3）单击"确定"按钮，关闭"Internet 选项"对话框。

（4）再次启动浏览器时，IE 窗口即显示所设置的主页。

5. 搜索和保存信息

（1）使用搜索引擎搜索信息

① 在主页中单击"百度"超链接；或者直接在地址栏中输入 www.baidu.com，按【Enter】键，打开"百度"搜索引擎。

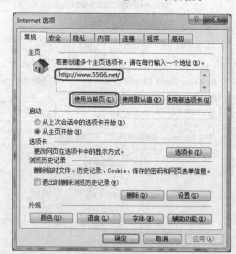

图 7-5 "Internet 选项"对话框"常规"选项卡

② 输入搜索的关键字"武夷山"，打开"武夷山_百度搜索"页面，其中显示包含该关键字信息的众多链接和简要介绍，如图 7-6 所示。

③ 单击"武夷山_百度百科"链接，打开"武夷山_百度百科"网页窗口。

（2）保存文本

① 选定描述武夷山的文字，右击，在弹出的快捷菜单中选择"复制"命令，将选定的文字复制到剪贴板，如图 7-7 所示。

图 7-6 "武夷山_百度搜索"页面

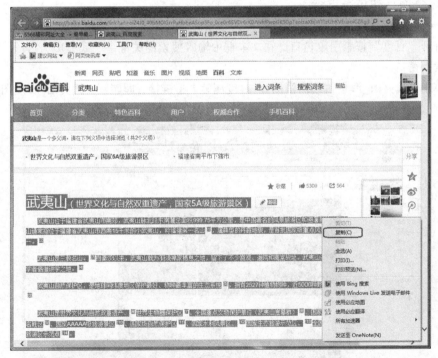

图 7-7 "武夷山"页面

② 打开文字处理程序 Word 2010, 按快捷键【Ctrl+V】, 将剪贴板中的内容粘贴到 Word 2010窗口。

③ 保存 Word 文档。

（3）保存网页

① 选择"文件"菜单中的"另存为"命令，打开"另存为"对话框；选择存放网页的文件夹；在"文件名"组合框中，使用默认文件名；在"保存类型"下拉列表框中，选择"Web档案，单个文件（*.mht）"，如图 7-8 所示。

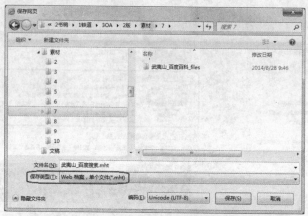

图 7-8 "另存为"对话框

② 单击"保存"按钮。

6. 保存图片和搜索链接

（1）保存图片

① 打开"百度"搜索引擎窗口，在文本框中输入搜索的关键字"武夷山"，打开"武夷山_百度搜索"窗口。

② 单击"武夷山_海量精选高清图片_百度图片"超链接，即转到"武夷山_百度图片搜索"窗口，如图 7-9 所示。

图 7-9 "武夷山_百度图片搜索"窗口

③ 右击"武夷山"图片，在弹出的快捷菜单中选择"图片另存为"命令，打开"保存图片"对话框。选择存放图片的文件夹；在"文件名"文本框中，输入文件名"武夷山"；在"保存类型"列表框中，选择"JPEG（*.jpg）"，如图7-10所示。

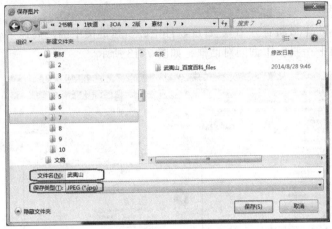

图7-10 "保存图片"对话框

（2）使用收藏夹保存搜索链接

① 在"武夷山_百度图片搜索"窗口中，选择"收藏夹"菜单中的"添加到收藏夹"命令，打开"添加收藏"对话框，如图7-11所示。单击"确定"按钮，当前网页的地址即被保存到"收藏夹"中。

图7-11 "添加收藏"对话框

② 在IE窗口的"快速导航选项卡"中，单击"武夷山_百度图片搜索"和"武夷山_百度图片搜索"窗口中的"关闭"按钮。

③ 在IE窗口中选择"查看"→"浏览器栏"→"收藏夹"命令，即在IE窗口的左侧弹出"收藏夹"窗格，其中显示已收藏的网页地址列表，如图7-12所示。

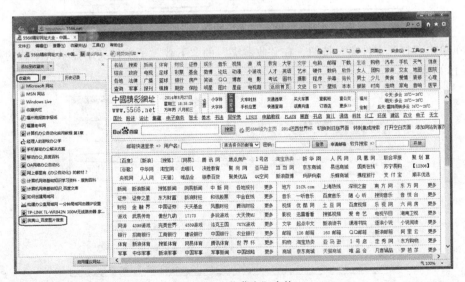

图7-12 "收藏夹"窗格

④ 单击"收藏夹"窗格中的"武夷山_百度图片搜索"链接，即打开该网页。

7．下载程序

（1）在"百度"搜索引擎窗口中，输入搜索关键字"foxmail 下载"，打开"Foxmail 下载_百度搜索"网页窗口。

（2）单击"Foxmail 最新官方下载_百度软件中心"超链接中的"高速下载"链接，即弹出"要运行或保存来自……吗？"询问对话框，如图 7-13 所示。

图 7-13 "Foxmail 下载_百度搜索"网页窗口

（3）单击"保存"按钮，稍等片刻，弹出"下载已完成"对话框，如图 7-14 所示。

图 7-14 "下载已完成"对话框

（4）单击"打开文件夹"按钮，在"收藏夹"的"下载"子文件夹中显示所下载的程序，如图 7-15 所示。

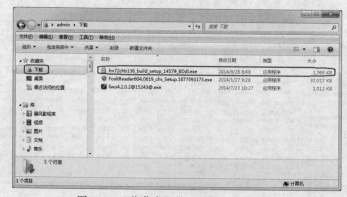

图 7-15 "收藏夹"的"下载"子文件夹

拓 展 知 识

1．万维网基本知识

浏览 Web 页是 Internet 最常用的服务，下面介绍有关万维网的基本知识。

（1）超文本

超文本（Hyper Text）与文本（Text）的差别在于连接方式的不同。文本的内容是线性有序的，它不可能从一个条目跳到与此相关但不连续的其他条目中；而超文本的链接方式除了线性链接外，还可有非线性链接，它可以从一个条目跳到与此相关但不连续的其他条目中，超文本的链接方式可以是无序的。

（2）超链接

在网页中设置超链接（Hyper Link），把不连续的内容联系起来。超链接可以理解为指向其他网页的"指针"。网页中的文字（常用带下画线的醒目文字）、图形或其他对象都可以设置为超链接点。当鼠标指针指向超链接点时，指针会变成手形 ，单击该超链接点就跳转到链接指向的内容。

（3）超文本置标语言

超文本置标语言（Hyper Text Markup Language，HTML）是一种文档结构的标记语言，它使用一些约定的标记描述网页中的各种信息（包括文字、声音、图形、图像和视频等）的格式以及超链接。当用户浏览 WWW 上的信息时，浏览器会自动解释这些标记的含义，并将其显示为用户在屏幕上所看到的网页。这种用 HTML 编写的网页又称为 HTML 文件，其扩展名为.htm 或.html。

使用 IE 浏览器打开任意一个网页，选择"查看"菜单中的"源"命令，就可以看到当前网页的 HTML 源代码。

（4）超文本传输协议

超文本传输协议（Hypertext Transfer Protocol，HTTP）是专门为 WWW 开发的、用于传输 HTML 文本的协议。HTTP 工作于"服务器/客户机"模式，当客户机向服务器发送一个请求时，服务器对来自客户机的请求做出应答，并将超文本文件传送给客户机，客户端的浏览器程序将其显示为 Web 页面的格式。

（5）Web 站点

在 Internet 中连接着为数众多的各种类型的服务器，例如 Web 服务器、FTP 服务器和 Gopher 服务器等。Web 站点即 Internet 中某一台 Web 服务器，或存放 Web 资源的主机。

（6）Web 页

Web 页就是 Web 站点上存放的一个超文本文件（.htm 或.html）。

（7）主页（Home Page）

主页就是 Web 站点上存放的第一个 Web 页，它是该站点的出发点。通过主页进入网站的其他页面。主页文件名通常是 index 或 default。

一个形象的比喻可以帮助读者理解以上概念。将 Internet 看成一个图书馆，Web 站点可看成图书馆里的一本图书，主页可看成图书的封面，Web 页可看成图书的内页。

2．统一资源定位地址

统一资源定位地址（Uniform Resource Location，URL）用于表示 Internet 中某一项信息资源的访问方式和所在位置。

URL 由两部分组成，前一部分指出访问方式，后一部分指明某一项信息资源在服务器中的位置，由冒号和双斜线"://"隔开。URL 的格式为：

协议名称：//主机地址[：端口号]/路径/文件名

格式中各部分的含意如下：

（1）协议名称：指明 Internet 资源类型，即服务方式。

（2）主机地址：指明网页所在的服务器域名地址或 IP 地址。

（3）端口：指明进入一个服务器的端口号，它是用数字来表示的，一般可缺省。

（4）路径：指明文件所在服务器的目录或文件夹。

（5）文件名：指明目录或文件夹中的某文件。

以下是 URL 地址的实例：

```
http://news.sina.com.cn/z/SinghChina/index.shtml
ftp://test:welcome@210.34.4.124/
```

显然，URL 通过逐步缩小范围的方法，在浩瀚的 Internet 中确定某一个网页文件的位置。以 http://news.sina.com.cn/z/SinghChina/index.shtml 为例，协议名称 http 排除了 Internet 中其他类型的服务器，唯余 WWW 服务器；主机地址 news.sina.com.cn 在众多的 WWW 服务器中，确定某一台 WWW 服务器；路径 z/SinghChina 指明该台服务器中某一个文件夹，文件名 index.shtml 指定该文件夹中的具体文件。

3．Web 浏览器

Web 浏览器是用于浏览网页的客户端程序。在安装 Windows 时，已经捆绑安装了微软公司的 Internet Explorer 浏览器。此外，比较流行的还有 360 浏览器、"火狐"浏览器等。注意：使用浏览器浏览网页之前，先要建立本机与 Internet 的连接。

4．搜索引擎

Internet 是一个巨大的信息资源宝库，每天都有新的信息被添加到其中，使 Internet 中的信息以惊人的速度增长。如何从 Internet 海量网页中查找到所需的信息，成了用户面临的严峻问题。

搜索引擎是为用户提供检索服务的系统。搜索引擎其实也是一个网站，只不过该网站专门为用户提供信息"检索"服务。搜索引擎主动搜索 Internet 中各 Web 站点中的信息并进行分类索引，然后将索引内容存储到大型数据库中。当用户利用关键字查询时，搜索引擎向用户提供包含关键字信息的所有网址和指向这些网址的链接。

按工作方式搜索引擎可分为主题搜索引擎和目录搜索引擎两种。

（1）主题搜索引擎

主题搜索引擎通过"蜘蛛"程序自动搜索网站的每一个网页，并把每一页上代表超链接的相关词汇放入数据库。主题搜索引擎的优点是信息量大、更新及时、无须人工干预；其缺点是返回信息过多，包括无关信息，用户必须从结果中进行筛选。

主题搜索引擎的代表是 Google（http://www.google.com）和百度（http://www.baidu.com）等。主题搜索引擎通过关键字搜索，返回搜索结果的网页链接。

（2）目录搜索引擎

目录索引也称为分类检索，主要通过搜集和整理因特网的资源，根据搜索到网页的内容，将其网址分配到相关分类主题目录的不同层次的类目之下，形成像图书馆目录一样的分类树形结构索引。目录索引无须输入任何文字，只要根据网站提供的主题分类目录，层层点击进入，便可查到所需的网络信息资源。

著名的目录搜索引擎有"雅虎"（Yahoo）、新浪（Sina）、搜狐（Sohu）和网易（Netease）等。

5. 常用搜索引擎

（1）谷歌（Google）搜索引擎（www.google.cn）

Google搜索引擎是由两个斯坦福大学博士生Larry Page与Sergey Brin于1998年9月创立的。Google由英文单词Googol（表示十的一百次方的巨大数字）变化而来，表达公司囊括网络海量资料之雄心。

Google支持多达132种语言，包括简体中文和繁体中文；Google搜索信息丰富，收录多达数十亿的海量网址；Google只提供检索服务，没有广告；智能化的"手气不错"功能提供可能最符合要求的网站。

（2）"百度"搜索引擎（www.baidu.com）

1999年底，在美国硅谷有多年成功经验的李彦宏和徐勇共同创建了百度网络技术有限公司，2000年百度公司回国发展。百度的起名来自于辛弃疾的《青玉案·元夕》中的"众里寻她千百度；蓦然回首，那人却在灯火阑珊处。"的灵感。

百度深刻理解中文用户搜索习惯，开发出关键字自动提示。用户输入拼音，就能获得中文关键词正确提示。

6. 多关键字搜索

（1）Google多关键字搜索

① 多关键字逻辑"与"搜索。多关键字搜索时，Google用半角空格表示关键字之间逻辑"与"的关系，求交集。

② 多关键字逻辑"或"搜索。多关键字搜索时，Google用大写的OR表示关键字之间逻辑"或"的关系，求并集。

③ 多关键字逻辑"非"搜索。多关键字搜索时，Google用减号"−"表示逻辑"非"的关系，求差集。

④ 搜索短语或句子。搜索短语或句子时，作为关键字的短语或句子必须用半角引号括起来，否则短语或句子中的空格将被理解为逻辑"与"算符。

⑤ 搜索特定文件。搜索语法是：关键字 filetype:文件类型。

例如，要搜索Flash动画作为朋友的生日礼物，则可以输入"birthday filetype:SWF"或"loveyou filetype:SWF"，就能找到许多精美的Flash动画。

（2）百度多关键搜索

① 同时搜索有关"北京大学"和"福州大学"的信息。

可用：北京大学 and 福州大学

或者：北京大学|福州大学

或者：北京大学*福州大学

② 如果只想搜索"北京大学"和"福州大学"中的其中一个。

可用：北京大学 or 福州大学

或者：北京大学+福州大学

或者：北京大学　福州大学

③ 如果只想搜索"北京大学"而不要"福州大学"。

可用：北京大学–(福州大学)

7．百度搜索常用语法

（1）精确搜索语法

语法格式："关键字"

示例："办公自动化"

功能：只能搜索到引号内的关键字，不会搜索到引号以外的关键字或关键字相关信息。

（2）标题搜索语法

语法格式：intitle:关键字

示例：intitle:办公自动化

功能：搜索标题中含有关键字的目标网页。

（3）限定范围搜索

语法格式：site:网站地址

示例：site:baidu.com　办公自动化

功能：搜索指定网站内所有包含"办公自动化"的目标网页。

本例只在百度网站内搜索"办公自动化"的信息。

（4）限定文件类型搜索

语法格式：关键字　filetype:pdf

示例：办公自动化　filetype:pdf

功能：搜索指定类型所有包含"办公自动化"的目标网页。

8．网页保存类型

网页有 4 种保存类型：

（1）网页，全部（*.htm；*.html）

在指定位置的文件夹中，同时生成扩展名为.htm 的文件和一个与文件同名的文件夹，该文件夹中存放页面元素（GIF 和 JPG 格式的图片，扩展名为".CSS"样式表以及扩展名为.js 的脚本文件）。使用这种方法保存网页，打开时，可以看到与原来的网页一样的效果。

（2）Web 档案，单个文件（*.mht）

这是一种 Web 电子邮件档案，计算机必须安装 Outlook Express，才能用浏览器打开该文件。其最大优点是所保存的网页只有一个文件，便于管理。

（3）网页，仅 HTML（*.htm；*.html）

此格式仅保存.htm，.html 文件，页面用到的样式表、图片、视频等都指向互联网上的源文件。脱机打开时，图片和视频位置将显示红色的 ×。

（4）文本文件（*.txt）

此格式提取网页中的文字信息，并保存在一个文本文件中。

7.3 电子邮件

电子邮件（Electronic Mail）简称 E-mail，是 Internet 用户之间使用最频繁的通信服务。电子邮件速度快，可靠性高，价格便宜，可以一信多发，可以将文字、图像、语音等多媒体信息集成在一个邮件中传送。

办公人员必须了解电子邮件的工作原理，才能熟练地收发电子邮件。

电子邮件系统是采用"存储转发"的方式传递邮件。发件人不是把电子邮件直接发到收件人的计算机中，而是发送到 ISP 的服务器中，这是因为收件人的计算机并不是总是开启或总是与 Internet 建立连接，而 ISP 的服务器每时每刻都在运行。ISP 的服务器相当于"邮局"的角色，它管理着众多用户的电子信箱，ISP 在服务器的硬盘上为每个注册用户开辟一定容量的磁盘空间作为"电子信箱"，当有新邮件到来时，就暂时存放在电子信箱中，收件人可以不定期地从自己的电子信箱中下载邮件。

收发电子邮件目前常采用的协议是 SMTP（Simple Mail Transfer Protocol，简单邮件传输协议）和 POP3（Post Office Protocol 3，第三代邮局协议）。SMTP 将电子邮件从发件人的计算机发送到 ISP 服务器，收件人通过 POP3 把电子邮件从服务器下载到计算机中。电子邮件的工作原理如图 7-16 所示。

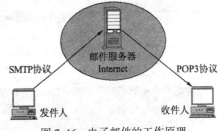

图 7-16　电子邮件的工作原理

收发电子邮件，用户需要一个"邮箱"，即 E-mail 账号，E-mail 账号可向 ISP 申请。电子邮件地址的格式为：用户名@主机域名

例如，有一个电子邮件的地址是：teacher2008@126.com。

其中，用户名（即账号）是 teacher2008；"@"符号表示英语单词 at，意思为"在于"；主机域名即 ISP 服务器的域名：126.com 是网易公司服务器的域名。

为了方便地收发电子邮件，通常使用客户端电子邮件程序。常用的电子邮件客户端程序是 Windows 附带的电子邮件程序 Outlook Express。此外，国内公司也开发了很适用的电子邮件客户端程序，如 Foxmail 和"网易闪电邮"等。电子邮件客户端程序使用方法大同小异。

用户可能不通过电子邮件客户端程序收发电子邮件，而使用浏览器登录 ISP 网站，在网站上直接收发电子邮件。

【任务 7-2】收发电子邮件

在"网易"网站申请一个免费邮箱，然后登录"网易"网站，向中国铁道出版社编辑部发送一封电子邮件，并接收回信。

网易公司旗下拥有 163.com、126.com 和 yeah.net 三种免费邮箱。163.com 和 126.com 同是极速模式的 3G 邮箱，空间较大，yeah.net 邮箱的空间较小。163 邮箱是网易最早经营的邮箱，126 邮箱在早期只做转发，没有真实的邮箱空间，后来才发展成 POP3 邮箱。目前，163 邮箱拥有众多的用户，是著名品牌的邮箱。

鉴于以上分析，拟到 mail.163.com 网站申请一个免费电子邮箱，并直接利用网站收发电子邮件。

使用电子邮件的流程：启动 Internet Explorer→登录网易 163 免费邮→注册一个免费电子邮箱→登录所申请的免费邮箱→撰写电子邮件→发送电子邮件→接收电子邮件→阅读电子邮件。

1. 申请免费电子邮箱

（1）单击"快速启动栏"中的 Internet Explorer 按钮，或选择"开始"菜单中的 Internet Explorer 命令，打开 Internet Explorer 窗口。

（2）在 IE 地址栏中直接输入 URL 地址 http://mail.163.com，打开"163 网易免费邮"窗口，如图 7-17 所示。

图 7-17　"163 网易免费邮"窗口

（3）单击"注册"按钮，打开"注册网易免费邮–填写注册信息"窗口。选择"注册字母邮箱"选项卡，然后按照提示要求，填写用户资料，如图 7-18 所示。

（4）单击"立即注册"按钮，弹出"注册网易免费邮–验证注册信息"窗口，如图 7-19 所示。

图 7-18 "注册网易免费邮-填写注册信息"窗口

图 7-19 "注册网易免费邮-验证注册信息"窗口

（5）输入验证码，然后单击"提交"按钮，弹出"注册成功"对话框，如图 7-20 所示。

至此，网易 163 免费邮箱申请成功。

2．登录网站发送电子邮件

（1）登录 163 网易免费邮

① 单击"快速启动栏"中的 Internet Explorer 按钮，或者选择"开始"菜单中的"Internet Explorer"命令，打开 Internet Explorer 窗口。

图 7-20 "注册成功"对话框

② 在 IE 地址栏中直接输入 URL 地址 http://mail.163.com，打开"网易 163 免费邮"窗口。选择"邮箱账号登录"选项卡，输入申请免费电子邮箱时所设置的用户名和密码，如图 7-21 所示。

③ 单击"登录"按钮，打开"163 网易免费邮"窗口"首页"选项卡。选择"收件箱"选项卡，即看到 163 网易网站发给用户的 2 封邮件，如图 7-22 所示。

图 7-21 "163 网易免费邮"窗口

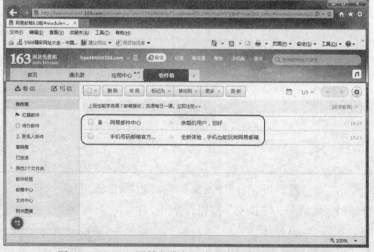

图 7-22 "163 网易免费邮"窗口"收件箱"选项卡

（2）撰写电子邮件

① 在"163 网易免费邮"窗口中，单击"写信"按钮，即切换到"写信"选项卡。在"收件人"文本框中，输入收件人的电子邮件地址；在"主题"文本框中，输入邮件的主题（邮件的主题可以省略，但最好要写上，以便收件人了解邮件的大意）；在窗口右下半部的邮件内容窗格中，输入邮件的内容，如图 7-23 所示。

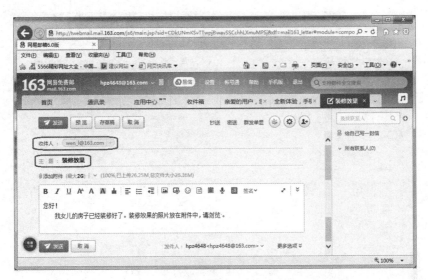

图 7-23 "163 网易免费邮"窗口"写信"选项卡

② 插入附件。电子邮件中不仅可以发送输入的文字信息，还可以附加发送多种格式的文件。单击 添加附件 按钮，打开"选择要加载的文件"对话框。在此对话框中选定要插入的图片文件，如图 7-24 所示。

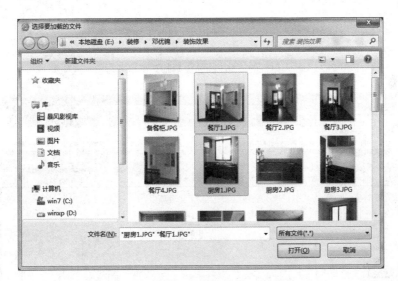

图 7-24 "选择要加载的文件"对话框

③ 单击"打开"按钮，这时在"附件"框下面出现附件图标和文件名，如图 7-25 所示。

（3）发送电子邮件

① 单击工具栏中的"发送"按钮，稍等片刻，即显示邮件"发送成功"信息。

② 在"163 网易免费邮"窗口中，选择"已发送"选项卡，在"已发送"文件夹中，会出现已发送邮件的"收件人"和"主题"，如图 7-26 所示。

图 7-25　插入附件的"163 网易免费邮"窗口"写信"选项卡

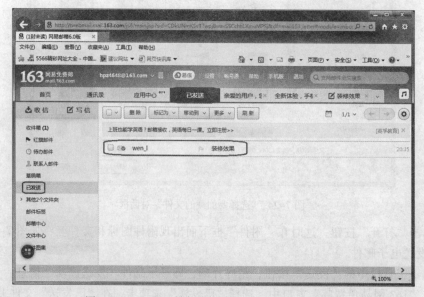

图 7-26　"163 网易免费邮"窗口"已发送"选项卡

3．登录网站接收电子邮件

（1）在"163 网易免费邮"窗口中，单击"收信"按钮，即切换到 "收件箱"选项卡。在

"收件箱"文件夹的内容窗格中，显示收到的全部邮件，包括：发件人、主题、收件时间等信息，如图 7-27 所示。

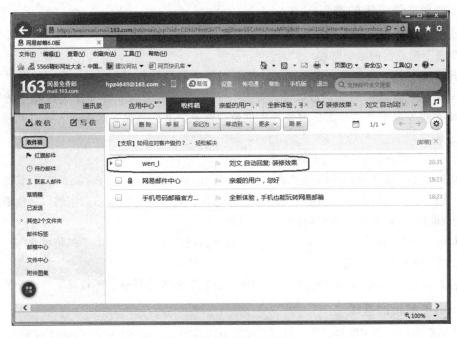

图 7-27 "收件箱"选项卡

（2）在收件窗格中，单击其中一封邮件的收件人"wen_l"超链接，即显示该信件的内容，如图 7-28 所示。

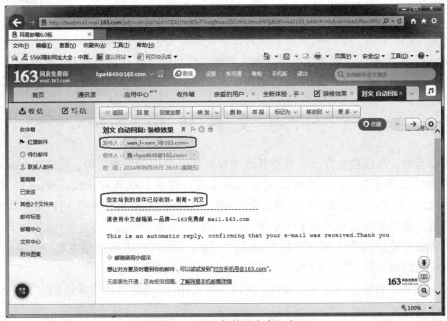

图 7-28 "显示邮件的内容"窗口

拓 展 知 识

1．免费电子邮箱的类型

免费电子邮箱可分为以下四大类：

（1）基于浏览器的电子邮箱

使用这类邮箱，收、发、读、写邮件都要用浏览器登录到 ISP 网站。其优点是：无论在何处，只要能登录该网站就可以收发电子邮件；不用下载邮件，即可阅读邮箱中的邮件。缺点是每次收发电子邮件，都必须登录提供免费邮箱 ISP 的网站，然后输入账号和密码，比较费时。

（2）支持 SMTP 和 POP3 的电子邮箱

使用这类电子邮箱可以使用电子邮件程序（如 Outlook Express 和 Foxmail 等），将邮件下载到自己的硬盘上，这样就不用担心邮箱的大小不够用，还能避免别人窃取密码以后偷看邮件。

（3）具有转发功能的电子邮箱

这种电子邮箱当收到新的邮件时，会立即转发到用户的另外一个电子邮箱里。

（4）综合型的电子邮箱

这种类型的电子邮箱能提供上述两种功能。目前，多数免费电子邮箱都是综合型的。

2．电子邮箱的选择

（1）如果用户经常和国外的客户联系，宜使用国外的电子邮箱，比如 Gmail（谷歌），Hotmail（微软），MSN mail（微软），Yahoo mail（雅虎）等。

（2）如果用户把邮箱当作网络硬盘使用，经常存放一些图片资料等，就应该选择存储量大的邮箱，比如 Gmail（谷歌）、Yahoo mail（雅虎）、网易 163 mail、126 mail、yeah mail、TOM mail、等。

（3）如果用户拥有 QQ 号码且只在国内使用，那么 QQ 邮箱也是很好的选择。腾讯公司收购了 Foxmail，电子邮件领域的技术得到很大加强，用户可以放心地使用 QQ 邮箱。

（4）使用宽带服务商提供的邮箱，例如，铁通的用户可以选择"68CN 新时速"邮箱。

7.4 文 件 传 输

使用浏览器，可以检索分布于世界各地 WWW 服务器中的信息资源，但在 Internet 中，并不是所有的资源都是以 Web 页面形式组织起来的，很多共享软件（Shareware）、自由软件（Freeware）、学术文献和影像资料等都以文件的形式存放在公司和大学的 FTP 服务器上，要获取这些资源，则可使用文件传输 FTP 服务。

文件传输所使用的协议 FTP（File Transfer Protocol）是 TCP/IP 应用层中的一个协议，由 TCP 保证文件传输的可靠性，用于在 Internet 中控制双向传输文件。

通过 FTP 可以传输各种类型的文件，例如文本文件、二进制可执行文件、图像和声音文件、数据压缩文件等。

文件传输协议 FTP 的作用是让本地客户机连接一个远程 FTP 服务器，查看 FTP 文件服务器的目录结构和文件，找到需要的文件，然后把文件从远程 FTP 服务器中复制到本地计算机；或

者把本地计算机的文件发送到远程 FTP 服务器中。

FTP 文件传输采用"客户机/服务器"工作模式，本地计算机中安装 FTP 客户程序，例如 Flashfxp、LeapFTP、WS-FTP 和 CuteFTP 等；远程计算机安装 FTP 服务器程序。

用户在本机中执行客户端应用程序，输入连接远程 FTP 服务器的 URL 地址，从而建立本地的客户机与远程 FTP 服务器的连接。

在 Internet 中，有两大类 FTP 服务器。一类为匿名服务器，向公众提供文件资源服务。用户不需注册就可以登录匿名 FTP 服务器，匿名 FTP 服务器一般以 anonymous 作为用户名，以用户用的 E-mail 地址作为密码。另一类为非匿名服务器，它要求用户在登录时提供用户名与密码，否则就无法使用 FTP 服务器所提供的服务。非匿名服务器一般供内部使用。

一旦本地计算机与 FTP 服务器建立连接。用户可以像使用"资源管理器"一样，查看远程服务器中的文件目录和文件，下载或上传文件。

【任务 7-3】使用 FTP 下载资料

将 Internet Explorer 作为 FTP 客户端程序，在地址栏输入 FTP 服务器的 URL 地址，查找并下载资料。具体要求如下：

（1）启动 Internet Explorer。

（2）使用"百度"搜索全国大学匿名 FTP 服务器地址。

（3）在 Internet Explorer 窗口的地址栏输入北京大学 FTP 服务器的 URL 地址，将本机与北京大学 FTP 服务器连接。

（4）在北京大学 FTP 服务器中，搜索有关"电子书 pdf 格式的阅读软件"的程序 AdbeRdr11000_zh_CN.exe，并将搜索到的程序文件下载到本机的 G 磁盘的"工具软件"文件夹中。

任务分析

若要使用文件传输（FTP）下载资料，本地计算机要安装并运行 FTP 客户程序，例如 Flashfxp 或 CuteFTP 等。由于 IE 浏览器支持图形窗口方式的 FTP，用户可以在 IE 的地址栏中直接输入 FTP 服务器的 URL 地址。

在浩瀚的 Internet 中，分布着为数众多的 FTP 服务器。用户如何知道某个 FTP 服务器的 URL 地址？为此，用户可以先利用搜索引擎 Google 或"百度"，搜索匿名 FTP 服务器的 URL 地址，然后通过 IE 浏览器登录匿名 FTP 服务器。

使用 FTP 查找并下载资料文件的流程如下：启动 Internet Explorer→使用 Google 或"百度"搜索匿名 FTP 服务器的 URL 地址→在 IE 的地址栏中输入 FTP 服务器的 URL 地址→登录 FTP 服务器→查找所需的文件→下载文件到本机。

任务实现

1. 搜索 FTP 服务器的 URL 地址

（1）启动 Internet Explorer。

（2）启动"百度"搜索引擎，输入搜索的关键字"全国大学匿名 ftp 服务器地址"，然后单击【百度一下】按钮，浏览窗口中即显示包含该关键字信息的所有链接和简要介绍，如图 7-29 所示。

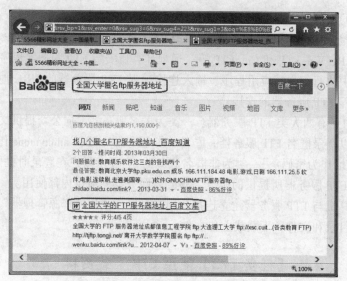

图 7-29 "百度"搜索引擎

（3）单击"全国大学的 FTP 服务器地址_百度文库"超链接，即转到"全国大学的 FTP 服务器地址"页面，其中有北京大学 FTP 服务器的 URL 地址，如图 7-30 所示。

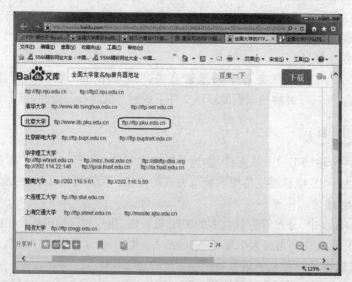

图 7-30 "全国大学的 FTP 服务器地址"页面

2. 使用 IE 连接 FTP 服务器下载文件

（1）在 IE 的地址栏输入北京大学 FTP 服务器的 URL 地址 ftp://ftp.pku.edu.cn，然后按【Enter】键，浏览器窗口显示北京大学 FTP 服务器的根目录，如图 7-31 所示。

（2）单击工具栏中的"页面"按钮，在弹出的下拉菜单中，选择"在文件资源管理器中打开 FTP 站点"命令，浏览器窗口就切换成"资源管理器"窗口的形式，如图 7-32 所示。

（3）双击文件夹 pub→Adobe，在 Adobe 文件夹中找到所需的文件 AdbeRdr11000_zh_CN.exe，如图 7-33 所示。

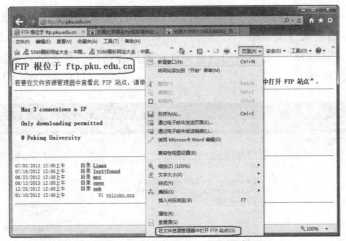

图 7-31　北京大学 FTP 服务器窗口

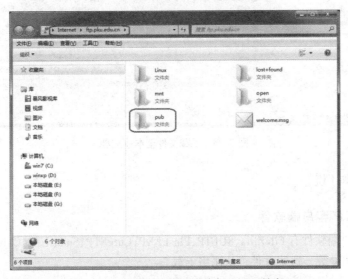

图 7-32　在文件资源管理器中打开 FTP 站点

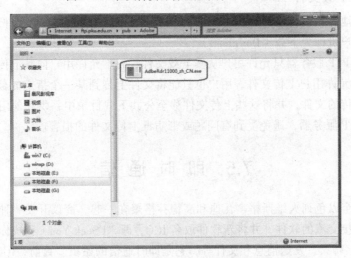

图 7-33　选择 Adobe 文件夹中的文件

（4）右击 AdbeRdr11000_zh_CN.exe 文件，在弹出的快捷菜单中选择"复制"命令。

（5）在窗口左边的文件夹窗格中，选择用于存储下载文件的目标文件夹"计算机"→"本地磁盘(G:)"→"工具软件"，右击右边当前文件夹的内容窗格，在弹出的快捷菜单中选择"粘贴"命令，如图 7-34 所示。

图 7-34　下载文件至本地磁盘

1．常用 FTP 客户端软件

常用 FTP 客户端软件有 FileZilla、8UFTP、FlashFXP、CuteFTP、SmartFTP、Chineseftp、LeapFTP、Fresh FTP、FileZilla 等，这些软件可从网络下载。

2．上传与下载文件

把文件从本地客户机传输到远程 FTP 服务器称为上传（Upload），把文件从远程 FTP 服务器传输到本地客户机称为下载（Download）。

大多数匿名 FTP 服务器只允许用户从其下载文件，而不允许用户向其上传文件。即使有些匿名 FTP 服务器允许用户上传文件，用户也只能将文件上传到某一个指定的目录中。随后，系统管理员检查上传的文件，并将这些上传文件移至公共下载目录中，供其他用户下载。这种机制是为了保护 FTP 服务器，避免受到有问题或带病毒上传文件的损害。

7.5　即　时　通　信

1996 年，3 个以色列人维斯格、瓦迪和高德芬格聚在一起，商议开发一种让人与人在互联网上能够快速直接交流的软件，并将新软件取名 ICQ，即"I Seek You（我找你）"的意思。ICQ 支持在 Internet 上聊天、发送消息和文件等，它是即时通信的始祖。目前，ICQ 用户有 1 亿多，主要市场在美洲和欧洲，是世界上最大的即时通信系统。

即时通信（Instant messaging，IM）是一个终端服务，允许两人或多人使用网络即时传递文字、文档、语音与视频。即时通络不同于 E-mail，它的通络模式是即时互动的，更像用电话交谈。

即时通络按载体可分为手机即时通络和 PC 即时通络。常见的即时通络软件有：QQ、Skype 和"微信"等，它们各有特点。

1．QQ

腾讯 QQ 是国内用户最多的即时通信软件。腾讯 QQ 支持在线文字聊天、语音聊天以及视频聊天，还具有点对点断点续传、共享文件、网络硬盘、远程控制、QQ 邮箱、离线传送文件等多种功能，并可与移动通信终端等多种通信方式相连。

腾讯 QQ 界面设计合理、美观，易用性好，功能强大，系统运行稳定，赢得众多用户的青睐。据报道，目前 QQ 注册用户超过 5 亿，已经覆盖 PC、Mac、Android、iPhone 等主流平台。

2．Skype

Skype 是一款即时通信软件，它具备 IM 应有的功能，比如视频聊天、多人语音会议、多人聊天、传送文件、文字聊天等功能。Skype 允许免费与其他用户语音对话，也可以拨打国内、国际电话，无论固定电话、手机均可直接拨打，并且可以实现呼叫转移、短信发送等功能。

Skype 是全球免费的即时通信软件，注册用户超过 6.63 亿，同时在线超过 3 000 万。根据 TeleGeography 研究数据显示，2010 年 Skype 通话时长已占全球国际通话总时长的 25%。Skype 用户免费通话时长和计费时长累计已经超过了 2 500 亿分钟。37%的 Skype 用户用其作为商业用途，超过 15%的 iPhone 和 iPod touch 用户安装了 Skype。

2013 年 3 月，微软在全球范围内关闭了即时通信软件 MSN，以 Skype 取而代之。只需下载 Skype，就能使用已有的 Messenger 用户名登录，原有的 MSN 联系人也不会丢失。

3．微信

"微信"是腾讯公司于 2011 年 1 月 21 日推出的一款智能终端即时通信的免费应用程序。"微信"支持跨越通信运营商和操作系统平台发送文字、图片、语音和视频。

"微信"提供公众平台、朋友圈、消息推送等功能，用户可以通过"摇一摇""搜索号码""附近的人""扫二维码"等方式添加好友和关注公众平台。"微信"可将个人信息分享给好友，还可以将看到的精彩信息分享给朋友圈。

截至 2013 年 11 月，"微信"注册用户已经突破 6 亿，成为亚洲地区最大用户群体的移动即时通信软件。

在 Wi-Fi 环境中，微信优先通过无线网络连接互联网，通信是免费的；也可以通过 2G/3G/4G 网络通信，此时需消耗用户的流量。

【任务 7-4】使用 QQ 在线即时通信

林某家中台式 PC 通过电信公司的 10 Mbit/s 光纤网接入 Internet，在日常生活和办公业务中，使用 QQ 进行在线通信。具体要求如下：

（1）下载并安装腾讯 QQ 软件。

（2）申请 QQ 账号。

（3）登录 QQ 并查找 QQ 账号 358862938 的网友，并将其添加为好友，然后与好友聊天。

（4）查找账号为 11550561 的 QQ 群，并请求加入群，浏览群成员发布的消息。

（5）传送文件。

 **任 务 分 析**

若要使用 QQ 在线交流，首先要下载并安装 QQ 程序，并申请一个 QQ 账号，然后登录 QQ，进行在线交流。

QQ 为用户提供了私密信息和公开信息的两种沟通渠道，其使用方法如图 7-35 所示。用户若要与他人对话，首先要查找在线的网友，将查找到的某网友添加为好友，得到对方允许后，双方才可以一对一私下聊天。同样，用户申请加入某个群，得到允许后，才可以一对多聊天。

使用 QQ 进行在线通信的流程如下：下载腾讯 QQ 程序→安装腾讯 QQ 程序→申请 QQ 账号→登录 QQ→搜索并添加好友→在线交流→传送文件。

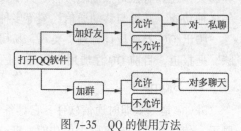

图 7-35　QQ 的使用方法

 **任 务 实 现**

1. 下载并安装腾讯 QQ 程序

（1）启动 Internet Explorer。

（2）在 IE 地址栏输入 http://im.qq.com，然后按【Enter】键，登录"PCQQ 官方网站"，如图 7-36 所示。

图 7-36　PCQQ 官方网站

（3）单击"QQ6.5"链接，打开"QQ6.5下载页面"，如图7-37所示。

图7-37　QQ6.5下载页面

（4）单击"立即下载"链接，页面底部打开"询问运行或保存QQ6.5.exe"对话框，如图7-38所示。

图7-38　"询问运行或保存QQ6.5.exe"对话框

（5）单击"保存"按钮，页面底部打开"QQ6.5.exe下载已完成"对话框，如图7-39所示。

图7-39　"QQ6.5.exe下载已完成"对话框

（6）单击"打开文件夹"按钮，打开"admin▶下载"窗口。在文件夹内容窗格显示QQ6.5.exe程序，如图7-40所示。

图7-40　"admin▶下载"窗口

（7）双击 QQ6.5.exe 程序，打开"立即安装"对话框，选中"阅读并同意软件许可协议和青少年上网安全指导"复选框，如图 7-41 所示。

（8）单击"立即安装"按钮，即开始安装 QQ 程序。安装即将完成时，打开"完成安装"对话框，询问是否安装腾讯其他程序等，如图 7-42 所示。

图 7-41 "立即安装"对话框　　　　　图 7-42 "完成安装"对话框

（9）根据需要，选择安装或不安装腾讯其他程序（建议不安装），然后单击"完成安装"按钮。

2. 申请 QQ 账号

（1）登录腾讯"PCQQ 官方网站"，如图 7-36 所示。

（2）单击"注册 QQ 账号"超链接，打开"QQ 注册"窗口。输入注册的要求资料，如图 7-43 所示。注意：记住 QQ 注册时的密码，此密码即用户之后登录 QQ 所要用的密码。

图 7-43 "QQ 注册"窗口

（3）单击"立即注册"按钮，稍等片刻，打开"QQ 注册 – 账号申请成功"窗口，如图 7-44 所示。

图 7-44 "QQ 注册 – 账号申请成功"窗口

3．登录 QQ 查找网友，并将其添加为好友

（1）登录 QQ

① 在"开始"菜单中选择"腾讯 QQ"命令，或双击桌面上的"腾讯 QQ"快捷图标，打开"QQ 登录"对话框，输入账号和密码，如图 7-45 所示。

② 单击"登录"按钮，弹出 QQ 面板，如图 7-46 所示。

图 7-45 "QQ 登录"对话框

图 7-46 QQ 面板

（2）查找并请求添加好友

① 单击 QQ 面板右下方的"查找"按钮，打开"查找"对话框，选择"找人"选项卡。此时，从在线 QQ 朋友显示列表框中，可选择其中一个添加好友。

按照任务要求，在关键词文本框中，输入要查找的 QQ 账号 358862938，并设置查找的限制条件，以缩小查找范围，如图 7-47 所示。

② 单击"查找"按钮，查找到指定 QQ 号的一个目标，如图 7-48 所示。

③ 单击查找到网友的 +好友 按钮，弹出"添加好友（验证信息）"对话框，输入验证信息，如图 7-49 所示。

④ 单击"下一步"按钮，弹出"添加好友（分组）"对话框，将其归入"我的好友"分组，如图 7-50 所示。

图 7-47 "查找"对话框

图 7-48 "查找（结果）"对话框

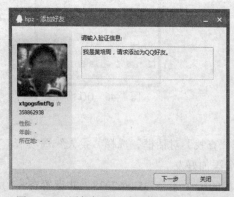

图 7-49 "添加好友（验证信息）"对话框

图 7-50 "添加好友（分组）"对话框

⑤ 单击"下一步"按钮，打开"添加好友（请求发送成功）"对话框，如图 7-51 所示，然后单击"完成"按钮。

待对方同意后，成为 QQ 好友，其名字就显示在 QQ 面板中。

（3）添加好友

① 若网友请求添加好友，则在 QQ 面板中显示为请求"验证消息"，如图 7-52 所示。双击，打开"验证消息"对话框"好友验证"选项卡，如图 7-53 所示。

图 7-51　"添加好友（请求发送成功）"对话框

图 7-52　QQ 面板（请求验证消息）

②单击"同意"按钮，将其添加为好友。

4. 在线聊天

（1）在 QQ 面板中，双击某个好友的图标，打开 QQ 聊天窗口。

（2）聊天窗口下方为"输入"窗格中，输入文字，然后单击"发送"按钮。双方交流的信息皆显示于窗口上方"聊天记录"窗格中，如图 7-54 所示。

图 7-53　"验证消息"对话框"好友验证"选项卡

图 7-54　QQ 聊天窗口

5. 加入 QQ 群

QQ 群是腾讯公司推出的多人聊天在线服务，群主在创建群之后，可以邀请网友加入到群里聊天。若用户申请加入群，需得到群主的同意。在群内除了聊天，还可以使用群空间、相册、共享文件等多种方式进行交流。

（1）查找群并请求加入

① 单击 QQ 面板右下方的"查找"按钮，打开"查找"对话框，选择"找群"选项卡。在内容列表框中，显示各类 QQ 群，可在其中选择一个感兴趣的群，申请加入。

按照任务要求，在关键词文本框中输入要查找的 QQ 群号 11550561，如图 7-55 所示。

② 单击"查找"按钮，查找到一个目标"信息管理工程系"，如图 7-56 所示。

图 7-55 "查找"对话框

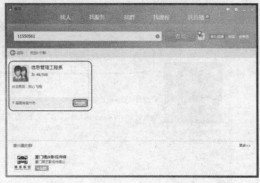

图 7-56 "查找（结果）"对话框

③ 单击"信息管理工程系"群的"加群"按钮，群主同意后，即成为群的一员，群的图标显示在 QQ 面板中。

（2）QQ 群聊天

在 QQ 面板中，双击群图标"信息管理工程系"，打开 QQ 群聊天窗口。在窗口上方窗格中，可浏览群成员发布的消息。在窗口下方窗格中，可输入文本，向群发送信息，如图 7-57 所示。

6. 传送文件

（1）在 QQ 面板中，双击收件好友的图标，打开与该好友的 QQ 聊天窗口。

（2）单击工具栏中的"传送文件"按钮，弹出下拉菜单，如图 7-58 所示。

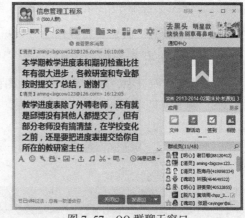

图 7-57 QQ 群聊天窗口

（3）选择"发送文件/文件夹"命令，打开"选择文件/文件夹"对话框，选定要发送的文件，如图 7-59 所示。

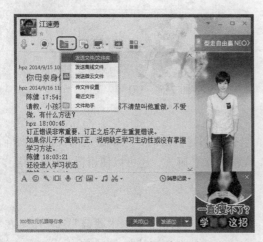

图 7-58 QQ 聊天窗口

图 7-59 "选择文件/文件夹"对话框

246

（4）单击"发送"按钮，QQ 聊天窗口如图 7-60 所示，表示此时好友不在线上。

（5）单击"转离线发送"按钮，QQ 聊天窗口如图 7-61 所示。

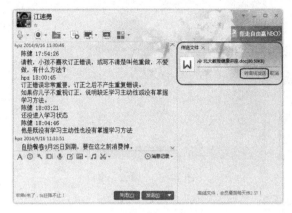

图 7-60　QQ 聊天窗口（转离线发送）

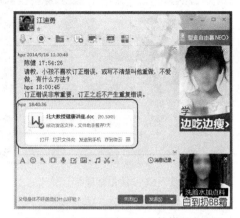

图 7-61　QQ 聊天窗口（文件传送成功）

 拓 展 知 识

1. 使用 QQ 传送文件的便捷方法

使用 QQ 传送文件还有如下 2 种便捷方法：

（1）鼠标拖动法

① 在 QQ 面板中，双击收件好友的图标，打开与该好友 QQ 聊天窗口。

② 打开"计算机"窗口，选择要传送的文件，用鼠标左键将选中文件拖放至聊天窗口的"输入"窗格或"聊天记录"窗格。

（2）使用命令法

① 在 QQ 面板中，双击收件好友的图标，打开与该好友 QQ 聊天窗口。

② 打开"计算机"窗口，右击要传送的文件，在弹出的快捷菜单中，选择"复制"命令。

③ 右击聊天窗口的"输入"窗格或"聊天记录"窗格，在弹出的快捷菜单中，选择"粘贴"命令。

2. 使用 QQ 传送大文件

（1）将大文件上传到微云

① 单击 QQ 面板右下角"打开应用管理器"按钮 ，打开"应用管理器"窗口，如图 7-62 所示。

② 单击"微云"图标，打开"微云"窗口，如图 7-63 所示。

③ 单击"上传"按钮，打开"打开"对话框，选择要上传的文件，如图 7-64 所示。

④ 单击"打开"按钮，打开"上传文件"对话框，如图 7-65 所示。

⑤ 单击"开始上传"按钮，所选定的文件就上传到微云。

（2）发送微云文件

① 在 QQ 面板中，双击收件好友的图标，打开与该好友的 QQ 聊天窗口。

② 单击工具栏中的"传送文件"按钮，弹出下拉菜单，选择"发送微云文件"命令，打开"选择微云文件"对话框，选定要发送的文件，如图 7-66 所示。

图 7-62 "应用管理器"窗口

图 7-63 "微云"窗口

图 7-64 "打开"对话框

图 7-65 "选择文件/文件夹"对话框

③ 单击"确定"按钮，大文件很快发送完毕，QQ 聊天窗口如图 7-67 所示。

图 7-66 QQ 聊天窗口

图 7-67 QQ 聊天窗口（大文件传送成功）

3. 使用 QQ 传送图片

（1）在 QQ 面板中，双击某个好友的图标，打开 QQ 聊天窗口。

（2）单击在 QQ 聊天窗口"输入"窗格上的"发送图片"按钮，打开"打开图片"对话框，选择要发送的图片，如图 7-68 所示。

（3）单击"打开"按钮，要发送的图片显示于 QQ 聊天窗口的"输入"窗格中，如图 7-69 所示。

图 7-68 "打开图片"对话框

图 7-69 QQ 聊天窗口的"输入"窗格

（4）单击"发送"按钮，图片即发送给 QQ 好友。

【任务 7-5】使用微信移动即时通信

QQ 与微信都是即时通信软件，二者都有 PC 版和手机版。QQ 是为 PC 打造的软件，而微信是为智能手机打造的软件。因此，微信更能够体现"移动"即时通信的特点。

前不久，林律师购买一部"华为荣耀 3X pro"智能手机，这款手机 CPU 为八核，2GB 内存，存储容量 16 GB；主屏 5.5 英寸，分辨率为 1 920×1 080 像素，后置摄像头 1 300 万像素，前置摄像头 500 万像素；可拆卸式电池容量为 3 000 mAh；安装 Android 4.2.2 操作系统。在日常办公业务中，林律师将这款手机用于移动即时通信。具体做法如下：

（1）下载并安装腾讯微信软件。

（2）注册并登录微信。

（3）添加微信好友。

（4）发送短信。

（5）发送图片。

（6）语音聊天。

（7）视频聊天。

（8）转发信息。

 任 务 分 析

若要使用微信即时通信，首先要下载并安装微信程序，接着注册并登录微信，然后进行即时通信。

使用手机微信进行即时通信的流程如下：下载并安装腾讯微信程序→注册并登录微信→添加微信好友→发送短信→发送图片→发送视频→视频聊天→转发信息……

 任 务 实 现

1. 下载并安装腾讯手机微信程序

（1）打开"华为荣耀 3X pro"手机的电源，手机面板如图 7-70 所示。

（2）单击"华为应用市场"图标，切换到"华为应用市场"界面。在搜索栏中输入"微信"，单击右上角的搜索按钮 $\mathbb{Q}$ ，搜索结果列表如图 7-71 所示。

图 7-70　"华为"手机面板

图 7-71　"华为应用市场"搜索结果

（3）在搜索结果列表中，选择"微信"，单击"下载"按钮，下载完毕后单击"打开"按钮，即可安装"微信"程序。

2. 微信注册与登录

与所有的即时聊天软件一样，微信也需要注册与登录。相对于其他即时聊天软件，微信的注册和登录更加方便。

（1）微信注册

如果用户拥有 QQ 账号，就可以不需要注册而直接使用 QQ 账号登录微信。

如果用户不想使用 QQ 账号登录，可以用手机号码进行快捷注册。只要选择好所在的国家，填写手机号码与登录密码即可，如图 7-72 所示。

（2）微信登录

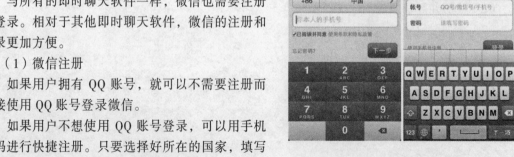

图 7-72　"微信注册"窗口

注册成功之后，用户就将拥有一个微信账号，之后用户除了使用 QQ 账号、手机号码登录之外，还可以使用微信账号登录。

3．添加微信好友

（1）添加 QQ 好友

① 在手机面板上单击"微信"，切换到"微信"界面。单击屏幕底部"通信录"，然后单击右上角的"＋"号，弹出下拉菜单，如图 7-73 所示。

② 在下拉菜单中选择"添加好友"，切换到"添加好友"界面，如图 7-74 所示。

图 7-73　"通信录"界面

图 7-74　"添加好友"界面

③ 在"添加好友"界面中，单击"添加 QQ 好友"，切换到"绑定 QQ 号"界面，如图 7-75 所示。

④ 单击"开始绑定"按钮，绑定完毕，弹出提示框，显示"已绑定"。单击"完成"按钮，切换到"验证 QQ 号"界面。输入用户自己的 QQ 号和密码，如图 7-76 所示。

图 7-75　"绑定 QQ 号"界面

图 7-76　"验证 QQ 号"界面

⑤ 单击右上角"完成"按钮，切换到"查看QQ好友"界面，如图7-77所示。

⑥ 单击"我的好友"，屏幕显示我的QQ好友，如图7-78所示。其中，显示"添加"是对方已经开通了微信，显示"邀请"是对方未开通，邀请其开通微信。

图7-77 "查看QQ好友"界面

图7-78 显示我的QQ好友

⑦ 选定其中一个QQ好友，单击其右侧"添加"按钮，切换到"好友详细资料"界面，如图7-79所示。

⑧ 单击"添加到通信录"，切换到"发送验证申请"界面，如图7-80所示。

⑨ 单击右上角的"发送"按钮，将邀请发送给对方，等待对方确认。

（2）添加手机联系人

① 在图7-74所示"添加好友"界面中，单击"添加手机联系人"，切换到"查找手机通信录"界面，屏幕显示手机中的通信录名单，如图7-81所示。

图7-79 "添加到通信录"界面

图7-80 "发送验证申请"界面

② 选定其中一个姓名，单击其右侧的"添加"按钮，切换到"好友详细资料"界面，如图 7-82 所示。

图 7-81　"查找手机通信录"界面　　　　　图 7-82　"添加手机好友"界面

③ 单击"添加到通信录"，切换到"发送验证申请"界面（见图 7-80）。

④ 单击右上角的"发送"按钮，将邀请发送给对方，等待对方确认。

4．发送短信

（1）对方确认后，姓名就显示在微信窗口的好友列表中，单击该好友图标，即打开与之微信聊天窗口。

（2）输入一段文字，如图 7-83 所示。单击"发送"按钮，短信即发送微信好友。

5．发送图片

（1）在微信窗口的好友列表中，单击某好友图标，打开与该好友的微信聊天窗口。

（2）单击输入栏右侧的"＋"号按钮，在其下方弹出输入方式列表，如图 7-84 所示。

图 7-83　QQ 聊天窗口　　　　　　　　图 7-84　输入方式列表

（3）在输入方式列表中，单击"图片"，即显示图片列表。单击要发送的图片的复选框，使其显示钩号，如图7-85所示。

（4）单击屏幕右上角的"发送"按钮，所选择的图片即发送给微信好友。

6. 发送语音

（1）在微信窗口的好友列表中，单击某好友图标，即打开与其微信聊天窗口。

（2）按住屏幕底部"按住说话"按钮不放，开始录音说话。松开按钮，录音结束，并发送到对方手机，如图7-86所示。

图7-85　图片列表

图7-86　QQ聊天窗口

7. 发送视频

（1）在微信窗口的好友列表中，单击某好友图标，打开与该好友的微信聊天窗口。

（2）单击输入栏右侧的"+"号按钮（见图7-84），在其下方弹出输入方式列表。

（3）在输入方式列表中，单击"视频"，屏幕左上角显示"拍摄视频"图标，如图7-87所示。

（4）单击"拍摄视频"图标，然后将手机镜头对准拍摄的人或物，单击屏幕底部的红色按钮，开始拍摄视频，如图7-88所示。

图7-87　"拍摄视频"图标

图7-88　拍摄视频

办公自动化任务驱动教程

（5）单击屏幕右上角的"发送"按钮，所拍摄的视频即发送给
微信好友。

8．视频聊天

（1）向好友发出视频聊天邀请

① 在微信窗口的好友列表中，单击某好友图标，打开与该好
友微信聊天窗口。

② 单击输入栏右端的"＋"号按钮（见图7-84），在其下方弹
出输入方式列表。

③ 在输入方式列表中，单击"视频聊天"，即向好友发出视频
聊天的邀请，如图 7-89 所示。若单击"切到语音聊天"按钮，则
切换到语音聊天。

（2）接受好友的视频聊天邀请

① 当好友发来视频聊天邀请时，手机铃声响起，邀请视频聊
天的屏幕如图7-90所示。

② 单击"接听"按钮，双方即可进行视频聊天。对方的人像
显示在手机的主屏幕中，而自己的人像显示在屏幕右上角的小方框中，如图7-91所示。

图 7-89　邀请视频聊天

9．转发信息

在微信的朋友圈中，有的微信朋友发来的图片或文字很有意义，欲将其转发给其他微信朋
友。操作方法如下：

（1）在微信窗口的好友列表中，单击某好友的图标，即打开与其微信聊天窗口。选择其中
一条有意义的信息，如图7-92所示。

（2）单击该信息，将其展开。单击屏幕右上角的操作按钮▇，弹出操作下拉菜单，如图7-93所示。

图 7-90　邀请视频聊天

图 7-91　微信视频聊天窗口

图 7-92　选择一条信息

图 7-93　操作菜单

（3）在操作菜单中，选择"发送给朋友"，切换到"选择朋友"界面，如图 7-94 所示。

（4）在朋友列表中，单击要发送给的朋友，打开"确认发送"对话框，如图 7-95 所示。

（5）单击"发送"按钮，所选择的信息即转发送给微信朋友。

图 7-94　"选择朋友"界面

图 7-95　"确认发送"对话框

1.　快速查看未读消息

如果用户有很多未及时查看的消息，双击屏幕底部任务栏中的"微信"按钮（见图 7-96），就能快速定位到未读的消息。

图 7-96　屏幕底部任务栏

2．删除信息

如果要删除某一朋友的某项信息，操作方法如下：

（1）在微信窗口的好友列表中，单击某好友的图标，即打开与其微信聊天窗口。在要删除的信息上长按，弹出操作对话框，如图 7-97 所示。

（2）点击对话框中的"更多"，要删除的信息的右侧显示有钩号的复选框，如图 7-98 所示。

图 7-97　操作对话框

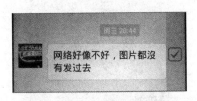

图 7-98　操作菜单

（3）单击屏幕底部废纸篓图标 ，打开"确认删除"对话框，如图 7-99 所示。

（4）单击"删除"按钮，即可删除所选择的信息。

3．语音录入文字

（1）在微信窗口的好友列表中，单击该好友图标，即打开与其微信聊天窗口。

图 7-99　"确认删除"对话框

（2）单击输入栏右侧的"＋"号按钮（见图 7-84），在其下方弹出输入方式列表。

（3）在输入方式列表中，单击"语音输入"按钮，屏幕中央显示"麦克风"图标，对着"麦克风"说话，所说的话就转换成文字显示于输入栏，如图 7-100 所示。

4．手机截屏

目前，多数手机安装安卓系统，截屏常用的方法有如下 2 种：

方法一：进入要截图的界面，同时长按（约 3 s）"音量下键"和"电源键"，听到"咔嚓"一声，截屏成功。

方法二：进入要截图的界面，下拉屏幕顶部任务栏，弹出下拉菜单；单击下拉菜单中的"∨"按钮，展开下拉菜单，如图 7-101 所示。单击下拉菜单中的"截屏"按钮，听到"咔嚓"一声，截屏成功。

5．微信消耗的流量

（1）语音流量：0.9~1.2 KB/s，30 MB 流量可收发约 1 000 条语音。

（2）文字流量：1 MB 可发约 1 000 条文字消息。

（3）图片流量：根据原图压缩至 20~200 KB/张。

（4）上传通信录：2 KB/100 人。

（5）微信在后台运行一个月消耗约 1.7 MB 流量。

图 7-100　语音输入　　　　　　　　　　　图 7-101　任务栏菜单

6．微信添加好友的几种方式

（1）查看 QQ 好友

QQ 号注册或绑定了 QQ 号的微信账号，查看哪些 QQ 好友开通了微信，可邀请对方加入微信好友。

（2）查看手机通信录

绑定手机号的微信账号，查看手机通信录上有哪些好友开通了微信，可邀请对方加入微信好友。

（3）通过扫描二维码来添加微信好友

手机登录微信后，单击屏幕底部的"发现"，接着单击"扫一扫"，将摄像头对准二维码图片约 2～3 s，即可识别并加载对方微信的基本资料，然后向对方发出加为好友的邀请。

（4）查看附近的人

手机登录微信后，单击屏幕底部的"发现"，接着单击"附近的人"，则通过 GPS 定位查找并添加好友。

（5）摇一摇

手机登录微信后，单击屏幕底部的"发现"，接着单击"摇一摇"，则查找同时在使用该功能的网友，并可请求添加对方好友。

（6）漂流瓶

通过收/发漂流瓶结交好友。

7．微信电话本

2014 年 11 月 11 日，腾讯公司推出"微信电话本"。它是一款高效智能的通信增强软件，支持网络条件下的免费通话，在对方无法接通的情况下将音频转向语音信箱；支持通知类短信自动归档、垃圾短信拦截、短信收藏和加密等智能管理；还有来电归属地、黑名单、联系人自动备份和超过 5 000 万的陌生号码识别。"微信电话本"支持 Android 和 iOS 系统。

双方都手机安装"微信电话本"并在无线 Wi-Fi 环境下使用，通话是免费的；而在 2G/3G/4G 网络通话，则需消耗用户的流量。"微信电话本"通话每分钟产生大约 300 KB 流量，根据不同运营商的计费价格，折合每分钟 5 分到 1 角五分，比运营商提供的语音服务便宜些。

课后习题 7

一、选择题

1. 信息在网络中传输时，通常将其分割成一定长度的数据包来传送，这种交换方式称为（　　）。

    A. 电路交换　　　　　B. 分组交换　　　　C. 虚电路交换　　　　D. 网络交换

2. IP 地址是由 4 个字节的二进制数组成，第一个字节表示网络类型，下面（　　）IP 地址是属于 B 类地址。

    A. 61.85.100.138　　　　　　　　B. 168.45.10.1

    C. 192.168.0.1　　　　　　　　　D. 202.101.95.98

3. 连在 Internet 中的每台主机都有一个唯一的（　　）。

    A. E-mail　　　　　　B. 域名　　　　　　C. TCP/IP　　　　　D. IP 地址

4. IP 是 TCP/IP 体系中的（　　）协议。

    A. 网络接口层　　　　B. 网络层　　　　　C. 传输层　　　　　D. 应用层

5. 在 Internet 的 TCP/IP 协议簇中，（　　）协议负责数据的可靠传输。

    A. IP　　　　　　　　B. TCP　　　　　　C. Telnet　　　　　D. FTP

6. 下面关于域名系统的说法，错误的是（　　）。

    A. 主机域名是唯一的

    B. 域名服务器 DNS 用于实现域名地址与 IP 地址的转换

    C. 主机 IP 地址是唯一的

    D. 域名系统的结构是层次型的

7. Internet Explorer 是（　　）。

    A. 拨号软件　　　　　　　　　　B. Web 浏览器

    C. 即时通信软件　　　　　　　　D. Web 页编辑器

8. 万维网所使用的协议是（　　）。

    A. WWW　　　　　　B. MIME　　　　　C. HTML　　　　　D. HTTP

9. Internet 使用的协议是（　　）。

    A. CSMA/CD　　　　B. TCP/IP　　　　　C. X.25/X.75　　　　D. Token Ring

10. 若主机域名为 public.fz.fj.cn，则其中主机名为（　　）。

    A. public　　　　　　B. fz　　　　　　　C. fj　　　　　　　D. cn

11. Internet 上主机的 IP 地址和主机的域名的关系是（　　）。

    A. 两者完全是一码事　　　　　　B. 两者必须一一对应

    C. 一个 IP 地址可对应多个域名　　D. 一个域名可对应多个 IP 地址

12. 代表中国的顶级域名是（　　　）。
    A. fr　　　　　　　　B. cn　　　　　　　　C. jp　　　　　　　　D. uk
13. IP 地址用 4 组十进制整数表示，下面 IP 地址中正确的是（　　　）。
    A. 192.211.23.4　　　　　　　　　　　B. 120,1,3,45
    C. 172.3.56　　　　　　　　　　　　　D. 276.6.124.5
14. 通过拨号上网，必须拥有特定的服务商，这些服务商的英文缩写是（　　　）。
    A. ISP　　　　　　　B. IDP　　　　　　　C. ISB　　　　　　　D. USB
15. WWW 中引进了超文本的概念，超文本是指（　　　）。
    A. 包含多种语种的文本　　　　　　　B. 包含多种颜色的文本
    C. 包含多种图像的文本　　　　　　　D. 包含多种链接的文本
16. E-mail 地址的通用格式是（　　　）。
    A. 主机域名@用户名　　　　　　　　B. 用户名@主机域名
    C. 用户名#主机域名　　　　　　　　D. 主机域名#用户名
17. 如果电子邮件到达时，接收方的计算机没有开机，那么电子邮件将（　　　）。
    A. 返回发信人　　　　　　　　　　　B. 保存在 ISP 的服务器中
    C. 对方开机后自动收到　　　　　　　D. 丢失
18. 个人用户的电子邮件信箱是（　　　）。
    A. 通过邮局申请的个人信箱　　　　　B. 邮件服务器硬盘上的一块区域
    C. 邮件服务器内存中的一块区域　　　D. 用户计算机硬盘上的一块区域
19. 在 Internet 中，利用 FTP（　　　）。
    A. 只能传输文本文件　　　　　　　　B. 只能传输二进制格式的文本文件
    C. 可以传输任何类型的文件　　　　　D. 只能传输直接从键盘输入的数据
20. 有关 FTP 的描述语句，正确是的（　　　）。
    A. 可以采用匿名的方式访问 FTP 服务
    B. 不能用浏览器访问 FTP 服务，只能用 FTP 工具软件进行访问 FTP 服务
    C. 可以通过 FTP 下载软件，但不能用 FTP 下载图像
    D. 必须具有 FTP 用户账号才能从 FTP 服务器下载文件
21. FTP 是 Internet 中（　　　）。
    A. 发送电子邮件的软件　　　　　　　B. 浏览网页的工具
    C. 用来传送文件的一种服务　　　　　D. 一种聊天工具
22. 常见的即时通信软件不包括（　　　）。
    A. 微信　　　　　　　B. Skype　　　　　　C. facebook　　　　　D. QQ
23. 以下关于 QQ 和微信的叙述，错误的是（　　　）。
    A. 手机微信可以发送图片与文字　　　B. QQ 支持多人语音聊天
    C. 手机微信可以发送频视　　　　　　D. 手机 QQ 不能传图片
24. 以下关于 QQ 和微信的叙述，错误的是（　　　）。
    A. 不可以用二维码登录 QQ　　　　　B. 微信没有"在线"的概念
    C. QQ 的用户人群囊括各种关系的人　D. 微信常用于熟人社交

25. 以下关于 QQ 和微信的叙述，错误的是（　　　）。
    A. 微信可以用语音交流
    B. QQ 能用 QQ 号和手机号登录
    C. 文字交流是 QQ 的主体
    D. 微信可用手机号，QQ 号，微信号，邮箱登录
26. 以下关于 QQ 和微信的叙述，错误的是（　　　）。
    A. 微信主要用于手机端　　　　　　　B. QQ 主要用于 PC 端
    C. QQ 常用来传送大文件　　　　　　D. 微信也常用来传送大文件

二、应用题

1. 在 Internet 中搜索并下载歌曲

使用"百度"搜索引擎，在 Internet 中搜索"韩红"演唱的 MP3 歌曲——"天路"，然后把它下载保存到本机的硬盘中。

2. 在 Internet 中搜索并下载程序

使用搜索引擎（搜索引擎的种类不限），在 Internet 中搜索并下载国内开发的电子邮件客户端程序 Foxmail，然后将其安装入本机。

3. 在 Internet 中申请免费邮箱

在"网易"（www.163.com）网站上申请一个免费邮箱。

4. 发送电子邮件

启动从 Internet 中下载的并安装到本机的电子邮件程序 Foxmail，将下载的 MP3 歌曲——"天路"作为电子邮件的附件，发送给友人。

5. 使用 PCQQ 在线即时通信

要求如下：
（1）下载最新版腾讯 QQ 程序。
（2）安装于自己的 PC。
（3）申请一个 QQ 账号。
（4）登录 QQ 并查找 QQ 网友，并将其添加为好友，然后与好友聊天。
（5）向 QQ 好友传送照片和 Word 文档。

6. 使用手机微信移动即时通信

要求如下：
（1）使用手机下载并安装最新版腾讯手机微信程序。
（2）注册并登录微信。
（3）添加微信好友。
（4）向微信好友发送图片和视频。
（5）与微信好友视频聊天。

办公设备篇

本篇主要介绍常用的办公输出设备、办公输入设备、办公移动存储设备和办公复印设备的使用和维护。

本篇学习的要求：了解各类办公设备的基本知识；熟悉各类常用办公设备的结构和工作原理；掌握各类常用办公设备的安装和使用方法，以及日常简单维护。

办公设备（Office Equipments）泛指与办公室相关的设备。办公设备有广义概念和狭义概念的区分。广义概念泛指所有可以用于办公室工作的设备和器具，这些设备和器具在其他领域也被广泛应用，包括电话、程控交换机、小型服务器、计算器等。

狭义概念指多用于办公室处理文件的设备，例如，台式计算机、笔记本式计算机、打印机、传真机、复印机、扫描仪等，以及碎纸机、装订机、考勤机等。

大多数办公设备为机电一体化耐用产品。因此，在办公室中常见到多种类型、多台设备同时服务于办公的现象。以下分类列举常用的办公设备。

- 处理设备：计算机、文件处理机。
- 输入设备：扫描仪、数码照相机等。
- 输出设备：针式打印机、喷墨打印机、激光打印机和绘图机等。
- 复制设备：静电复印机、数码复合机、油印机、小型胶印机、轻印刷机、重氮复印机（晒图机）等。
- 传输设备：传真机、电传机等。
- 存储设备：闪存、移动硬盘、光盘等。
- 整理设备：分页机、裁切机、装订机、打孔机、折页机、封装机等。
- 网络设备：网络适配器、路由器、交换机、调制解调器等。

随着技术进步，各类新型办公设备产品层出不穷，更新换代速度越来越快。目前，办公设备朝着彩色化、多功能化、高速化和网络化的方向发展。

- 彩色化：随着社会进步，人们对办公的视觉效果要求越来越高，单调的黑白颜色已无法满足办公需要，彩色显示器、彩色喷墨打印机、彩色激光打印机、彩色数码复合机已成为目前办公设备的主流。
- 多功能化：如果一台办公设备只具备一种功能，那么要完成办公综合任务，就要购置多台各种功能的办公设备，这将导致办公场所拥挤和设备费用增加。

随着科技的发展，集多种功能于一体的办公设备应运而生，这些一体化设备不但给用户带来便利，同时减少了设备冗余，节省办公成本。

- 高速化：如果在办公过程中产生大批量印务，那么对打印机、复印机和印刷机的速度要求显得非常重要。为了提高办公时效性，办公设备高速化成为发展的一个方向。
- 网络化：当今，办公自动化越来越依赖于网络，如果一台办公设备没有网络接口，不具备网络传输功能，它将只能被淘汰。

第 8 章　办公输出设备

输出设备是计算机系统用于输出所处理的数据的外围设备，它把经计算机处理的数据以数字、字符、图像、声音等形式表示出来。常见的输出设备有显示器、打印机、绘图仪等。显示器把字符和图形呈现于屏幕上；打印机把字符和图形打印在介质上；绘图仪主要用于输出 CAD 软件绘制的图纸。

打印机是计算机的重要输出设备。目前，常见的打印机有针式打印机、喷墨打印机和激光打印机 3 种。简单地说：针式打印机是用打印针打到色带上，将色带上的颜色印到纸上而产生图案；喷墨打印机将墨盒中的墨汁喷射到纸上而产生图案；激光打印机是通过静电在硒鼓上产生墨粉图案，然后将墨粉附到纸上。

8.1　针式打印机

针式打印机是击打式点阵打印机。20 世纪七八十年代，我国打印机市场的主流产品是针式打印机。时至今日，针式打印机仍以其耐用、耗材便宜，能够复打（打印多层压感纸）和打印厚存折的特点，在打印机市场占据一席之地。

目前，针式打印机向着专用化方向发展，使其在打印财务发票、打印银行存折、打印连续记录单据、打印条形码，以及快速跳行打印和多份复制制作等应用领域，具有其他类型打印机不可取代的地位。

8.1.1　针式打印机基本知识

1. 针式打印机的分类

针式打印机按用途一般可以分为通用针式打印机、存折针式打印机、行式针式打印机和高速针式打印机。

（1）通用针式打印机

通用针式打印机是我国早期广泛使用的汉字打印设备，打印头针数通常为 24 针，有宽行和窄行两种。其打印宽度最大为 420 mm，打印速度一般在 50 个汉字/秒（标准），分辨率一般在 180 dpi，采用色带印字，可用摩擦和拖拉两种方式走纸，既可打印单页纸张，也可打印穿孔折叠连续纸，色带和打印介质等耗材价格低廉。通用针式打印机普遍是宽幅打印机，特别适用于办公室和财务机构打印报表。

（2）存折针式打印机

存折针式打印机也叫票据针式打印机，专门用于银行、邮电和保险等服务部门的柜台业务。存折针式打印机具有以下特点：

① 平推式走纸：平推式走纸的设计减少了纸张弯曲和卡纸造成的打印偏差，纸张进退自如，可以打印较厚的打印介质。

② 自适应纸厚：存折针式打印机能够根据打印介质（存折或票据）的厚度，自动调整打印间隙和击打力度，确保打印效果清晰。

③ 自动纠偏技术：存折针式打印机能够自动调正打印介质位置，无须人工干预，使打印操作更加方便。

④ 纸张定位技术：在纸车托架上安装光电传感器来自动检测纸张的左右边界。在进纸机构处设置多个光电传感器来检测纸张的页顶位置，保证纸张相对于打印底板位置准确。

⑤ 磁条读写功能：存折针式打印机内置式磁条读写器，可读写存折上的用户姓名、卡号和金额等磁信息。

⑥ 灵活的进纸方式：票据打印机一般都具备平推和滚筒两种进纸方式。

（3）行式针式打印机

行式针式打印机是一种高档针式打印机，它能够满足银行、证券、电信、税务等行业高速批量打印业务的要求。

由于行式针式打印机的打印头和走纸控制复杂，一般采用双 CPU 方式处理打印数据。

行式针式打印机的打印头结构复杂，采用模块结构。打印针数目有 72 针、91 针、144 针和 288 针，打印针寿命在 10 亿次/针以上，出针频率高达 2 000 Hz，是通用针式打印机的十几倍。

有些行式针式打印机采用了鼓风机和排气扇双风冷机构，避免打印头过热而导致速度下降、断针和烧坏线圈等故障。

（4）高速针式打印机

高速针式打印机是介于通用针式打印机与行式针式打印机之间的产品，其主要特点是打印机速度很快，可达到 150～450 个汉字/秒。高速针式打印机采用 24 针，主要通过极高的出针频率来提高打印速度。

高速针式打印机的价格较高，但具有高打印质量和高打印速度，能承担打印重荷，在金融、邮电、交通运输及企业单位的批量专门处理打印数据领域占有重要地位。

2．针式打印机的优缺点

机针式打印机的优点：技术成熟，易于维护；耗材（色带）低廉（一条色带售价仅几元钱，可打印 200～800 万个字符），纸张适应性好（可打印单页纸或连续纸、单层纸或多层纸、信封和明信片等），且能够复打（打印多层压感纸和票据）。

机针式打印机的缺点：打印速度较慢，噪声较大，分辨率较低，打印针容易折断，不适合打印带色彩和图片的文件。

8.1.2　针式打印机的结构和工作原理

虽然各种类型的针式打印机存在很大差异，但其结构和工作原理却有很多相似之处。

1．针式打印机的结构

针式打印机是一个机电一体化系统，主要由机械结构与电路结构两部分组成。

（1）针式打印机的机械结构

针式打印机的机械结构主要由打印头、字车机构、色带机构和输纸机构四部分组成。

① 打印头：打印头是成字部件，由若干根打印针和相应数量的电磁铁组成。电磁铁吸合或释放从而驱动打印针向前击打色带，将墨点印在打印纸上。打印头通过薄膜电缆与控制电路连接。

② 字车机构：在字车步进电动机的驱动下，载有打印头的字车沿水平方向的横轴左右移动，将打印头移动到需要打印的位置。字车传动机构一般由字车步进电动机、字车底座、齿型带、初始位置传感器等组成。

③ 色带机构：色带传动机构由换向齿轮组、色带盒组成。

在换向齿轮驱动下，色带按照一定的速率单向循环运动，从而改变色带受击打的部位，保证色带均匀磨损，使打印字符颜色深浅一致，延长色带使用寿命。色带常用涂有黑色或蓝色油墨的带状尼龙制成。

④ 输纸机构：输纸机构是驱动打印纸沿纵向移动以实现换行的机构。当打印头完成一行打印后（不管字符多少），走纸机构接着完成一行或多行走纸。根据不同的输纸方式，输纸传动机构分为卷绕式输纸和平推式输纸两种方式。

输纸传动机构由输纸步进电动机、打印胶辊、输纸链轮、导纸板、压纸杆和纸尽传感器等组成。

⑤ 打印状态传感机构：不同的针式打印机其状态传感机构是不同的，一般有纸尽传感机构、原始位置传感机构和计时传感机构等。

（2）针式打印机的电路结构

针式打印机的电路结构主要由微处理器、存储器、驱动电路与传感器、电源和接口电路组成。

① 微处理器：针式打印机所有的动作和功能都是微处理器来实现。微处理器不但要对打印数据进行加工处理，还要控制机械部件的动作。通过专用的软件，实现打印机面板上功能选择，并显示打印机的工作状态

② 存储器：针式打印机中有多种类存储器件。输入数据缓冲存储器、中间数据缓冲存储器、监控程序存储器、西文和汉字字符点阵存储器。

③ 驱动电路与传感器：针式打印机包含 3 种驱动电路，即打印头驱动电路、字车步进电动机驱动电路和输纸步进电动机驱动电路。

针式打印机通常安装两种或两种以上的传感器，对打印头的初始位置、是否缺纸、打印头是否过热、打印纸的薄厚等进行检测，以保证打印的质量。

④ 电源：针式打印机均采用开关电源，将 220 V 交流电转变成打印机各部件使用的直流电压。

⑤ 接口电路：针式打印机大多采用并行接口，这是一种通用打印机专用接口，具有数据传输速率高的特点。

2．针式打印机的工作原理

针式打印机的基本工作原理：计算机送来的代码，经过打印机输入接口电路的处理后送至打印机的主控电路，在控制程序的控制下，产生字符或图形的编码，驱动打印头打印一列的点阵图形，同时字车横向运动，产生列间距或字间距，再打印下一列，逐列进行打印；一行打印完毕后，启动走纸机构进纸，产生行距，同时打印头回车换行，打印下一行；上述过程反复进行，直到打印完毕。

8.1.3 针式打印机的安装和使用

20 世纪，Epson LQ-1600K 席卷整个中国打印机市场，时间长达十几年，几乎成了打印机市场的一个文化现象。今天，Epson 公司的产品仍然占据中国针式打印机市场最大份额。

【任务 8-1】添置针式打印机

海西物流公司欲购置一台针式打印机，用于日常打印票据。

针式打印机的厂家很多，著名品牌的有 Epson、映美、实达、富士通和明基等，其中 Epson 针式打印机质量最佳，为购置的首选品牌。

由于公司购置打印机用于打印票据，故应选购存折针式打印机。

Epson LQ-630K 是目前市场占有率最高的一款针式打印机，它采用了新型的超强打印头，寿命高达 2 亿次/针，打印速度可达 150 汉字/秒和 300 字符/秒。

Epson LQ-630K 打印机拥有 1+6 联的复写能力，即使在多达 7 层的票据上打印，最后一联打印效果仍然清晰。它既可平推进纸，又可滚筒进纸，能满足各种税票打印和其他办公文件打印的需求。

Epson LQ-630K 打印机提供了 USB 接口和并口两种标准接口，适用性强，能满足不同的应用环境。

根据市场调研和分析，海西物流公司决定购置 Epson LQ-630K 针式打印机，如图 8-1 所示。

添置针式打印机的流程：市场调研→购置打印机→安装打印机硬件（连接打印机的电源线和数据线）→安装打印驱动程序→安装色带盒→装入打印纸→使用打印机打印票据。

图 8-1 Epson LQ-630K 针式打印机

1．安装打印机硬件

将打印机和计算机连接起来，称为打印机的硬件安装。方法如下：

① 选定合适的位置，摆放好打印机。

② 连接打印机的电源线。先关闭打印机的电源开关，然后连接打印机的电源线。

③ 连接数据传输线。关闭打印机和计算机的电源，将随机配备的数据传输线的一端插入到打印机的数据端口中，将另外一端插入到计算机的并行接口或 USB 接口。

2．安装色带盒

在安装色带盒之前，确认打印机电源断开。

（1）打开打印机上盖，将打印头移动到右侧，如图 8-2 所示。

（2）向前拉动压纸杆，如图 8-3 所示。

办公自动化任务驱动教程

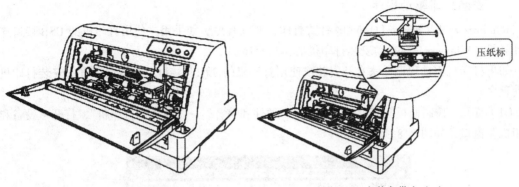

<table>
<tr><td>图 8-2　安装色带盒（1）</td><td>图 8-3　安装色带盒（2）</td></tr>
</table>

图 8-2　安装色带盒（1）　　　　　　　图 8-3　安装色带盒（2）

（3）按图 8-4 所示，向上翻开压纸杆。

（4）按图 8-5 所示，安装色带架。

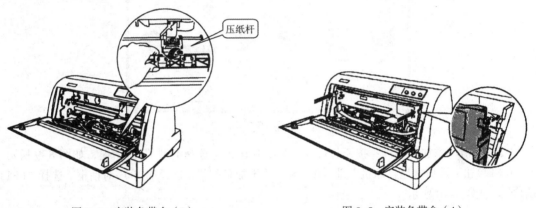

图 8-4　安装色带盒（3）　　　　　　　图 8-5　安装色带盒（4）

（5）捏住色带导轨并将两边突起部分沿打印头的插槽滑入，推动色带导轨中心直到锁定到位，如图 8-6 所示。

（6）如图 8-7 所示，旋紧色带旋钮。

（7）放回压纸杆，调整纸厚调节杆在适合位置，关闭打印机上盖，色带安装完成。

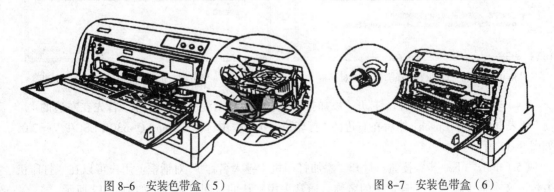

图 8-6　安装色带盒（5）　　　　　　　图 8-7　安装色带盒（6）

3. 安装打印驱动程序

Windows 7 内置 Epson LQ-630K 针式打印机驱动程序。如果用户使用打印机的 USB 接口连接计算机，Windows 7 会自动安装打印机的驱动程序。

如果打印机驱动程序无法自动安装或使用打印机的 LPT1 接口，则按以下方法安装打印机驱动程序。

（1）打开"控制面板"窗口，依次单击"硬件和声音"→"设备和打印机"，打开"设备和打印机"窗口，如图 8-8 所示。

图 8-8 "设备和打印机"窗口

（2）单击"添加打印机"按钮，打开"添加打印机（选择类型）"对话框，如图 8-9 所示。

（3）单击"添加本地打印机"超链接，打开"添加打印机（选择端口）"对话框，选择"LPT1 端口"，如图 8-10 所示。

图 8-9 "添加打印机（选择类型）"对话框

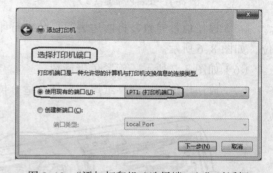

图 8-10 "添加打印机（选择端口）"对话框

（4）单击"下一步"按钮，打开"添加打印机（安装驱动程序）"对话框。首先在左边的"厂商"列表框中选择 Epson，然后在右边的"打印机"列表框中选择 Epson LQ-630K ESC/P Ver 2.0，如图 8-11 所示。

（5）单击"下一步"按钮，打开"添加打印机（键入名称）"对话框。用户可以在"打印机名称"文本框中输入一个自定义的名称。通常采用默认的打印机名称，如图 8-12 所示。

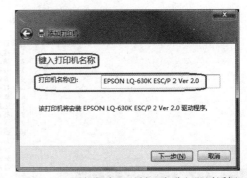

图 8-11 "添加打印机（安装驱动程序）"对话框　　图 8-12 "添加打印机（键入名称）"对话框

（6）单击"下一步"按钮，打开"添加打印机（设置共享）"对话框，选中"共享此打印机……"单选按钮，并使用默认共享名，如图 8-13 所示。

（7）单击"下一步"按钮，打开"添加打印机（添加成功）"对话框，如图 8-14 所示。

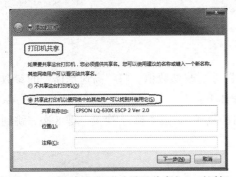
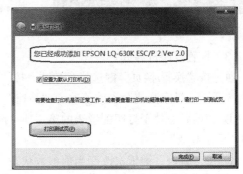

图 8-13 "添加打印机（设置共享）"对话框　　图 8-14 "添加打印机向导"（命名打印机）

（8）单击"完成"按钮。

4. 打印文件

安装打印机驱动程序后，即可装入打印纸，开启打印机的电源，打印文件。其步骤简述如下：

打开要打印的文件→打开"打印"窗口→设置打印选项（选择打印机、设置打印页码范围、单页或双面打印、打印份数）→打开"打印机属性"对话框→设置打印机属性（设置纸张来源、纸张尺寸、打印方向等）→关闭"打印机属性"对话框→打印。

拓 展 知 识

1. Epson LQ-630K 打印速度设置

（1）将打印机接通电源，打印机处于关机状态

Epson LQ-630K 的打印设置主要通过"换行/换页"、"进纸/退纸"和"暂停"3 个键来完成，如图 8-15 所示。

（2）打印机进入自检状态（配置状态）

同时按住"暂停"和"进纸/退纸"键，在不放手的状态下，打开打印机左侧下方的打印机电源开关，打开电源后仍需按住"暂停"和"进纸/退纸"键，待打印机发出"滴"声后，松开按键，打印机进入配置状态，并打印出当前配置表，如图 8-16 所示。其中，"高速草体"默认

状态为"关","汉字高速"默认状态为"普通"。这两项默认值需要重新设置。

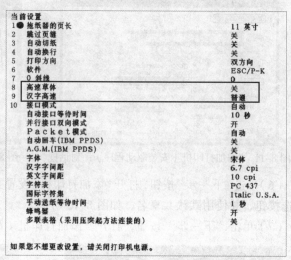

图 8-15　Epson LQ-630K 的按键　　　　　　图 8-16　打印配置表

（3）设置打印机参数

通过按"换行/换页"键选择参数项，按"暂停"键更改参数值，将"高速草体"的参数值改为"开"，"汉字高速"参数值改为"高速"。操作如下：

① 初始状态处于打印配置表的第 1 项"拖纸器的页长"。按"换行/换页"键 8 次，跳到第 9 项"汉字高速"。

② 按"暂停"键依次改变当前参数状态。

参数的状态由"电源"、"缺纸"和"暂停"3 个指示灯的亮与灭组合来表示。具体如下：

- "电源"指示灯灭，"缺纸"指示灯灭，"暂停"指示灯亮：默认值。
- "电源"指示灯灭，"缺纸"指示灯亮，"暂停"指示灯灭：高速。
- "电源"指示灯亮，"缺纸"指示灯亮，"暂停"指示灯灭：超高速。

"高速草体"参数的更改不再赘述。设置完成后，关闭打印机。

2．针式打印机的日常维护

为了延长针式打印机的使用寿命，用户有必要了解其日常维护的知识。

（1）打印机必须放在平稳、干净、防潮的工作环境中，并且远离热源、振源和避免日光直接照晒。针式打印机工作的正常温度范围是 10℃～35℃，正常湿度范围是 30%～80%。

（2）要保持打印机清洁。定期用小刷子或吸尘器清扫机内的灰尘和纸屑，用稀释的中性洗涤剂浸泡过的软布擦拭打印机机壳，切忌用酒精等有机溶剂清洗打印机外壳。

（3）不要在打印机的机身上放置其他物品，尤其是金属物品（如大头针等硬物），避免异物掉入针式打印机内而造成机内部件或电路板烧毁。

（4）不可在加电情况下插拔打印电缆，以免烧毁计算机和打印机。

（5）正确使用操作面板上的进纸、退纸、跳行、跳页等按钮，尽量不要用手旋转手柄。如果发现走纸或小车运行困难，不要强行工作，以免损坏电路及机械部件。

（6）打印头的位置要根据纸张的厚度及时进行调整。在打印过程中，不要抽纸，以免刮断打印针。

（7）经常检查色带，如果有破损，应该及时更换，以免勾断打印针。打印头在使用一段时间后，打印针与打印针导板之间会粘满油墨、纸屑、蜡纸的蜡等，应定期进行清洗，否则会增加打印针与导板间的摩擦力而导致断针。

（8）尽量避免打印蜡纸。因为蜡纸上的石蜡会与打印胶辊上的橡胶发生化学反应，使橡胶膨胀变形。另外，石蜡会进入打印针导孔，易造成断针。

3．针式打印机的故障排除

针式打印机打印复写发票一直都很正常，进入冬季后出现首联打印清晰、复写联不清晰的现象。

故障的原因：复写发票由多层压感纸构成，每一层压感纸的背面附着颜料颗粒的小包。当有压力时，小包破裂，里面的颜料会流出来，粘到下一层纸正面，形成图形或文字。当外部气温比较低时，颜料颗粒会出现凝结的现象，当颜料颗粒小包压破时，颜料不会全部流出，导致复写联打印不清晰。

这种现象一般在南方地区比较常见，因为在冬天，南方用户的屋内很少有暖气和空调，温度较低。

解决方法：在打印之前，将发票在炉子上烤一下或用电吹风吹一下，温度升高后，打印输出即转为正常。

8.2　喷墨打印机

早在 1960 年就有人提出喷墨打印的概念。喷墨打印机基本的工作原理：先利用喷墨头产生细小墨滴，再把墨滴喷射到设置的位置上。基本原理看起来很简单，但实现却不容易。到 1976 年，第一台商业化的喷墨打印机才诞生于 IBM 公司。此后，西门子公司、佳能公司和惠普公司相继研制出喷墨打印机。

目前，在我国喷墨打印机市场上，CANON、EPSON、HP 三大品牌占据 90% 的市场份额。

8.2.1　喷墨打印机基本知识

为了使读者对喷墨打印机有一个总体的认识，下面介绍喷墨打印机的分类、喷墨打印机的优缺点和喷墨打印机的结构及其作用。

1．喷墨打印机的分类

（1）按用途分类

喷墨打印机根据产品的主要用途可以分为 3 类：普通型喷墨打印机、数码照片喷墨打印机和便携式喷墨打印机。

① 普通型喷墨打印机：它是最常见的喷墨打印机，用途广泛，可以用来打印文稿、图片，也可以在相片纸上打印照片。普通型喷墨打印机从 300 多元的低端经济型产品，到价格 3 000～4 000 元的高端产品都有。

② 数码照片喷墨打印机：其特点是具有数码读卡器，在内置软件的支持下，可以直接接驳数码照相机的数码存储卡和数码照相机，在没有计算机支持的情况下直接打印数码照片。打印分辨率可达 5 760 × 1 440 dpi。

③ 便携式喷墨打印：体积小巧，一般重量在 1 000g 以下，方便携带，并且可以使用电池供电，在没有外接交流电的情况下也能够打印。便携式喷墨打印机一般多与笔记本式计算机配合使用。

（2）按喷墨头的工作原理分类

喷墨打印机按喷墨头的工作原理可分为热泡式和微压电式。

① 热泡式喷墨打印机：利用打印头喷嘴上薄膜电阻器加热墨水，形成一个气泡，将墨水从喷嘴挤压而出，喷射到打印介质上。

CANON 和 HP 喷墨打印机采用热泡技术。

② 微压电式喷墨打印机：利用压电晶体在电压作用下会发生形变的原理，将压电晶体置于打印头的喷嘴附近，当电压施加到压电晶体时，压电晶体产生伸缩，使喷嘴中的墨汁喷出，射在介质表面而形成图案。

EPSON 打印机采用微压电式技术。

③ 热泡式与微压电技术比较：热泡式打印头由于墨水在高温下易发生化学变化，性质不稳定，所以打出的色彩真实性就会受到一定程度的影响；另一方面，由于墨水是通过气泡喷出的，墨水微粒的方向性与体积大小很不好掌握，打印线条边缘容易参差不齐，一定程度地影响了打印质量。热泡式打印机喷头中的电极始终受电解和腐蚀，使用寿命有限，所以通常把打印喷头与墨盒做在一起，更换墨盒时即同时更新打印头，这样增加了墨盒的成本。

微压电打印技术在常温状态下喷出墨水，对墨滴的控制能力较强，打印的图像更清晰。此外，微压电式打印头被固定在打印机中，因此只需要更换墨盒就可以了。

2．喷墨打印机的优缺点

（1）喷墨打印机的优点

① 价格低廉。经济型喷墨打印机的价格只有 300 多元，而入门级的激光打印机也要 900 元左右。

② 打印清晰度高。激光打印机的打印分辨率一般不超过 1 200 dpi，即使是经济型的喷墨打印机，其分辨率也能达到 4 000 dpi 以上，高端的喷墨打印机更能达到 9 600 dpi 的打印分辨率，配合专门的相片打印纸，可以替代传统相片冲印。

③ 喷墨打印机碳素墨水渗浸与纸浆内，字迹保持时间长。

④ 喷墨打印机容易实现彩色打印。

（2）喷墨打印机的缺点

① 打印速度慢。喷墨打印机的打印方式为一次一行，而激光打印机是一次一整页的输出。由于打印原理不一同，喷墨打印机的打印速度无法与激光打印机相比。

② 耗材较贵。喷墨打印机的墨盒容量较小，理论打印页数（A4 纸 5%覆盖率）只有 200～300 页，必须频繁更换墨盒。激光打印机理论打印页数普遍在 2000 页左右，打印成本低，使用相对方便。

③ 喷墨打印机的打印头容易堵塞。

综上述，如果是家庭用户，打印量不大，宜购置一款分辨率高的喷墨打印机。如果是公司，打印黑白文档且打印量较大，宜购置激光打印机。

3．喷墨打印机的结构及其作用

喷墨打印机的结构一般可以分为 5 部分：打印头机构、清洁机构、字车机构、输纸机构和电路机构。

（1）打印头机构

打印头与墨盒分为一体式和分体式两种。

① 一体式打印头：喷头和墨水连在一起，喷头成为消耗品。

② 分离式打印头：墨水用尽只需更换墨盒，喷头可多次使用。

（2）清洁机构

该机构实现打印头的维护，包括密封和清洗。当打印头不打印时，回到密封位置，从而保证打印头处于密封状态，防止墨水干涸导致堵头。

清洗打印头时，借助抽墨泵的抽吸，可将喷嘴中的墨水抽吸到泵中，通过排墨管排进废墨收集器内。抽吸的目的是抽出喷嘴中的旧墨水，代之新鲜墨水，去除旧墨水中的气泡、杂质、灰尘等，确保喷嘴内墨水流动畅通，从而保证打印的质量；日常使用过程中不宜过多使用清洗功能，以免消耗过多墨水。

（3）字车机构

字车机构包括字车、导轨、喷头、墨盒、字车传动带、字车电动机、数据线和字车复位传感器（字车定位线）。

字车是安装墨盒和喷头的部件。字车在传动带的拖动下，沿导轨做左右往返直线间歇运动，使得喷头便能沿着行的方向，完成一行字符点阵的打印。

（4）输纸机构

输纸机构包括搓纸轮，输纸电动机，进纸传感器和进纸离合器。

输纸机构是在打印过程中提供纸张输送的装置，在同步信号下，它与字车移动、喷嘴喷墨等动作同步，以完成打印的全过程。

（5）电路机构

电路机构包括接口板和电源板，用来给打印机供电，以及协调各部分工作。

8.2.2　喷墨打印机的安装和使用

随着人们生活水平的提高，打印文档和图片日益成为工作和日常生活的基本需求。喷墨打印机以其价格便宜，清晰度比较高，且可以打彩色的特点迅速普及。

下面以 Canon BJC-4650 喷墨打印机为例，介绍喷墨打印机的安装和使用。

【任务 8-2】添置喷墨打印机

自由职业者林某是一名律师，欲购置一台打印机，用于 SOHO 办公中打印法律文件。要求如下：

（1）平时经常用于批量打印法律文件，偶尔打印彩色照片。

（2）打印的文档要求有较高质量，打印速度快，成本低。

（3）更换墨盒操作简单，日常维护方便。

爱普生公司推出的彩色商用打印机 EPSON WP-401 具有超大墨盒，黑墨彩墨容量均约 3 400 页，从而减少了墨盒更换的频率；EPSON WP-4011 具有 3 个独立纸盒，进纸量高达 580 页，月均打印负荷约 2 万页，支持海量打印。

EPSON WP-4011 采用的四色分体墨盒设计，在仅需黑白打印时，只需选择"灰度模式"打印，即可不消耗彩色墨水。独立的喷嘴设计使得黑色、彩色喷嘴皆可独立清洗，避免因整体清洗而造成不必要的墨水消耗。同时，这款打印机的墨盒设计在机身的前部，只要拉开前面的墨仓，就可以轻松换墨。

EPSON WP-401 打印速度达到 4.23 秒每页，而能耗仅为普通激光打印机的 1/20。

根据市场调研显示，EPSON WP-4011 彩色商用打印机非常适合用户需求，所以，林某决定购置 EPSON WP-4011 彩色商用打印机，如图 8-17 所示。

添置喷墨打印机的流程：市场调研→购置打印机→安装打印机硬件（连接打印机的电源线和数据线）→安装打印驱动程序→装入打印纸→使用打印机打印文件。

图 8-17　EPSON WP-4011 喷墨打印机

喷墨打印机的安装与针式打印机的安装相似，也分为打印机硬件安装和打印驱动程序安装。

1．安装打印机硬件

将打印机和计算机连接起来，称为打印机的硬件安装。

（1）选定合适的位置，摆放好打印机。

（2）连接打印机的电源线。先关闭打印机的电源开关，然后连接打印机的电源线。

（3）连接数据传输线。关闭打印机和计算机的电源，将随机配备的数据传输线的一端插入到打印机的数据端口，将另外一端插入到计算机的并行接口或 USB 接口。

2．安装打印机驱动程序

EPSON 是著名品牌的打印机厂商。打印机硬件安装完毕，启动计算机，Windows 7 将发现接入的新硬件，然后搜索与硬件相匹配的内置的驱动程序并安装。或上网下载 Epson WorKForce Pro WP-4011 打印机驱动程序，然后安装。此处不再介绍手动安装打印驱动程序。

3．装入打印纸

EPSON WP-4011 喷墨打印机有 2 种装入打印纸的方式：底部进纸器装纸和后部通用纸器装纸。

（1）底部进纸器装纸

① 拉出进纸器，如图 8-18 所示。

② 滑动导轨移到进纸器边缘，如图 8-19 所示。

③ 滑动导轨调整至将使用的打印纸尺寸，如图 8-20 所示。

④ 滑动导轨将打印面朝下装入打印纸，如图 8-21 所示。

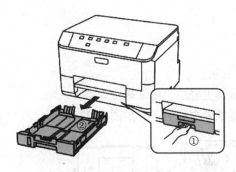

图 8-18　拉出进纸器

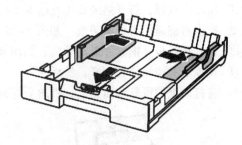

图 8-19　滑动导轨移到进纸器边缘

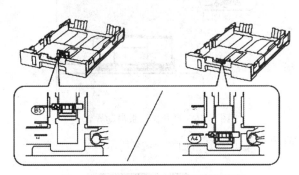

图 8-20　调整滑动导轨至打印纸尺寸

图 8-21　装入打印纸尺寸

⑤ 滑动导轨使其靠近打印纸边缘，如图 8-22 所示。

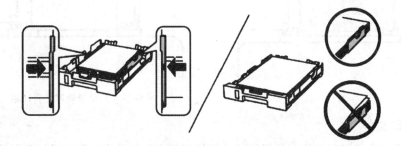

图 8-22　滑动导轨使其靠近打印纸边缘

⑥ 保持进纸器水平状态，将其缓缓插入打印机，如图 8-23 所示。

⑦ 拉出出纸器，然后打开挡纸板，如图 8-24 所示。

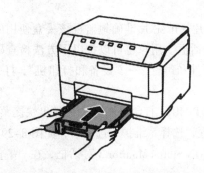

图 8-23　进纸器装入打印机

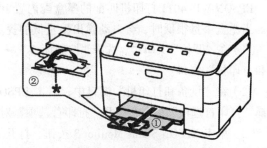

图 8-24　抽出出纸器打开挡纸板

（2）后部通用进纸器装纸

① 拉出出纸器，打开挡纸板（见图 8-24）。

② 拉出后部通用进纸器装纸，如图 8-25 所示。

③ 打开挡纸板，捏紧并滑动导轨，如图 8-26 所示。

④ 轻掸纸叠边缘使其分开，然后在一个平整的面上轻墩，使纸叠边缘整齐。

⑤ 将打印纸的可打印面朝上，沿着后部通用进纸器中间装入，如图 8-27 所示。

图 8-25　拉出后部通用进纸器装纸

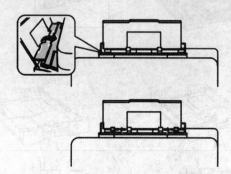

图 8-26　打开挡纸板滑动导轨

⑥ 滑动导轨，使其靠住打印纸边缘，但不可靠得太紧，如图 8-28 所示。

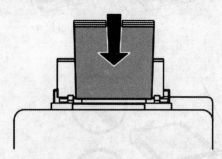

图 8-27　打印纸装入通用进纸器

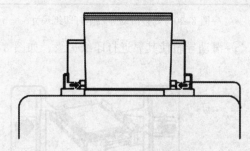

图 8-28　滑动导轨靠住打印纸边缘

4．打印文件

使用喷墨打印机打印文件与使用针式打印机打印文件的操作步骤相同，不再赘述。

 拓 展 知 识

1．检查墨盒

EPSON WP-4011 打印机匹配的墨盒配内置 IC 芯片，IC 芯片准确地监视该墨盒使用的墨水量。当墨盒墨量很低时，会自动弹出墨量低的提示对话框。用户也可以按以下方法检查墨盒：

（1）在"开始"菜单中，选择"控制面板"→"硬件和声音"→"设备和打印机"，打开"设备和打印机"窗口。

（2）在"设备和打印机"窗口中，右击 EPSON WP-4011 打印机图标，在弹出快捷菜单中，选择"打印首选项"命令，打开"打印首选项"对话框，选择"维护"选项卡，如图 8-29 所示。

（3）单击 EPSON Status Monitor 3 按钮，打开 EPSON Status Monitor 3 对话框，在"墨量"框中显示各色墨水的使用状况，如图 8-30 所示。

2．更换墨盒

如果一个墨盒已空，即使其他墨盒中还有墨水，打印机也不能继续打印。必须更换空墨盒后才能打印。更换墨盒的操作步骤如下：

（1）确保打印机已打开。（电源指示灯应亮着，但不闪烁）

（2）打开打印机的前盖。

（3）推动要更换的墨盒，然后捏紧墨盒上的扣手将其从打印机中拉出，如图 8-31 所示。

图 8-29 "打印首选项"对话框"维护"选项卡

图 8-30 显示各色墨水使用状况

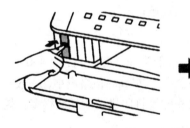

图 8-31 取出要更换的墨盒

（4）从保护包装袋中取出新墨盒，不要碰触墨盒侧面的绿色 IC 芯片。在前后 5cm 的水平范围内，5 s 内摇晃墨盒 15 次，如图 8-32 所示。

（5）将墨盒插入墨盒舱中，往里推动墨盒直至固定到位（见图 8-33），然后关闭打印机前盖。

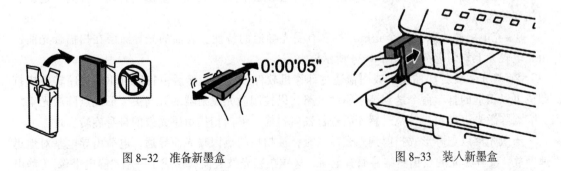

图 8-32 准备新墨盒

图 8-33 装入新墨盒

8.3 激光打印机

1971 年 11 月，被人们誉为"激光打印机之父"的盖瑞·斯塔克维在施乐公司帕克研究中心研制出了世界上第一台激光打印机。1977 年，施乐公司的 9700 型激光打印机投放市场，标志着打印机进入了一个新的时代。

8.3.1 激光打印机基本知识

激光打印机在打印精度、打印速度和设备的稳定性方面是办公设备中的佼佼者，深受办公用户的青睐。

随着科技的进步，激光打印机的性能和质量在稳步提高，价格却大大降低，目前已在办公中广泛使用，并逐渐进入普通家庭。

下面先介绍激光打印机的分类、优缺点和成像原理。

1．激光打印机的分类

激光打印机可以分为黑白激光打印机和彩色激光打印机两大类。

从应用角度来划分，激光打印机大体可分为家用激光打印机、中小企业激光打印机和高端商用激光打印机。家用激光打印机侧重于价格低廉，对输出质量不做过高要求；中小企业激光打印机侧重于打印质量，双面打印和网络打印，价格要求适中；高端商用激光打印机侧重于输出速度和输出质量，一般用于专业输出的打印部门或单位。

2．激光打印机的优缺点

激光打印机的优点：打印质量高，打印分辨率最低为 300 dpi，高达 4 800 dpi。打印速度快，打印速度最低为 4 ppm，一般为 12～16 ppm，甚至高达 24 ppm；噪声小，一般在 53 dB 以下。

激光打印机的缺点：能耗大，比针式打印机和喷墨打印机的能耗高很多；耗材贵，尤其是彩色激光打印机的耗材十分昂贵。

3．激光打印机的成像原理

彩色激光打印机是在黑白激光打印机的技术基础上发展起来的。以下先介绍黑白激光打印机的成像原理，然后介绍彩色激光打印机的成像原理。

（1）黑白激光打印机的成像原理

黑白激光打印机工作的整个过程分为 8 个步骤：充电、曝光、显影、转印、分离、定影、清洁和除像。

① 充电：感光鼓是一个光敏器件，有受光导通的特性。表面的光导涂层在扫描曝光前，由充电辊充上均匀电荷，如图 8-34 所示。

② 曝光：要打印的文本或图像通过计算机软件预处理，然后由打印机驱动程序转换成打印机可以识别的打印命令送到高频驱动电路，以控制激光发射器的开与关，形成点阵激光束。

点阵激光束经扫描转镜对感光鼓进行轴向扫描，纵向扫描由感光鼓的自身旋转实现。

当激光束以点阵形式扫射到感光鼓上时，被扫描的点因曝光而导通，电荷由导电基对地迅速释放。没有曝光的点仍然维持原有电荷，这样在感光鼓表面就形成了一幅"静电潜像"（静电潜像是由静电荷构成眼睛看不见的像）。原稿有文本或图像之处对应有电荷，原稿无文本或图像之处对应无电荷。如图 8-35 所示。

③ 显影：就是将感光鼓表面的"静电潜像"转变为可见的墨粉像。

当带有静电潜像的感光鼓旋转到载有墨粉显影辊的位置时，带相反电荷的墨粉被吸附到感光鼓表面形成了墨粉图像，如图 8-36 所示。

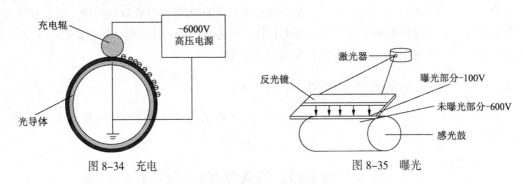

图 8-34　充电　　　　　　　　　　图 8-35　曝光

④ 转印：就是将感光鼓表面的墨粉像转移到打印纸上。

载有墨粉图像的感光鼓继续旋转，到达图像转移装置时，一张打印纸也同时被送到感光鼓与图像转移装置的中间，此时图像转移装置在打印纸背面施放一个强电压，将感光鼓上的墨粉像吸引到打印纸上，如图 8-37 所示。

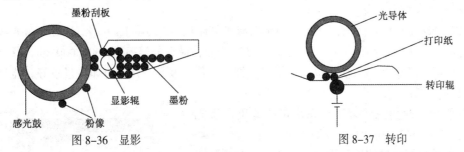

图 8-36　显影　　　　　　　　　　图 8-37　转印

⑤ 分离：在转印过程中，由于静电的吸附作用，纸张将紧紧地贴在感光鼓上，分离就是将紧贴在感光鼓表面的纸张从感光鼓上剥落下来，一般采用电晕分离和分离爪等方法进行分离。

⑥ 定影：由于打印纸上的碳粉容易脱落，因此还要让打印纸经过一个加热辊，加温加压，使墨粉热熔后紧密地吸附在纸上，如图 8-38 所示。

⑦ 清洁：定影后，一页文稿就印出来了。如果不能把感光鼓表面上的残留墨粉彻底清除干净，就会被带入下一个打印周期，衬在下一页"墨粉图像"下面。所以，要对感光鼓表面进行彻底清洁。激光打印机有两种清洁方法：橡胶刮板清洁和毛刷清洁。它们的作用都是清除感光鼓表面上的残留墨粉。

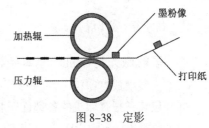

图 8-38　定影

⑧ 除像：除像是一个打印周期的最后一个动作，也就是除去感光鼓上的静电，使感光鼓表面的电位恢复到初始状态，以便进行下一个循环打印动作。

（2）彩色激光打印机的成像原理

彩色激光打印机和黑白激光打印机成像原理是一样的。所不同的是：黑白激光打印机只有一种黑色墨粉，而彩色激光打印机要使用黄、品、青、黑 4 种颜色的墨粉。目前，大多数彩色激光打印机使用单束激光，由于只有一束激光，硒鼓本身不能区分颜色，所以每次只能为一种颜色曝光。为了打印一幅彩色图片，彩色激光打印机就必须要进行 4 个打印循环。每重复一次，完成一种颜色的打印。

这 4 个打印循环有两种处理方法：一种是利用转印带，每处理一种颜色，将墨粉从硒鼓转到转印带上，然后清洁硒鼓再处理下一种颜色，最后在转印带上形成彩色图像，再一次性地转印到纸张上，经加热后墨粉固着到打印纸上；另一种是处理完一种色彩，墨粉就吸附在硒鼓上，接着处理下一种色彩，最后一次性地转印到打印纸上。

8.3.2 激光打印机的安装和使用

目前，普通黑白激光打印机的价格已经降到 1 500 元以下，激光打印机以其高分辨率、高速度和噪声低的优势，已成为企事业单位办公首选的打印机。

【任务 8-3】添置激光打印机

办公自动化任务驱动教程

海西商学院信息管理工程系，欲购置一台打印机用于日常办公中打印成绩表、论文、通知等文件。由于经费有限，要求购置的打印机价廉物美。

 **任 务 分 析**

惠普公司生产的一款入门级配置的黑白激光打印机 HP LaserJet 1018，外观如图 8-39 所示。这款打印机最大打印幅面 A4，打印速度为 12 页/分，最高分辨率为 600×600 dpi，月打印负荷为 3 000 页，高速 USB 2.0 接口，手动双面打印，使用鼓粉一体，打印质量较好，能满足用户的普通办公需求。

海西商学院信息管理工程系决定购置黑白激光打印机 HP LaserJet 1018，用作日常办公打印。

添置激光打印机的流程为：市场调研→购置打印机→了解激光打印机基本结构→安装打印机硬件（连接打印机的电源线和数据线）→安装打印驱动程序→装入打印纸→打印测试。

图 8-39　HP Laser Jet 1018

 **任 务 实 现**

1．了解激光打印机的基本结构

（1）安装摆放打印机

拆开包装，把打印机的各部件安装好，选定合适的位置，摆放好打印机。

（2）熟悉 Laser Jet 1018 打印机的组件（见图 8-40）

（3）熟悉 Laser Jet 1018 打印机的控制面板（见图 8-41）

打印机控制面板由两个指示灯组成。这些指示灯模式用于确定打印机的状态。

①"注意"指示灯：表明打印机进纸盘已空、打印碳粉盒端盖打开、没有打印碳粉盒或者其他错误。有关详细信息、请参阅打印机的信息页。

②"就绪"指示灯：表明打印机已准备好打印。

③ 关于指示灯模式的说明可参阅状态指示灯模式。

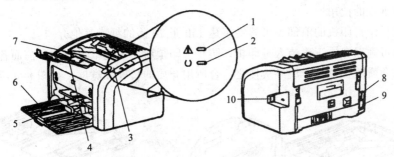

图 8-40 HP Laser Jet 1018 打印机的组件

1—"注意"指示灯；2—"就绪"指示灯；3—打印碳粉盒端盖；4—输出介质支架；5—优先进纸槽；
6—150 页主进纸盘；7—出纸槽；8—电源开关；9—电源插座；10—USB 端口

2. 激光打印机的安装

（1）安装硬件

① 选定合适的位置，摆放好打印机。

② 连接打印机与计算机：使用随机附带的数据线将 HP Laser Jet 1018 打印机与计算机的 USB 2.0 高速接口连接，如图 8-42 所示。

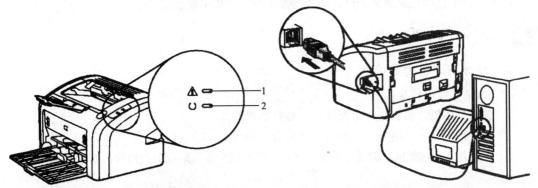

图 8-41 HP Laser Jet 1018 的控制面板

1—"注意"指示灯；2—"就绪"指示灯

图 8-42 连接打印机与计算机

③ 连接打印机的电源线：将打印机电源线的一端插头插到打印机的背部，另一端插头插到主电源插座上。

（2）安装打印机驱动程序

HP 是知名品牌的打印机，Windows 会自动安装打印驱动程序。

3. 激光打印机的使用

先介绍激光打印机介质通道的使用。

（1）优先进纸槽的使用

在送入单张打印纸、信封、明信片、标签或投影胶片时、应当使用优先进纸槽。要将文档的第一页打印在与文档其余部分不同的介质上，也可以使用优先进纸槽。

介质导板可确保介质正确装入打印机，防止打印歪斜（介质上的打印输出扭曲）。在装入介质时、调整介质导板使之适合所用介质的宽度，如图8-43所示。

（2）主进纸盘的使用

主进纸盘位于打印机的前部、可容纳多达150张20磅的纸或其他介质。

介质导板可确保介质正确装入打印机，防止打印歪斜。主进纸盘两侧和前面各有一个介质导板。在装入介质时，调整介质导板使之适合所用介质的长度和宽度，如图8-44所示。

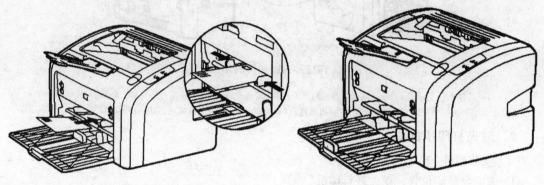

图8-43　优先进纸槽　　　　　　　　　　　　　　图8-44　主进纸盘

（3）出纸槽的使用

出纸槽位于打印机的顶部，已打印介质按正确顺序集中放在此处。

 拓 展 知 识

1．激光打印机的维护

（1）清洁打印碳粉盒区域

① 关闭打印机，然后拔下电源线，等待打印机冷却。

② 打开打印碳粉盒端盖，取出打印碳粉盒，如图8-45所示。

③ 用一块干燥的无绒布擦去介质通道区域和打印碳粉盒凹陷处的残留物，如图8-46所示。

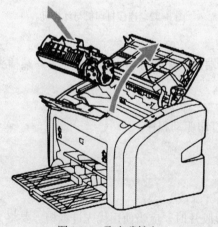　　　　　　　　　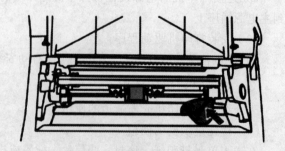

图8-45　取出碳粉盒　　　　　　　　　　　图8-46　擦去碳粉盒区域残留物

④ 重新安装打印碳粉盒，并关闭打印碳粉盒端盖。

⑤ 将打印机电源插头插入电源插座，然后打开打印机。

注： 用户不需要经常清洁碳粉盒区域。但是，清洁碳粉盒区域会提高打印页的质量。

（2）更换打印机的分离垫

如果打印机经常发生多页共进，则可能打印机分离垫磨损，需要更换。

① 关闭打印机，然后拔下打印机的电源线，等待打印机冷却。

② 在打印机背面卸下固定分离垫的两个螺钉，取出分离垫，如图 8-47 所示。

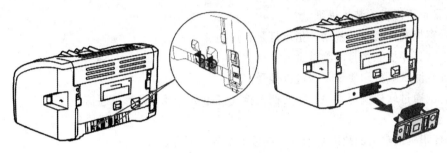

图 8-47　取出分离垫

③ 插入新的分离垫、然后使用螺钉固定，如图 8-48 所示。

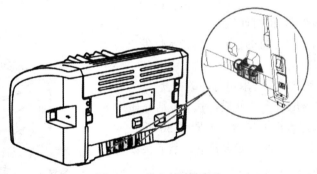

图 8-48　换入新的分离垫

④ 将打印机电源插头插入电源插座，然后打开打印机。

（3）更换打印碳粉盒

如果打印页上会出现淡色区域，则表明碳粉量很少。用户可先通过摇匀碳粉以改进打印质量。如果打印输出仍然较淡，则需要更换打印碳粉盒。操作步骤如下：

① 打开打印碳粉盒端盖，取出旧的打印碳粉盒。为了避免损坏打印碳粉盒，手应拿着碳粉盒的两端。

② 从包装中取出新的打印碳粉盒，轻轻地前后摇晃打印碳粉盒，以使碳粉在碳粉盒内部分布均匀。

③ 向外拉压片，直到将整条胶带从打印碳粉盒中拉出，如图 8-49 所示。将压片放在打印碳粉盒包装盒中，以备回收。

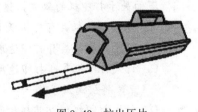

图 8-49　拉出压片

④ 将新的打印碳粉盒插入打印机，确保打印碳粉

盒放置到位。关闭打印碳粉盒端盖。

2．激光打印机常见故障排除

（1）排除故障的步骤

① 打印机设置是否正确？

● 打印机是否插入到正常供电的电源插座中？

● 电源开关是否处于接通状态？

● 打印碳粉盒是否已正确安装？

● 纸张是否已正确装入进纸盘？

② 观察控制面板的"就绪"指示灯是否点亮。

③ 尝试打印机能否打印测试页。

④ 查看测试页打印质量是否可以接受。

⑤ 尝试通过软件应用程序打印文档，检查打印机是否与计算机通信。

（2）卡纸

激光打印机最常见的故障是卡纸。导致卡纸的主要原因如下：

① 进纸盘装纸不正确或太满。

添加打印纸时，每次都要从进纸盘中取出所有打印纸，将欲装入的打印纸叠弄整齐，然后再装入进纸盘。

② 使用不符合的规格的打印纸。

发生卡纸故障时，打印机的控制面板指示灯发出警示信号。排除步骤如下：

① 打开打印碳粉盒端盖、取出打印碳粉盒。

② 用两手抓住露出最多的介质一边（包括介质中部）、小心地将其从打印机中拉出，如图 8-50 所示。

③ 取出了卡纸后，装回打印碳粉盒，然后关闭打印碳粉盒端盖。

④ 清除了卡纸后，需要先关闭打印机，然后再重新打开。

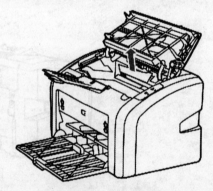

图 8-50　拉出卡纸

课后习题 8

一、选择题

1. 下面关于打印机的叙述，错误的是（　　　）。

    A. 喷墨打印机具有价格低廉、便于打印彩色的优势

    B. 激光打印机具有打印速度快、精度高的优势

    C. 针式打印机具有打印速度慢、噪声高、分辨率低、打印针容易折断，价格偏高等缺点，将被淘汰

    D. 针式打印机仍以其耗材便宜，能够复打，具有其他类型打印机不可取代的地位

2. 通常所说的 24 针打印机属于 (　　)。

    A. 激光打印机　　　　　　　　　　　B. 热敏式打印机

    C. 喷墨打印机　　　　　　　　　　　D. 击打式打印机

3. 下面关于针式打印机的叙述，正确的是 (　　)。

    A. 针式打印机的电源线不一定要接地

    B. 针式打印机适应能力强，可以使用各种纸张打印

    C. 正确使用操作面板上的进纸、退纸、跳行、跳页等按钮，尽量不要用手旋转手柄

    D. 色带打印一段时间会褪色、变淡，把色带转换一面又可以正常打印

4. 下面关于喷墨打印机的叙述，正确的是 (　　)。

    A. 喷嘴阻塞了，可以通过手工疏通，使用镜片纸或布擦拭喷嘴表面

    B. 不要使用劣质的墨水，造成喷嘴阻塞，导致整个打印头报废

    C. 打印完毕，可以直接切断电源，关闭喷墨打印机

    D. 喷墨打印机的墨水是通用的

5. 激光打印机发生故障现象，打印纸输出变淡。其原因可能是 (　　)。

    A. 粉盒内已墨粉很少　　　　　　　　B. 激光器机械快门没打开

    C. 电晕放电线路失效　　　　　　　　D. 硒鼓没有充电

二、应用题

1. 打印机的安装

将工作单位的打印机的电源线和数据线拆卸下来，重新连接一遍。卸载打印机驱动程序，然后重新安装打印机驱动程序。

2. 打印机的使用

对工作单位的打印机进行打印测试，若测试正常，则使用它打印一份文稿。

第 9 章　办公输入设备

输入设备是向计算机输入多媒体数据的设备。它是用户和计算机系统之间进行信息交换的主要装置之一。键盘、鼠标、扫描仪、摄像头、光笔、手写输入板、游戏杆、语音输入装置等都属于输入设备。

当今的计算机能够接收各种类型的数据，既可以是数值型的数据，也可以是各种非数值型的数据，如图形、图像、声音等，都可以通过不同类型的输入设备，输入到计算机中进行处理。计算机的输入设备按功能可分为如下几类：

（1）字符输入设备：键盘。

（2）图形输入设备：鼠标器、操纵杆和光笔。

（3）图像输入设备：扫描仪、数码照相机和摄像机。

（4）光学阅读设备：光学标记阅读机和光学字符阅读机。

（5）模拟输入设备：语言模数转换识别系统。

本章介绍常用的两种输入设备：扫描仪和数码照相机。

9.1　扫　描　仪

扫描仪（Scanner）是利用光电技术和数字处理技术，以扫描方式将图形或图像信息转换为数字信号的装置。

扫描仪对照片、文本页面、图纸、美术图画、照相底片、菲林软片，甚至纺织品、标牌面板、印制板样品等对象进行扫描，将其转换成计算机可以显示、编辑、存储和输出的数字格式的信息。

扫描仪的应用范围很广泛，例如，用于扫描美术图片，然后用 PS 软件编辑加工；用于扫描印刷文字，然后使用文字识别软件（OCR）将其转换成文本，实现汉字高速录入。

9.1.1　扫描仪的基本知识

第一台机械式扫描仪诞生于 1884 年，它是 19 世纪 80 年代中期才出现的光机电一体化扫描仪。它由扫描头、控制电路和机械部件组成，采取逐行扫描，得到的数字信号以点阵的形式保存，再使用文件编辑软件将它编辑成标准格式的文件存储在磁盘上。

1．扫描仪的种类

扫描仪产品的种类纷繁复杂，现列举如下：

（1）平板式扫描仪

平板式扫描仪又称台式扫描仪，诞生于 1984 年，用于扫描平面文档，比如纸张或者书页等。

平板式扫描仪是目前办公用扫描仪的主流产品，这类扫描仪光学分辨率在 300～8 000 dpi 之间，色彩位数从 24 位到 48 位，扫描幅面一般为 A4 或者 A3。

（2）鼓式扫描仪

鼓式扫描仪又称滚筒式扫描仪，是最精密的扫描仪器，称作"电子分色机"，它将原稿用分色机扫描，分色后以 C、M、Y、K 或 R、G、B 的形式记录色彩信息。

滚筒式扫描仪与平台式扫描仪的主要区别：滚筒式扫描仪采用 PMT（光电倍增管）光电传感技术，而不是 CCD，能够捕获到正片和原稿的最细微的色彩。鼓式扫描仪光学分辨率为 1 000～8 000 dpi，色彩深度 24 位～48 位。

鼓式扫描仪的价格很高，低档的也在 10 万元以上，高档的可达数百万元。由于该类扫描仪一次只能扫描一个点，所以扫描仪速度很慢，通常情况下扫描一幅图像要花费几十分钟甚至几个小时。

（3）手持式扫描仪

手持式扫描仪诞生于 1987 年，当时使用比较广泛。手持式扫描仪绝大多数采用 CIS(Contact Image Sensor，接触式传感器）技术，光学分辨率为 200 dpi，色彩深度一般为 18 位。

手持式扫描仪的扫描幅面窄，难于操作，无法捕获精确图像，扫描效果差。1996 年后，各扫描仪厂家相继停产手持式扫描仪。

（4）笔式扫描仪

笔式扫描仪又称扫描笔，该扫描仪外形与一支笔相似，扫描宽度大约与四号汉字相同，使用时将扫描笔贴在纸上逐行扫描，它主要用于文字识别。

（5）胶片扫描仪

胶片扫描仪用于透射扫描幻灯片、摄影负片、CT 片及专业胶片。胶片扫描仪使用灵敏度很高的传感器，具有很高的分辨率，一般可以达到 2 700 dpi，并且随机附带较为专业的软件。

（6）实物扫描仪

实物扫描仪的结构和原理类似于数码照相机，它拥有支架和扫描平台，分辨率远远高于市场上常见的数码照相机，只能拍摄静态物体，扫描一幅图像所花费的时间与扫描仪相当。

（7）3D 扫描仪

3D 扫描仪结构和原理与普通的扫描仪完全不同，生成的文件能够描述物体三维结构的坐标数据。将 3D 扫描仪扫描的结果输入 3ds Max 中，可完整地还原出物体的 3D 模型。由于只记录物体的外形，因此无彩色和黑白之分。

2．扫描仪的主要技术指标

（1）扫描分辨率

分辨率是扫描仪最重要的技术指标之一。分辨率的单位为 dpi（每英寸像素点数）。分辨率又分为光学分辨率和最大分辨率。光学分辨率指扫描仪光学系统能够采样的信息量，光学分辨率决定了扫描仪的档次高低。最大分辨率又称插值精度，是利用软件技术在硬件扫描产生的像素点之间按一定的算法插入相应的像素点，能在一定程度上提高图像的质量。在选购扫描仪时应以光学分辨率为准。目前，市场上扫描仪的分辨率在 1 200 dpi～2 400 dpi 之间。

（2）色彩深度

色彩深度是指扫描仪所能产生的颜色范围，通常用表示每个像素点上颜色的数据位数（bit）表示。色彩深度越高，就说明颜色的范围越宽，扫描的图像越真实。扫描仪的色彩深度是通过扫描仪内部的模数转换器的精度来实现。现在主流扫描仪的色彩深度已达 48 位。

（3）动态密度范围

动态范围（也称"密度范围"）指扫描仪所能探测到的最浅和最深颜色的差值。它确定数字化图像中相邻色调之间过渡的平稳性。一般扫描仪的动态密度范围在 3.2～3.3 之间，广告公司、印刷厂以及通信部门等行业，对扫描质量要求很高，所使用的高档次扫描仪的动态密度范围达到 3.6～4.2。

（4）扫描速度

扫描速度是指在指定分辨率和图像尺寸下的扫描时间。多数产品是用扫描标准 A4 幅面彩色或黑白图像所用的时间来表示，这一指标决定着扫描仪的工作效率，越高越好。

（5）扫描幅面

扫描幅面是指扫描仪能够扫描最大原稿的尺寸，一般分为 A4、A3、A1 和 A0 几种，以 A4 幅面为主流。

3．扫描仪的工作原理

扫描仪是图像信号输入设备。使用扫描仪对原稿进行光学扫描，得到的光信号送入光电转换器，转变为模拟电信号；再通过模数转换器，将模拟电信号变换成为数字电信号，最后通过接口输出到计算机。

扫描仪扫描图像的工作过程：将要扫描的原稿（文字稿件或者图片）正面朝下铺在扫描仪的玻璃板上，合上盖板；启动扫描仪驱动程序，扫描仪内部的可移动光源沿着 y 方向扫描原稿；照射到原稿上的光线经反射后穿过一个窄缝，形成沿 x 方向的光带；光线经过一组反光镜后由光学透镜聚焦到分光镜，经过棱镜和红、绿、蓝三色滤色镜后得到的 RGB 三条彩色光线分别照到 3 个 CCD[①]上，CCD 将 RGB 光线转变为模拟电信号，模拟电信号经 A/D[②]转换器变换为计算机能够接收的二进制数字电信号，最后通过接口送至计算机。扫描仪每扫一行就得到原稿 x 方向一行的图像信息，随着光源沿 y 方向的移动，在计算机内部逐步形成原稿的全图。扫描仪的工作原理如图 9-1 示意。

在扫描仪获取图像的过程中，有两个元件起到关键作用。一个是 CCD，它将光信号转换成为电信号；另一个是 A/D 变换器，它将模拟电信号变为数字电信号。这两个元件的性能直接影响扫描仪的整体性能指标，同时也关系到我们选购和使用扫描仪时如何正确理解和处理某些参数及设置。

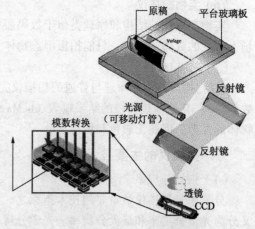

图 9-1　扫描仪的工作原理示意图

① CCD（Charge Couple Device）称为电荷耦合器，CCD 是一种半导体器件，其上排列有很多的光电二极管，它能感应光线，并将光信号转变成电信号。

② A/D（Analog/Digital）即转换器，它是将模拟量（Analog）转变为数字量（Digital）的半导体元件。从 CCD 获取的是对应于图像的模拟电信号，A/D 变换器的作用是将模拟量数字化。如果扫描仪标明的灰度等级是 10 bit，则说明这个扫描仪能够将图像分成 1 024 个灰度等级，如果标明色彩深度为 30 bit，则说明红、绿、蓝每个色彩通道都有 1 024 个等级。显然，该等级数越高，表现的彩色越丰富。

4．多功能一体机

随着技术的进步，目前市面上出现了打印机和扫描仪结合的办公设备新产品——多功能一体机。打印功能和扫描功能的结合自然就具备复印功能，有的多功能一体机还兼有传真功能。多功能一体机 = 打印机 + 扫描仪 + 复印机 + 传真机，如图9-2所示。

图9-2　多功能一体机

多功能一体机可以根据打印方式分为"激光型多功能一体机"和"喷墨型多功能一体机"两大类。

多功能一体机的优点如下：

（1）节省费用

购买多功能一体机的成本远远低于购买多台单功能设备的总和，且多种功能共享一套打印耗材，性价比非常高。目前，CANON、EPSON、HP 三大品牌的"喷墨型多功能一体机"的价格低廉，单台售价仅在 470～620 元之间。

（2）节省空间

无须在桌面上摆放多台设备或使用多条连线，一体机设计精巧，功能高度集成，方便易用且节省空间。

（3）节省时间

无须往返多台设备之间，节省操作时间，提高工作效率。

多功能一体机是更加经济实用的办公综合设备。多功能一体机与扫描仪各有侧重，多功能一体机侧重于打印功能，扫描仪侧重于扫描功能，所以，针对不同的应用要求，多功能一体机不能完全替代扫描仪。

9.1.2　扫描仪的安装和使用

目前，扫描仪知名品牌的国外厂家有佳能、爱普生、惠普等，国内厂家有中晶、紫光、汉王等。

1980 年，中晶公司成立于台湾省新竹科学工业园区，后来在设立上海中晶科技有限公司，发展为国内知名的扫描仪研发、生产、销售和服务的独资企业。

中晶扫描仪连续多年在获得"销售额第一""销量第一"和"市场占有率第一"的业绩，

并多次获选"中国最受欢迎扫描仪品牌",被国家信息产业部评为"客户满意度第一名"。2009年,中晶扫描仪获得"IT 十大民族品牌"称号。

【任务 9-1】安装和使用扫描仪

海西物流公司购置了一台中晶公司生产的 MICROTEK ScanMakerS260 扫描仪(见图 9-3),用于处理该公司的日常办公中的扫描事务。要求如下:

(1)安装扫描仪。

(2)使用扫描仪扫描印刷页面、打印文本、彩色照片等。

(3)将扫描得到的图像文件转换成可编辑的文本文件。

图 9-3　MICROTEK ScanMakerS260

任　务　分　析

MICROTEK ScanMakerS260 扫描仪不但外形超薄、时尚,而且功能强大。其最大扫描幅面为 A4,分辨率高达 3 200 dpi × 6 400 dpi;卓越的 ColoRescueTM 技术能使褪色彩照恢复鲜丽的色彩;采用高速 USB 2.0 接口,传输速度为 480 MB/s。

所提供的 ScanWizard EZ 软件,能自动识别稿件是文档还是图片,对文档则采用黑白扫描,对图片则采用彩色扫描。ScanWizard EZ 还具有能自动校正倾斜稿件和自动识别扫描范围的功能,免除烦琐的设置,使复杂的操作变得简单、便捷。

ScanMaker S260 前面板设置 7 个快捷按钮,分别为"取消""扫描""复制""发送 E-mail""OCR[③]""扫描至网络"和"自定义设置"。用户只需轻触按钮,就能轻松完成各项扫描业务。此外,它还可以根据需求自行设置按钮的功能。其随机附件 LightLid 35 透扫器,用户可用之透射扫描胶片。

扫描仪操作的流程:打开扫描仪安全锁→安装扫描仪硬件→安装扫描仪软件→扫描文稿→高级扫描→启动 OCR[①]软件→将扫描所得到的图像文件识别转换成文本文件。

任　务　实　现

1. 打开扫描仪安全锁

在扫描仪[②]电源关闭的情况下,将扫描仪略微倾斜,找到位于底部右侧的安全锁。用一块硬币顺时针方向旋转安全锁的固定螺钉,直到箭头指向解锁符号的位置,如图 9-4 所示。

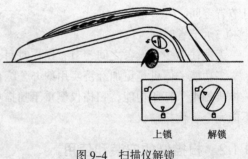

上锁　　　解锁

图 9-4　扫描仪解锁

---

① OCR(Optical Character Recognition,光学字符识别)是属于图型识别(Pattern Recognition,PR)的一门科学。扫描仪对文稿扫描生成的是图像文件。OCR 软件取出图像文件中的每一个文字图像,然后将其转换成字符编码的文本文件。

② 扫描仪设计有保护锁。在搬运扫描仪的过程中,应将保护锁设置为"锁定"状态,以保护光学组件免受震动损坏。使用前,打开扫描仪盖板,将保护锁的开关推到"解锁"位置。

2．安装扫描仪硬件

将扫描仪和计算机连接起来，这一过程通常叫作扫描仪的硬件安装。

（1）选定合适的位置，摆放好扫描仪。

（2）连接扫描仪电源：

① 按照图 9-5 所示，将电源适配器引出电源线的圆形插入头❶插入扫描仪的电源插槽。

② 将电源适配器的插脚❷插入交流电源插座。

（3）连接扫描仪数据电缆：

① 将 USB 电缆的正方形端与扫描仪的 USB 端口❸相连。

② 将 USB 电缆的矩形端与计算机的任意一个 USB 端口❹相连，如图 9-6 所示。

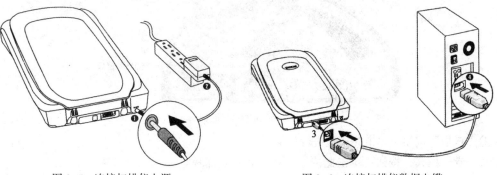

图 9-5　连接扫描仪电源　　　　　图 9-6　连接扫描仪数据电缆

3．安装扫描仪软件

（1）将随机 Microtek 光盘装入光驱。

（2）打开"计算机"窗口，双击 cdsetup.exe 图标，打开"扫描仪软件安装"对话框，如图 9-7 所示。

（3）选择 ScanWizard EZ，单击该选项右侧的"安装"按钮，打开"安装类型"对话框，选中 ABBYY[①] OCR Engine for Microtek 和"中文 OCR"两个复选框，如图 9-8 所示。

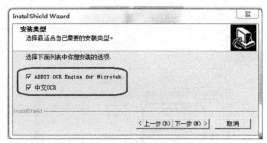

图 9-7　"扫描仪软件安装"对话框　　　　图 9-8　"安装类型"对话框

---

① ABBYY 是一家俄罗斯软件公司，在文档识别、数据捕获和语言技术的开发领域居世界领先地位。其获奖产品 FineReader OCR 软件可以把静态纸质文件和 PDF 文件转换成可编辑的电子数据。2005 年 12 月 22 日，ABBYY FineReader 8.0 专业版被美国著名计算机杂志 *PC Magazine* 授予 4 星。

（4）单击"下一步"按钮，按照提示完成扫描仪软件安装。

4．扫描稿件

（1）放置扫描稿件

① 掀起扫描仪上盖，将稿件的扫描面朝下放置于玻璃面板上。

② 稿件的顶端朝向扫描仪的前端，靠近水平标尺，居中放置，然后放下扫描仪的盖子。

（2）启动扫描软件 Scan Wizard EZ

双击桌面上的 Scan Wizard EZ 图标，打开"EZ 控制面板"，如图 9-9 所示。

图 9-9　EZ 控制面板

① "扫描"按钮：单击此按钮进行扫描。

② "专业模式"按钮：单击此按钮，切换到专业面板。

③ "高级模式"按钮：单击此按钮，切换到高级面板。

④ "属性"按钮：单击此按钮，打开"参数"对话框。

⑤ "最小化"按钮：单击此按钮最小化 EZ 控制面板。

⑥ "退出"按钮：单击此按钮退出 Scan Wizard EZ。

⑦ "信息"窗口：显示帮助性的操作提示。

（3）设置扫描参数

① 单击"属性"按钮，打开"参数"对话框，在"自动设置"选项卡中选中"自动节选""自动纠偏"和"自动色彩增强"复选框，如图 9-10 所示。

② 在"参数"对话框中，选择"扫描模式"选项卡。选中"扫描介质"为"反射稿"，如图 9-11 所示。

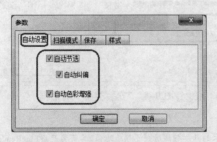

图 9-10　"自动设置"选项卡

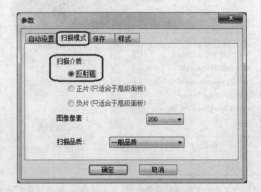

图 9-11　"扫描模式"选项卡

③ 在"参数"对话框中，选择"保存"选项卡。选择"保存类型"为 JPEG，"保存路径"为"E:\扫描\My Images"，如图 9-12 所示。如果选中"扫描到"复选框，扫描结果将发送到指定程序窗口。

④ 单击"确定"按钮，关闭"参数"对话框。

（4）扫描稿件

在"EZ 控制面板"中，单击"扫描"按钮，即开始扫描。在扫描过程自动裁切、自动纠偏及自动增强色彩。扫描完毕，在"E:\扫描\My Images"文件夹中，生成图像文件 Image00001.jpg。如果继续扫描，将生成图像文件 Image00001.jpg、Image00002.jpg、Image00003.jpg……

图 9-12　EZ 控制面板

5. 高级扫描

（1）双击桌面上的 Scan Wizard EZ 图标，打开"EZ 控制面板"（见图 9-9）。

（2）单击"高级模式"按钮，打开"高级面板"窗口。单击左上角的"预览"按钮，扫描的结果显示于预览框中，如图 9-13 所示。

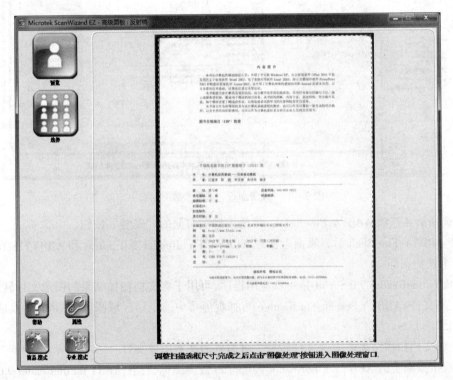

图 9-13　"高级面板_预览"窗口

（3）单击"选择"按钮，打开"高级面板_选择参数"窗口。在"扫描图像的目的"选项组中，选中"打印使用"；选择输出大小为 A4；选择打印像素为 600 dpi，如图 9-14 所示。

（4）单击左下角的"返回"按钮，返回到"高级面板_预览"窗口。

（5）单击 Scan 按钮，即开始高级扫描，然后在"E:\扫描\My Images"文件夹中，生成图像文件 Image0000?.jpg。

6. 将扫描的图像文件转换成文本文件

（1）安装 OCR 软件

① 将随机 Microtek 光盘装入光驱。

② 打开"计算机"窗口，双击 cdsetup.exe 图标，打开"扫描仪软件安装"对话框（见图 9-7）。

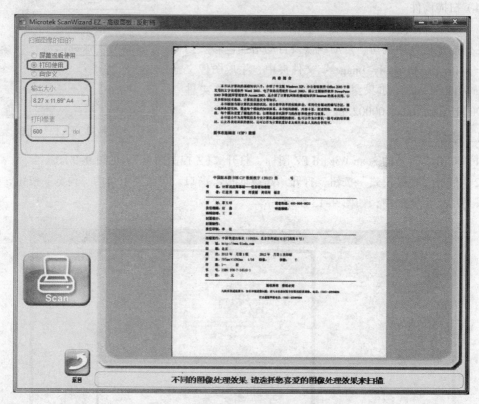

图 9-14 "高级面板_选择参数"窗口

③ 选择第 4 选项 ABBYY FineRead，单击该选项右侧的"安装"按钮。

安装 ABBYY FineRead 后，桌面上出现 ABBYY FineReader 9.0 Sprint 和 ABBYY Screenshot Reade 两个快捷图标。

ABBYY FineReader 9.0 Sprint 是一款应用程序，可用于将文档扫描结果的图像文件转换为可编辑的文本文件。ABBYY Screenshot Reader 可捕捉屏幕中的矩形区域图像，并将其转换成文本、表格或图像。

（2）将文档扫描结果的图像文件转换为可编辑的文本图像文件

① 双击桌面上的 ABBYY FineReader 9.0 Sprint 快捷图标，打开 ABBYY FineReader 9.0 Sprint 窗口，并在窗口中打开"选择任务"对话框，如图 9-15 所示。

② 在"从文件夹获取图像"选项组中，选择"转换为 Microsoft Word"，打开"打开图像"对话框。在 My Images 文件夹中，选择扫描生成的图像文件 Image00012.jpg，如图 9-16 所示。

③ 单击"打开"按钮，打开"打开并转换"对话框，如图 9-17 所示。

④ 转换完毕，在 Word 窗口生成转换的文档，如图 9-18 所示。

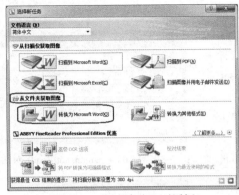

图 9-15　"选择任务"对话框

图 9-16　"打开图像"对话框

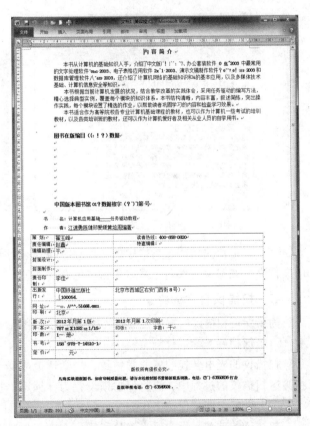

图 9-18　转换生成的 Word 文档

图 9-17　"打开并转换"对话框

⑤ 显然，转换软件的识别率不够高，部分文字和内容需要手工修改和补充。编辑完毕，单击快速访问工具栏中的"保存"按钮，打开"另存为"对话框，用户选择存放文档的文件夹，并输入文件名，然后单击"保存"按钮。

拓 展 知 识

1. 捕捉屏幕中的矩形区域图像，将其转换成文本

（1）在"画图"窗口中，打开扫描生成的图像文件 Image00011.jpg，并使窗口非最大化。

（2）双击桌面上的 ABBYY Screenshot Reade 快捷图标，打开 ABBYY Screenshot Reade 对话框。在"捕捉"列表框中选择"区域"；在"语言"列表框中选择"简体中文"；在"发送"列表框中选择"文本到 Microsoft Word"，如图 9-19 所示。

（3）在 ABBYY Screenshot Reade 对话框中，单击右上角的"捕捉屏幕截屏"按钮，然后用带有十字的鼠标，在"画图"窗口中对要转换的区域画一个矩形框，如图 9-20 所示。

图 9-19 ABBYY Screenshot Reade 对话框

（4）松开鼠标，即在 Word 窗口生成转换的文本，如图 9-21 所示。

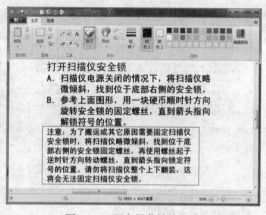

图 9-20 画定屏幕转换区域

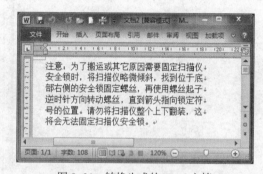

图 9-21 转换生成的 Word 文档

（5）单击快速访问工具栏中的"保存"按钮，打开"另存为"对话框，用户选择存放文档的文件夹，并输入文件名，然后单击"保存"按钮。

2．扫描仪日常的维护

为了保证扫描仪的扫描质量以及扫描仪的使用寿命，在日常的使用过程中要注意以下事项：

（1）保护好光学部件

扫描仪的光电转换装置非常精致，光学透镜或反光镜头的轻微位移都会影响到成像效果。在搬运扫描仪的过程中，应将保护锁设置为"锁定"状态。

（2）做好定期的保洁工作

扫描仪的玻璃平板、反光镜片和镜头沾染灰尘或者其他杂质，会使反射光线变弱，从而影响扫描的质量。为此，使用后要及时用防尘罩把扫描仪遮盖起来。要定期对扫描仪进行清洁，清洁的顺序是先外壳后玻璃平板。

（3）扫描前要预热

扫描仪正常工作的环境温度为 10～40℃，扫描仪在刚启动时光源的稳定性比较差，光源的色温也没有达到正常工作所需要的色温，此时扫描的图像往往饱和度不足，因此在扫描前要先让扫描仪预热一些时间。

（4）不要将其他物品放置在扫描仪上

由于扫描仪要占用一定的空间位置，有些用户会将一些物品放在扫描仪上面，时间久了，

办公自动化任务驱动教程

扫描仪的塑料板因受压将导致变形，影响使用。

9.2 数码照相机

数码照相机也叫数字照相机，英文全称 Digital Camera，简称 DC。数码照相机是集光学、机械、电子为一体的产品，由影像信息的转换、存储和传输等部件构成，采用数字化存取模式，能与计算机进行交互处理。

数码照相机最早出现在美国，20 多年前，美国曾利用它从卫星向地面传送照片，后来数码摄影转为民用并不断拓展应用范围。

9.2.1 数码照相机的基本知识

下面先介绍数码照相机的基本知识，作为学习使用数码照相机的前提。

1．数码照相机与胶卷照相机的区别

无论是数码照相机还是传统的胶卷照相机，都是拍摄静止画像（照片）的机器。虽然两者在结构上有所不同，但基本的原理却是相通的。在拍摄照片的时候，都是将照相机对着被拍摄物体，选定拍摄的范围，调校焦距，通过快门速度和光圈大小来调节感光度，最后按下快门完成拍摄。每一部照相机都是由镜头、取景器及光圈等部件构成。

数码照相机与胶卷照相机最大的差别是成像原理不同。

胶卷照相机是通过镜头使胶片上的化学物质感光而形成潜像，胶卷经过"冲洗"形成底片（底片是负像，与实际景物明暗相反，颜色互补）；利用底片进行"印相"和"放大"就得到照片（照片是正像，与实际景物相同）。

数码照相机通过 CCD 或 CMOS 感光元件得到模拟的电荷像，经模/数转换器（A/D）和微处理器（MPU）处理后，形成数字图像存储于闪存储卡或记忆棒等，可以通过液晶屏幕（LCD）立即显示，并可以传输到计算机进行后期处理。

其次，数码照相机与胶卷照相机的像素质量区别很大。普通数码照相机的像素一般在 500 万～1 000 万之间，而普通 135 照相机[①]的胶卷高达 1 200 万像素，专业 120 照相机[②]的胶卷可达 6 400 万像素。

2．数码照相机的分类

根据用途数码照相机可以简单分为：卡片数码照相机、单反数码照相机和长焦数码照相机。

（1）卡片数码照相机

卡片数码照相机也称为便携数码照相机、简易数码照相机和普通数码照相机。这类数码照相机没有明确的概念，一般指那些外形设计小巧、超薄、时尚的数码照相机。

卡片数码照相机主要特点：卡片数码照相机功能不强大，但是便于随身携带，可以放入女士的小手包，放进口袋也不会坠得外衣变形，或者干脆挂在脖子。

---

① 135 照相机是因使用 135 胶卷而得名。135 胶卷是一种高度为 35mm 的两边打孔的卷状感光胶片。柯达公司从 1895 年开始研制胶片，第一种编为 101，至 1916 年依次编至 130，1934 年生产的 24×36mm 胶片序列编号为 135。

② 120 照相机是因使用 120 胶卷而得名。1901 年，布朗尼为美国柯达公司设计了布朗尼 2 号照相机，其尺寸为 57×83mm，胶卷编号为 120。

卡片数码照相机的优点是外观时尚、液晶屏幕尺寸大、机身小巧纤薄以及操作便捷。

卡片数码照相机的缺点是手动功能相对薄弱、超大的液晶显示屏耗电量较大以及镜头性能较差。

（2）单反数码照相机

单反数码照相机指的是单镜头反光数码照相机。在数码照相机中，单反数码照相机定位于的高端产品。其感光元件（CCD 或 CMOS）的面积远大于普通数码照相机，因此能表现更加细致的图像和色彩范围，单反数码照相机的拍摄质量明显高于普通数码照相机。

① 单反数码照相机工作原理：在单反数码照相机的工作系统中，光线透过镜头到达反光镜后，折射到上面的对焦屏而形成影像。透过接目镜和五棱镜，用户可以在观景窗中看到与外面的景物一样的影像，取景范围和实际拍摄范围基本上一致，有利于直观地取景构图对焦拍摄。

用单反数码照相机拍摄时，当按下快门钮，反光镜便会往上弹起，感光元件（CCD 或 CMOS）前面的快门幕帘便同时打开，通过镜头的光线便投影到感光原件上感光，然后反光镜便立即恢复原状，观景窗中再次可以看到影像。

单镜头反光照相机的工作原理示意，如图 9-22 所示。

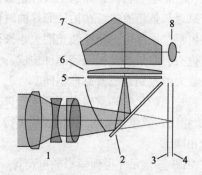

图 9-22　单镜头反光照相机的工作原理

1—镜头；2—反光镜；3—快门帘；4—感光元件；5—对焦屏；6—聚焦透镜；7—五棱镜；8—取景器

② 单反数码照相机主要特点如下：

单反数码照相机的一个很大的特点就是可以更换不同规格的镜头，这是普通数码照相机所不具备的。

此外，单反数码照相机感光元件（CCD 或 CMOS）的面积远大于普通数码照相机，因此能表现出更加细致的亮度和色彩范围，单反数码照相机的拍摄质量高于普通数码照相机。

（3）长焦数码照相机

数码照相机的镜头划分一般以 35 mm 系统（胶片的尺寸是 36 mm×24 mm）为参照标准。

焦距小于 20 mm 为超广角镜头，焦距在 24～35 mm 之间为广角镜头，焦距 50 mm 为标准镜头，焦距在 80～300 mm 之间为长焦镜头，焦距大于 300 mm 为超长焦镜头。

长焦数码照相机一般指焦距在 200 mm 以上的数码照相机。光学变焦倍数越大，能拍摄的景物就越远。

① 光学变焦和数码变焦。改变视角的大小有两种方法：一种是改变镜头的焦距，称为光学变焦；另一种是改变成像面的大小，称为数码变焦。

光学变焦通过镜片移动来放大或缩小需要拍摄的景物，光学变焦倍数越大，能拍摄的景物就越远。目前，数码照相机的光学变焦倍数一般在 3～12 倍之间，可把 10 m 以外的物体拉近至 5～3 m。

数码变焦是通过数码照相机内的处理器，将 CCD 感应器上的像素用插值算法将影像放大。实际上数码变焦并没有改变镜头的焦距，只是改变成像面垂直方向的尺寸，从而产生了"相当于"镜头焦距变化的效果。通过数码变焦，拍摄的景物放大了，但它的清晰度会有一定程度的下降，所以数码变焦并没有太大的实际意义。

② 长焦数码照相机主要特点：

长焦数码照相机比普通数码照相机的镜头更长，镜头内部的镜片和感光器移动空间更大，所以变焦倍数也更大。

焦距越长则景深越浅，景深浅的好处在于突出主体而虚化背景。焦距长则对焦较慢，就要求拍摄时要保证较高的快门速度，否则会因为抖动而使图像变得模糊。

由于长焦数码照相机所使用的镜片较多，镜头的口径和体积都较大，所以照相机的体积与重量都比普通数码照相机大。

并非变焦范围越大越好。长焦的镜头常遇到畸变、色散和紫边等问题。只有好的镜头才能将变形控制在一个合理范围内。

3. 数码照相机的工作原理

数码照相机的构成器件有：镜头、光电转换器件（CCD/COMS）、模/数转换器（A/D）、微处理器（MPU）、内置存储器、液晶屏幕（LCD）、可移动存储器、接口和锂电池等，如图 9-23 所示。

数码照相机利用 CCD（电荷耦合）或 CMOS（互补金属氧化物导体）代替传统的胶卷，实现感光。数码照相机在拍摄照片的过程需要经过影像捕捉、信号转换、数字文件生成和输出图像几个主要步骤。

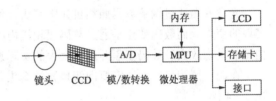

图 9-23 数码照相机原理框图

（1）影像捕捉

当数码照相机的电源打开时，镜头盖自动打开，外部景物的反射光线进入数码照相机的镜头，光线经过镜头对焦和调整后，照射到低通滤波镜中；低通滤波镜对光线进行滤光，然后聚焦在光电传感器 CCD 的表面；CCD 把照射到其表面的光信号转换成电信号，在 CCD 的表面形成一幅电荷图像。

（2）信号转换

CCD 表面形成的景物电荷图像是模拟电信号，接着 CPU 发出一个控制信号，驱动控制电路将 CCD 中的景物电信号提取出来，输入数模转换器 A/D，将模拟信号转换成数字信号。

（3）生成数字文件

在 MPU 的控制下，景物的数字信号输入 DSP（数字图像处理器）进行处理，形成数字影像后临时存储在内存中；接着，DSP 再对影像数据进行编码、压缩处理，形成的 JPEG 等格式的图像文件存储在数码存储介质（如 CF 卡或 SD 卡）中。

（4）输出图像

数码照相机的图像输出有 3 路：第 1 路输出到 LCD 液晶显示屏；第 2 路输出到存储卡，以图像文件的形式保存；第 3 路输出到接口，通过数据线传送给计算机、电视机或投影仪。

4．数码照相机的主要性能指标

数码照相机的性能指标可分两部分：一部分指标与传统照相机的指标类似，如镜头形式、快门速度、光圈大小以及闪光灯工作模式等；另一部分是数码照相机特有的指标，也就是下面要介绍的性能指标。

（1）CCD/CMOS 尺寸

数码照相机 CCD 常见的有 2/3 英寸、1/1.8 英寸、1/2.7 英寸、1/3.2 英寸 4 种。CMOS 和 CCD 一样都是数码照相机中记录光线的半导体。CCD/CMOS 尺寸越大，感光面积越大，成像效果越好。

（2）LCD（液晶显示屏）

LCD 就是指数码照相机的液晶显示屏。有些数码照相机的 LCD 显示屏在强光下几乎不能使用，在光线较弱的环境中屏幕会出现许多小颗粒，不清晰。有的 LCD 显示屏稍微倾斜就会改变图像。购买照相机时，最好拿到户外测试显示器的效果。

（3）像素

① 最高像素：最高像素的数值是感光器件的全部像素，它包含了感光器件中的成像和非成像两部分像素。

② 有效像素数：有效像素数是指真正参与感光成像的像素值。

在选择数码照相机的时，应注重数码照相机的有效像素，有效像素的数值才是决定图片质量的关键。

（4）光学变焦与数字变焦

光学变焦通过调节数码照相机光学镜头，使镜头、物体和焦点三方的位置发生变化，从而实现的变焦。而数码变焦是通过数码照相机内的处理器，把图像的每个像素面积增大，而使得拍摄的景物放大。数码变焦并没有太大的实际意义。

在购买照相机时，一定要问清楚光学变焦，不在乎于数字变焦的大小。一般选用光学变焦在 3～4 倍。

（5）色彩深度

色彩深度用于描述数码照相机再现彩色的能力，色彩深度用位表示。一般低档数码照相机的每种基色采用 8 位，中档数码照相机的每种基色采用 10 位，高档数码照相机的每种基色采用 12 位。

每一个像素的颜色都是由红色、绿色、蓝色 3 种颜色混合而成，总色彩深度为基色位数乘以 3，即 $8 \times 3 = 24$ 位、$10 \times 3 = 30$ 位和 $12 \times 3 = 36$ 位。以 24 位总色彩深度为例，三基色（红、绿、蓝）各占 8 位二进制数，也就是说红色可以分为 $2^8 = 256$ 个不同的等级，绿色和蓝色也是一样，它们的组合为 $256 \times 256 \times 256 = 16\ 777\ 216$，即 1 677 万种颜色，逼近肉眼所能识别的极限；30 位可以表示 10 亿种，36 位可以表示 680 亿种颜色。色彩深度值越高，就越能真实地还原物体的色彩，照片所占的空间也越大。

（6）存储介质

数码照相机的存储介质分为：随机存储卡和外购记忆体。

① 随机存储卡：在购买数码照相机的时候，一般会随机附送记忆体。随机记忆体的容量通常不大，一般为 32～64 MB。

② 外购记忆体：高像素数码照相机拍摄的照片文件的容量比较大，随机记忆体保存的照片十分有限，用户通常要另外购记忆体。市面上常见的数码照相机记忆体有 CF 卡、SM 卡、MMC 卡、SD 卡、记忆棒和 XD 卡等。

- CF 卡：佳能、尼康、富士、卡西欧等数码照相机都使用 CF 卡。
- SM 卡：奥林帕斯、富士、东芝等数码照相机都使用 SM 卡。
- SD 卡：松下、东芝、卡西欧等数码照相机都使用 SD 卡。
- 记忆棒：索尼、柯尼卡欧等数码照相机都使用记忆棒。

这些数码照相机外购记忆体都是闪存卡，各类闪存卡将在本书第 10 章进行详细介绍。

5．数码照相机图像存储格式

照片格式即图像文件存放在记忆体上的格式，通常有 RAW、JPEG、TIFF 等。由于数码照相机拍下的图像文件很大，存储容量却有限，因此图像通常都要经过压缩后存储。

（1）RAW 图像格式

RAW 图像的扩展名是 RAW，RAW 图像是照相机的 CCD 或 CMOS 在将光信号转换为电信号的原始数据的记录，未经任何处理的"原汁原味"的图像数据。RAW 格式记录拍摄时的光圈、快门、焦距、ISO 等参数，为图像后期加工保留了很大的空间。

（2）JPEG 图像格式

JPEG 图像的扩展名是 JPG，其全称为 Joint Photographic Experts Group。JPEG 是一种可提供优异图像质量的有损压缩格式，其压缩比率通常在 10:1～40:1 之间。这样可以使图像占用较小的空间，所以很适合应用在数码照相机中。由于 JPEG 格式的图像压缩比高，对色彩的信息保留较好，JEPG 格式成为大多数数码照相机的默认存储格式、

（3）TIFF 图像格式

TIFF 图像的扩展名是 TIF，全称为 Tagged Image File Format。它是一种非失真的压缩格式（最高也只能做到 2～3 倍的压缩比），能保持原有图像的颜色及层次，但占用空间却很大。例如一个 200 万像素的图像，差不多要占用 6 MB 的存储容量，故 TIFF 常被应用于专业的领域，例如拍摄静物和风光、翻拍书画照片和拍摄专业图片库的照片等。

9.2.2　数码照相机的使用

下面以 Canon EOS 400D 数码照相机为例，介绍数码照相机的使用。

【任务 9-2】购置并使用数码照相机

海西物流公司公关部欲购置一台中档数码照相机，并使用该照相机在公司的公关活动中拍摄照片。

任务分析

Canon EOS 70D 是佳能公司于 2013 年 7 月推出的中级数码单反照相机。它采用全新全像素双核 CMOS AF，极大改善了实时取景时的对焦速度，中央八向双十字全 19 点十字形自动对焦系统，能够准确捕捉到精彩瞬间。

EOS 70D 内置了约 2 020 万有效像素的 CMOS 图像感应器，能细腻表现被摄体细节，展现丰富层次。

EOS 70D 最高可进行约 7 张/秒的高速连拍。连续捕捉被摄体动作后，可从中挑选最理想的瞬间。1/8000 s 的最高快门速度达到专业级机型水准。

当拍摄体出现在眼前时，最好能迅速完成照相机设置，按下快门，因此照相机操作应越简单越好。EOS 70D 在拍摄时设置照相机和回放图像的操作和智能手机相同。另外，EOS 70D 还内置了 Wi-Fi 功能，可将照相机内的图像轻松传输至智能手机。

EOS 70D 搭载了多重曝光模式、HDR 模式、创意滤镜和长宽比等丰富的功能，可激发拍摄者的创造力。

EOS 70D 机身材质采用工程塑料，从而降低了机身重量，提升了便携性。存储卡为单插槽，存储介质为通用性强的 SD 卡。电池型号为 LP-E6，容量为 1 800mA·h，续航能力强。机身采用防尘防滴溅设计，极大地提高了 70D 的环境适应力。

根据以上的市场调研，海西物流公司决定购置 Canon EOS 70D 数码照相机，如图 9-24 所示。

图 9-24　Canon EOS 70D 数码照相机

数码单反照相机比传统单反照相机操作更方便，但一些使用者却不能充分利用数码照相机的全部功能。若要做到充分发挥、运用自如，则需要认真学习、勤于实践和思考总结。

购置并使用数码照相机的流程：市场调研→购置数码照相机→电池充电→安装电池→安装存储卡→安装镜头→打开液晶监视器→设置日期/时间/区域→拍摄照片→回放图像→将照片传输到计算机。

（任务实现）

1．电池充电

（1）取下随电池附带的保护盖，将 LP－E6 电池牢固地装入充电器，如图 9-25 所示。

（2）使用 LC－E6E 充电器充电。将电源线连接充电器并与电源插座连接，如图 9-26 所示。充电自动开始，充电指示灯为以橙色闪烁。电池电量充满以后，充电指示灯会为绿色。将电量完全耗尽的电池完全充满大约需要 150 分钟。

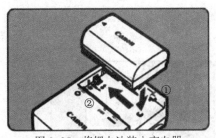

图 9-25　将锂电池装入充电器

图 9-26　充电器与电源插座连接

（3）正确使用电池和充电器。充满电量的电池即使不使用也会逐渐耗尽电量，所以宜在使用电池前一天或当天将其充满。如果将电池长期留在照相机内，小电流放电会缩短电池的使用寿命，所以拍摄完毕应将照相机内的电池取出。

2．安装电池

（1）按如图 9-27 箭头所示方向滑动释放按钮，打开电池仓盖。

（2）将电池触点端朝下插入，直至锁定到位，如图 9-28 所示。

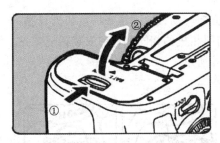

图 9-27　打开电池仓盖

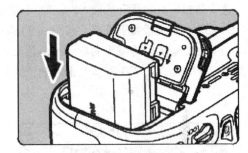

图 9-28　插入电池

（3）按下电池仓盖，并将其锁闭，如图 9-29 所示。

3．安装存储卡

这款照相机可以使用 SD、SDHC 或 SDXC 存储卡。在安装存储卡前，要将存储卡的写保护开关设置在上方位置，确保存储卡允许写入和删除。

（1）沿着图 9-30 箭头①所示方向滑动插槽盖，然后沿着②所示方向打开插槽盖。

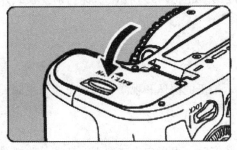

图 9-29　关闭电池仓盖

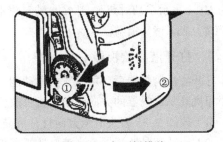

图 9-30　打开插槽盖

（2）如图 9-31 所示，将存储卡的标签一侧朝着液晶显示屏的方向，将其插入直到发出咔嚓声到位。

（3）沿着图9-32箭头①所示方向滑动插槽盖，直到其锁闭。当电源开关设置在 ON 时，将在液晶显示屏上显示可拍摄数量。

图9-31　插入存储卡

图9-32　关闭插槽盖

4．安装镜头

这款照相机兼容所有佳能 EF 和 EF-S 镜头。

（1）取下镜头盖和机身盖。按图9-33箭头所示方向转动，取下镜头后盖和机身盖。

（2）安装镜头。将镜头的红色或白色安装标记与照相机的相同颜色的安装标记对齐，然后按箭头所示方向转动镜头直至其卡入到位，如图9-34所示。

图9-33　取下镜头盖和机身盖

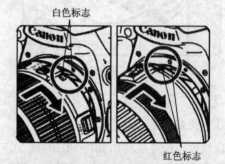

图9-34　安装镜头

（3）将镜头对焦模式开关设为 AF（表示自动对焦），如图9-35所示。如果将对焦模式开关设为 MF（表示手动对焦），那么自动对焦不能操作。

（4）取下镜头前盖。

5．打开液晶监视器

打开液晶监视器后，可设置菜单功能，实时显示拍摄的图像和视频，回放图像和视频。这款照相机液晶监视器的方向和角度皆可改变。

（1）按图9-36箭头所示方向打开液晶监视器。

（2）旋转液晶监视器。当液晶监视器处于转出状态时，可以向上或向下旋转液晶监视器，如图9-37所示。

（3）让液晶监视器朝向拍摄者，如图9-38所示。

图 9-35 将镜头对焦模式开关设为 AF

图 9-36 打开液晶监视器

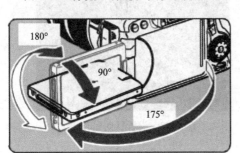

图 9-37 旋转液晶监视器

图 9-38 让液晶监视器朝向拍摄者

6. 设置日期/时间/区域

当第一次打开电源时，会出现"日期/时间/区域"设置屏幕。当到另一个时区旅游时，则要将照相机设置为目的地时区的日期和时间。设置日期和时间的方法如下：

（1）显示菜单屏幕

按 MENU 按钮，显示菜单屏幕，如图 9-39 所示。

（2）在♈2设置页中，选择"日期/时间/区域"

① 按◀▶按钮，选择♈2设置页。

② 按▲▼按钮，选择"日期/时间/区域"（见图 9-40），然后按⊛按钮。

图 9-39 显示菜单屏幕

图 9-40 选择"日期/时间/区域"

（3）设置时区

默认时区为"伦敦"。

① 按◀▶按钮，选择时区框。

② 按⊛按钮，以显示➪。

③ 按▲▼按钮选择时区，如图 9-41 所示。然后按⊛按钮，返回▭。

（4）设置日期和时间

① 按◄►按钮，选择数字。

② 按🔘按钮以显示🔼。

③ 按▲▼按钮设置数值，如图 9-42 所示。然后按🔘按钮，返回□。

（5）退出设置

按◄►按钮，选择"确定"，然后按🔘按钮，将设置"日期/时间/区域"，并重新显示菜单。

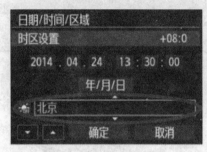

图 9-41　设置时区

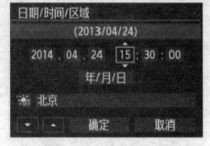

图 9-42　设置日期和时间

7．拍摄照片

下面介绍拍摄照片的基本方法。

（1）打开电源开关

按电源开关按钮，打开电源开关。

（2）正确握持照相机

要获得清晰的图像，应握持照相机静止不动。正确握持照相机的方法如下：

① 右于握住照相机手柄。

② 左手托住镜头底部。

③ 用右手食指轻轻放在快门按钮上。

④ 将双臂和双肘轻贴身体。

⑤ 两脚前后略微分开站立，以保持稳定的姿势。

⑥ 将照相机贴紧面部，从取景器中取景，如图 9-43 所示。

水平拍摄　　　　　　　　　竖直拍摄

图 9-43　正确握持相机

（3）设置全自动拍摄

设置全自动拍摄（场景智能自动）的操作步骤
如下：

① 按住中央的锁定释放按钮，同时转动模式
转盘，将模式转盘设为 $\boxed{A^+}$，如图 9-44 所示。（$\boxed{A^+}$ 是
全自动模式，照相机自动分析场景并设置最佳设置）

图 9-44　设置全自动拍摄模式

② 将区域自动对焦框对准摄体。此时，所有
自动对焦点都被用于对焦。通常使用最近被摄体进行自动对焦。若将区域自动对焦框的中央对
准被摄体，则更易于对焦。

③ 对焦被摄体。先半按快门按钮，镜头对焦环会旋转进行对焦。已合焦的自动对焦点短
促地闪烁红光，同时发出提示音，取景器中的合焦指示灯"●"亮起。如果光线不足，闪光灯
会自动弹起。

注意：快门按钮有两级：半按和全按。半按快门按钮，则启动自动对焦和自动曝光，并设
置快门速度和光圈；完全按下快门，然后释放快门，则拍摄照片。

（4）拍摄照片

完全按下快门按钮拍摄照片。拍摄的图像将在液晶监视器上显示大约 2 s。

8．回放图像

（1）回放图像

按下"回放"按钮 ▶，液晶监视器上显示最后拍摄的图像，如图 9-45 所示。

（2）选择图像

若要从最后一张拍摄的图像开始回放，则逆时针转动◉转盘；若要从第一张拍摄的图像开
始回放，则顺时针转动◉转盘。

图 9-45　回放图像

9．将照片传输到计算机

（1）从照相机取出存储卡。

（2）将存储卡插入读卡器。

（3）使用电缆将读卡器连接至计算机的 USB 接口，将存储卡中的照片复制或移动到计算机
硬盘的文件夹中。

1．使用自拍

（1）按下 DRIVE 按钮。

（2）选择自拍。在注视液晶显示屏期间，转动 拨盘或 转盘，选择自拍延迟，如图 9-46 所示。

（3）拍摄照片。通过取景器取景，对被摄体对焦，然后完全按下快门按钮，如图 9-47 所示。

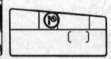
10秒自拍
2秒自拍

图 9-46　选择自拍

图 9-47　拍摄照片

注：可以通过自拍指示灯、提示音和液晶显示屏上的倒计时显示（以秒为单位）查看自拍操作。在拍摄照片 2 s 前，自拍指示灯亮起，提示音将变得急促。

2．放大查看

这款照相机可在液晶监视器上将拍摄的图像放大约 1.5～10 倍。

（1）放大图像

① 在回放图像时，按 按钮，如图 9-48 所示，图像将被放大。如果按住 按钮不放，图像将被继续放大，直至到达最大放大倍率。

② 按 按钮，减小放大倍率。如果按住 按钮不放，图像将被减小为单张图像显示。

放大区域位置

图 9-48　放大图像

（2）滚动图像

① 使用 ，滚动显示放大图像，如图 9-49 所示。

② 若要退出放大显示，按 按钮就会重新出现单张图像显示。

图 9-49　滚动显示图像

3．删除图像

拍照人可以逐个选择和删除不需要的图像，或批量删除图像。被保护的图像不会被删除。一旦图像被删除，将不能恢复。

删除图像的操作步骤如下：

（1）回放要删除的图像。

（2）按🗑按钮，屏幕底部出现图像删除菜单，如图 9-50 所示。

（3）删除图像。选择"删除"，然后按🔘按钮，显示的图像被删除。

图 9-50　滚动显示图像

【任务 9-3】冲印照片

海西物流公司公关部在一次联谊会中拍摄了一批分辨率不同的照片，欲将在联谊会中所拍摄的照片冲印出来。这批照片可以冲洗的最大尺寸是多少？

本周末公司要举办一场新产品展销会，届时要现场拍照，并打算冲印 7 英寸的照片，计算拍摄时照相机应设置的照片分辨率。

任务分析

本任务要求正确地估算照片冲洗的尺寸和设置照片拍摄的分辨率，为此必须先弄清楚数码照相机最大像素、有效像素数、图像分辨率和照片分辨率（冲洗精度）这几个容易混淆的概念。

（1）数码照相机的像素

数码照相机的像素分为和有效像素数。

① 数码照相机的最大像素：取决于照相机内 CCD 上光敏单元的数量，即 CCD/CMOS 感光器件的全部像素。

② 数码照相机的有效像素数：指真正参与感光成像的像素值。数码照相机的最大像素值包含了感光器件中非成像部分，因此有效像素值比最大像素值要略小一些。有效像素的数值才是决定照片质量的关键因素。

像素高，意味着能拍出幅面大的照片；像素的高低，决定照片幅面的大小。

（2）图像分辨率

图像分辨率就是图像的总像素，所以，数码照相机图像分辨率同时决定图像尺寸的大小。图像分辨率常见规格如表 9-1 所示。

表 9-1　图像分辨率常见规格

照片大小/像素	像　素	分　辨　率
640 × 480	307 200 ≈ 30 万	VGA
1 024 × 768	786 432 ≈ 80 万	1M
1 600 × 1 200	1 920 000 ≈ 200 万	2M
2 048 × 1 704	3 145 728 ≈ 300 万	3M
2 272 × 1 074	3 871 488 ≈ 400 万	4M
2 592 × 1 945	5 038 848 ≈ 500 万	5M
2 816 × 2 112	5 947 392 ≈ 600 万	6M
3 056 × 2 296	7 016 576 ≈ 700 万	7M
3 264 × 2 448	7 990 272 ≈ 800 万	8M

图像分辨率越大，图像面积也越大，图像文件的容量也越大。

数码照相机分辨率是决定性的因素，数码照相机分辨率确定了，图像分辨率最大值也就确定了。例如，一台分辨率为 500 万像素的数码照相机，它可拍摄的照片的最大分辨率为 2 592 ×1 945 像素；800 万像素的数码照相机，它可拍摄的照片的最大分辨率为 3 456×2 304 像素。当然，可以用于拍摄小于最大分辨率的照片。

（3）照片冲印尺寸

① 照片的清晰度：不单取决于像素数，还与照片面积大小有关。照片的清晰度取决于像素的"点密度"。

若照片的像素虽高，冲印的照片也很大，但其"点密度"并不高，照片也不细腻；相反，若像照片的素不高，冲印很小幅面的照片，也可以得到很细腻的照片。

② 照片冲印精度：照片冲印采用打印精度的度量标准 dpi（dot per inch），即每英寸（1 in = 2.54 cm）长度上有多少个点。冲印机的规格一般是 120～300 dpi，冲洗精度的底线是 120 dpi，最好使用 200 dpi 以上冲洗。

③ 照片规格：数码照相机拍摄的照片的比例多数是 4:3，照片规格如表 9-2 所示。

表 9-2　照 片 规 格

照 片 规 格	国 际 规 格	实际尺寸/英寸
5 寸	3R	3.5 × 5
6 寸	4R	4 × 6
7 寸	5R	5 × 7
8 寸	6R	6 × 8

照片的大小有两种说法：国内的叫法用 5 寸、6 寸、7 寸……数值取自照片较长的那一边；国际的叫法用 3R、4R、5R……数值取自照片较短的那一边。

④ 照片可冲印的尺寸：照片像素数、冲印精度和照片尺寸 3 个量之间存在一定的关系，只要其中 2 个量确定了，第 3 个量就可以计算出来。

欲求照片尺寸，只要将照片每一条边的像素数除以冲印精度即可。

计算公式为：照片一条边的像素数÷冲印精度＝照片尺寸的一条边

计算的结果如表 9-3 所示。（设冲印精度为 240 dpi）

表 9-3　计算照片尺寸

分　辨　率	照片大小/像素	照片尺寸/英寸
VGA	640×480	2.7×2.0
1M	1 024×768	4.3×3.2
2M	1 600×1 200	6.7×5.0
3M	2 048×1 704	8.5×7.1
4M	2 272×1 074	9.5×4.5
5M	2 592×1 945	10.8×8.1
6M	2 816×2 112	11.7×8.8
7M	3 056×2 296	12.7×9.6
8M	3 264×2 448	13.6×10.2

 任 务 实 现

1．冲印在联谊会中所拍摄的照片

（1）打开计算机，查看在联谊会中所拍摄的照片的分辨率。

（2）将所查看的照片分辨率与表 9-3 对照，以确定要冲印的照片尺寸。

（3）将在联谊会中所拍摄的照片复制到 U 盘，拿到附近照片冲印店冲印。

2．计算新产品展销会拍摄时照相机应设置的照片分辨率

一般来说数码冲印机的最高精度为 300 dpi，实际中大概 250 dpi 就达到最高质量了。估算时不妨用最高精度 300 dpi 来计算，2048/300=6.83 英寸，显然，冲印 7 英寸不成问题。所以，拍摄时应将照片的分辨率设置为 2048×1704≈3M。

若照片冲印尺寸确定，照片的分辨率设置得过大，不会提高冲印质量，反而浪费存储空间。

9.2.3　数码照相机的日常维护

数码照相机构造精密，除了传统照相机的物理、光学设备之外还增加了大量的电子部件。所以，在维护上与传统相机既有相同之处，也有所区别的地方。

1．数码照相机存放的保护

数码照相机使用后，要把电池卸下另外存放，用绒布擦净照相机外表，用吹气皮囊吹去镜头表面及反光镜上的灰尘，装入"原配"的照相机包，存放于干燥处。

2. 镜头的保养

数码照相机在不使用时，要盖上镜头盖，避免汗液玷污镜头。

照相机使用后，镜头难免会沾上灰尘，极少量的灰尘并不会影响图像质量，没有必要对镜头进行清洗；在使用过程中，手碰到镜头而留下指印，指印对镜头的涂层非常有害，应及时清洗。

清洗镜头时，先使用软刷和吹气球去除尘埃颗粒，接着滴一小滴镜头清洗液在专用擦拭纸上（注意：不要将清洗液直接滴在镜头上），由中心向外面轻轻擦去镜片上污渍，不可用力刮擦，以免损伤镜头表面的涂层，然后用一块干净的镜头纸擦净镜头。

注意：千万不能用纸巾或餐巾纸来清洗镜头。这些纸张所包含木质纸浆会刮擦镜头上的涂层。在清洗照相机的其他部位时，切勿使用苯、酒精等有机溶剂，以免因溶解膨胀而导致照相机变形。

3. 充电电池的保养

数码照相机用电量非常大，所以拍摄过程中应该尽量少用 LCD 取景器；减少光学变焦的次数；减少使用闪光灯的次数；在不使用数码照相机的时候，要记住及时关闭。

数码照相机的充电电池的 2 种：镍氢或锂电池。镍氢充电电池有记忆效应，尽量将电池电力用完后再进行充电，否则电池的放电时间就会慢慢地缩短。镍氢电池的充电一定要超过 14 小时，否则日后电池寿命会较短；锂电池的充电时数一定要超过 6 小时。

长时间不使用数码照相机时，必须要将电池从数码照相机中或是充电器内取出，因为电池长时间存放在数码照相机或是充电器内，可能会造成电池漏电。

4. 液晶显示屏的保养

液晶显示屏 LCD 是数码照相机的重要的特色部件，在使用过程，不要让液晶显示屏表面受挤压或刮擦。

最常见的问题是 LCD 上会有指纹或油垢灰尘，对此可用细致的眼镜布轻轻擦拭。

注意：不能使用玻璃清洁剂，因为数码照相机的 LCD 表面有一层抗强光膜，这层膜一旦破坏了无法修复。

有些彩色液晶显示屏显示的亮度会随着温度的下降而降低，这属于正常现象，不必维修。

5. 不要自行拆修

数码照相机高科技精密设备，普通用户一般没有自行维修的能力。所以，如果数码照相机出现故障，千万不要自行拆卸，应送到厂家指定的维修部门修理，以免造成更大的甚至不可挽回的损失。

课后习题 9

一、选择题

1. 使用扫描仪扫描文稿所得到的文件是（　　　）。

    A．文本文件　　　　　　　　　　　　　　　B．图像文件

C. 可执行文件 D. 视频文件
2. 在扫描图像时，不恰当的做法是（ ）。
   A. 尽可能将图片与玻璃平台紧贴 B. 选用自动色彩
   C. 分辨率调到最高 D. 选用自动纠偏和节选
3. 数码相机也叫数字式照相机，英文简称（ ）。
   A. DV B. DC C. AE D. PAL
4. 卡片数码照相机的优点不包括（ ）。
   A. 便于随身携带 B. 外观时尚
   C. 非常省电 D. 小巧超薄
5. 下面关于数码照相机的分辨率的叙述，正确的是（ ）。
   A. 数码照相机分辨率就是图像分辨率
   B. 数码照相机的最大像素取决于照相机内 CCD 上光敏元件的数量
   C. 数码照相机的有效像素数就是数码照相机的最大像素
   D. 数码照相机分辨率决定照片的清晰度
6. 下面关于数码照相机使用和维护的叙述，错误的是（ ）。
   A. 数码照相机沾染油污，应使用酒精擦洗
   B. 如果数码照相机出现故障，不要自行拆卸，应送到厂家指定的维修部门修理
   C. 数码照相机的锂电池有记忆效应，尽量将电池电力用毕再进行充电
   D. 液晶显示屏 LCD 很耗电，暂时不拍照时，要及时关闭电源

二、应用题

1. 安装和使用扫描仪

① 如果工作单位有扫描仪，动手把它重新安装一遍。
② 使用扫描仪扫描一页印刷的书稿。
③ 使用 OCR 将扫描所得到的图像文件转换成可编辑的文本文件。

2. 使用数码照相机

① 使用数码照相机拍摄一批照片。
② 将数码照相机所拍摄的照片导入计算机。
③ 使用 Photoshop 软件对照片进行处理。

第10章 办公移动存储设备

随着计算机应用的普及，文件交流和数据交换的需求空前增长，与此同时，移动办公逐渐成为商务活动中新的潮流。这些因素使得办公领域对数据移动存储的需求急速增加，对移动存储设备提出更高的要求，从而推动移动存储朝着高稳定性、高存储容量、高读写速度和高性价比的方向发展。

10.1　移动存储设备概述

本节先对移动存储做总体概要介绍，以此作为学习移动存储设备的入门基础。

1．移动存储设备的发展历程

说到移动存储，首先会想到软盘，5 英寸软盘的出现标志着移动存储设备时代的开始，它首次让人们可以携带文件离开计算机。3 英寸软盘的出现使移动存储设备更上一个档次，它以价格低廉和使用方便风靡全球十多年。

随着计算机应用技术的飞速发展，人们需要移动和复制图像、声音文件和视频等大容量数据文件，容量 1.44 MB 的 3 英寸软盘显然已不够用，市场的需求推动了一大批新型移动存储设备的诞生。

新一代的移动存储产品种类很多，按存储介质区分，移动存储设备大致分为 3 种：磁介质存储（如 ZIP、LS-120、移动硬盘等）、光介质存储（如 CD-RW、DVD、MO）和闪存介质存储（如 U 盘、各种闪存卡）。

基于半导体技术的闪存（Flash Memory）技术的移动存储产品，以其低功耗、高可靠性、高存储密度、高读写速度的优点，成为较为理想的移动存储设备。基于闪存的 CF 卡、SD 卡、SM 卡、MMC 卡和记忆棒等，广泛地应用于数码相机等电子产品之中。USB 接口的闪存盘（U 盘）风靡计算机市场。

但是，随着闪存容量增加，价格成几何增长。目前 128 GB 的 U 盘价格大约 400 多元，与 500 GB 移动硬盘的价格相当，而 U 盘的容量和读写速度远不如移动硬盘。金士顿已经生产出 1 TB 的 U 盘，采用 USB 3.0 接口，读速度 240 MB/s，写速度 160 MB/s，由于价格昂贵，少有人问津。

2．移动存储设备的分类

（1）按存储介质分类

按存储介质可分为：磁介质移动存储设备、光介质移动存储设备和半导体介质移动存储设备。

（2）按驱动分类

① 有机械驱动器：移动硬盘、光驱。

② 无机械驱动器：U盘、各种闪存卡。

（3）按接口分类

按接口可分为：USB接口移动存储设备和IEEE 1394接口移动存储设备。

3．移动存储设备的选用

新型的移动设备种类很多。用户在选购移动存储设备时，需要从以下几方面考虑：

（1）方便性

移动存储产品要足够小、足够轻，便于携带。

（2）兼容性

所选用的移动存储产品在相关的应用设备中能够兼容，这是选购时要考虑的重要因素。

（3）安全性

所选用的移动存储产品读写稳定，数据不丢失。同时，要求移动存储产品具有防震、防磁、防潮和防辐射等方面功能。

（4）保密性

移动存储产品存储的信息可能是公司重要的数据文件或个人隐私信息，因此要求移动存储设备具有加密功能。

（5）性价比高

简单地说，就是所选用的移动存储产品存储容量要大，价格要低。

10.2　闪　　存

闪存的存储介质不是磁介质和光介质，而是半导体电介质。它是一种基于闪存技术的移动存储器。其存储的数据不需要电压维持，所消耗的能量主要用于读写数据。

闪存的数据删除不是以单个的字节为单位，而是以固定的区块为单位，区块大小一般为256 KB～20 MB。闪存是电子可擦除只读存储器EEPROM的变种，闪存与EEPROM不同的是，闪存（Flash memory）是一种非易失性的内存，属于EEPROM的改进产品。它的最大特点是必须按块（Block）擦除（每个区块的大小不定，不同厂家的产品有不同的规格），而EEPROM则可以一次只擦除一个字节。

闪存是非易失性（在断电情况下仍能保持所存储的数据信息）的存储器，不需要特殊设备和方式即可实现实时擦写。闪存具有极佳的抗震性和可靠性。由闪存制成的存储卡，能抵抗高压与极端的温度，即使掉落水中，晾干后仍可使用。

由于闪存具有功耗低、可靠性高、存储密度高、读写速度快的优点，近几年各种形式的基于闪存技术的存储设备如雨后春笋般诞生，它们的外形结构丰富多彩，尺寸越来越小，容量越来越大，接口方式越来越灵活。以下主要介绍闪存家族中的两种产品：U盘和闪存卡。

10.2.1 U 盘

U 盘（USB Flash Disk），全称 USB 闪存盘。它是目前使用最为广泛的移动存储设备，其体积大小如一只打火机，质量约 15 g，如图 10-1 所示。

1. U 盘的特点

U 盘采用 USB 接口，即插即用，无须机械驱动，抗震性能极强。此外，U 盘还具有防潮防磁、耐高低温等特性，安全可靠性高。

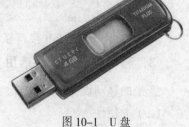

U 盘的优点是体积小，质量轻，特别适合随身携带。U盘不但小巧便于携带，而且存储容量大、价格便宜、性能可靠。

图 10-1　U 盘

U 盘的平均读写速度比移动硬盘快。U 盘的读写取决于主控，目前大多数 U 盘都采用双闪存芯片，读写速度一般为 30 MB/s 左右。U 盘读写速度最高可达到 250 MB/s 以上。

常见的 U 盘容量有 8 GB、32 GB、64 GB 和 128 GB。256 GB、512 GB、1 TB 的 U 盘已经面市，价格不菲。

2. U 盘的结构

U 盘的构成很简单：外壳+机芯。外壳通常使用 ABS 塑料或金属，只有 USB 接头突出于保护壳外，用一个盖子盖住。

U 盘的机芯由主控芯片、闪存（Flash 芯片）、晶振、USB 插头、稳压 IC（LDO）、PCB（印制电路板）、帖片电阻器、电容器、发光二极管（LED）等组成，其结构如图 10-2 所示。

做简单比喻，主控芯片如计算机的 CPU，Flash芯片如计算机硬盘。计算机 CPU 工作需要时钟信号，U 盘也一样需要时钟信号，时钟信号由晶振产生。

计算机硬盘和 Flash 的存储方式不一样。主控芯片第一个作用是充当翻译机，把计算机中的数据翻译成 Flash 能够识别的数据类型。第二个作用是检测 Flash 可使用的空间。

晶体振荡器，简称晶振。加电压后产生一个时钟振动频率，提供给主控芯片和通信使用。

稳压 IC 又称 LDO，其输入端 5 V，输出 3 V。

Flash 焊盘的作用是用于固定闪存，使闪存与主控衔接。

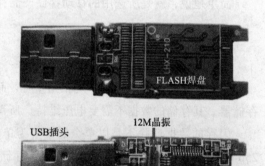

图 10-2　U 盘机芯结构

3. U 盘的接口

USB 1.0 和 USB 1.1 接口的 U 盘已经淘汰。目前，主流 U 盘的接口是 USB 2.0，新型大容量U 盘的接口是 USB 3.0。

USB 2.0 接口数据传输率为 480 Mbit/s。USB 3.0 接口数据传输率为 5 Gbit/s/秒。USB 3.0 暂定的供电标准为 900 mA，将支持光纤传输，一旦采用光纤其速度更有可能达到 25 Gbit/s。

办公自动化任务驱动教程

4．U盘的正确使用

U盘是一个技术含量相对较低，且具有极高易用性的电子产品。也正因为如此，许多人拿到U盘就随便使用。实际上，U盘的使用和维护还是有一些技巧。

（1）正确插拔U盘。当U盘上的指示灯还在闪烁时，说明当前正在读写。要等这个指示灯闪烁停止时，方可拔出U盘，否则会造成数据丢失。

尽管U盘是一种支持热插拔的设备，不过最好不要直接拔出。正确方法是：单击任务栏右端"安全删除硬件"图标，在弹出的列表中选择U盘的盘符，等到屏幕提示现在可以安全拔除后，将U盘从计算机上拔下。

（2）尽量减少U盘写入次数。用户在U盘中增加或者删除一个文件，原先保存在U盘中的数据就会重新更新一次，以新的排列顺序将文件保存在盘区中。U盘的刷新次数是有限的，大约10万次左右。所以，尽量减少U盘写入次数，建议将零散文件做成压缩包来保存。

（3）U盘的存储原理和硬盘不同，不要整理碎片，否则会影响使用寿命。

（4）不要先将U盘插入计算机，然后启动计算机，否则可能造成计算机无法正常启动。

（5）如果U盘掉水里，要把大部分水从U盘USB接口处甩出，将U盘搁置一段时间（大约一周），晾干后一般可以继续使用。

10.2.2 闪存卡

基于闪存技术的移动存储产品主要有早期的CF（Compact Flash）卡、SM（Smart Media）卡、MMC（Multi Media）卡，还有索尼公司独立研制的记忆棒（Memory Stick）以及松下公司推出的SD（Secure Digital Memory）卡等。这些移动储卡主要面向消费电子领域的产品，例如作为手机、数码相机和MP3的存储设备。

1．CF卡

CF卡于1994年由SanDisk公司最先推出，它支持PCMCIA-ATA标准，质量14 g，尺寸为43 mm×36 mm×3.3 mm，如图10-3所示。

CF卡采用闪存技术，是一种稳定的存储卡，可靠性比传统磁盘驱动器高5~10倍，而且CF卡的用电量仅为小型磁盘驱动器的5%。这些突出的优点使得CF卡受到数码相机用户的青睐。

CF卡的优点是价格低，兼容性好，其缺点则是体积较大。因此，一些超薄型的数码相机放弃CF卡。此外，CF卡工作温度为0~40℃，这限制了它在0℃以下环境中使用。

图10-3　CF卡

2．SD卡

SD卡是一种基于半导体闪存工艺的存储卡，1999年由日本松下、东芝和美国SanDisk公司共同研发。SD卡质量只有2 g，大小犹如一张邮票，尺寸为32mm×24mm×2.1mm，如图10-4所示。

SD卡是一种大容量、高性能、安全性高的存储卡，目前已成为数码设备中使用最广泛的一种存储卡。

3．MMC卡

MMC卡由SanDisk和西门子公司在1997年推出，只有邮票大小（32 mm×24 mm×1.4 mm），而其质量不超过2 g，是世界上最小的半导体闪存存储卡，如图10-5所示。MMC卡的工作电压低，比CF卡和SM卡更加省电。

4．SM卡

1995年，东芝公司推出SM卡；1996年，三星公司购买了生产和销售许可，这两家公司成为主要的SM卡厂商。

SM卡采用了东芝NAND型Flash Memory，体积做得很小（45 mm×37 mm×0.76 mm），质量仅1.8 g，如图10-6所示。SM卡具有比较高的擦写性能。

图10-4　SD卡

图10-5　MMC卡

图10-6　SM卡

由于SM卡的体积小，非常轻薄，曾被广泛应用于数码产品当中，一度在MP3播放器上非常流行。

SM卡本身没有控制电路，因此兼容性相对较差。目前，新推出的数码相机都不采用SM卡作为存储体。

SM卡的控制电路是集成在数码产品（比如数码相机）当中，这使得数码相机的兼容性受到影响。目前，新推出的数码相机中很少有采用SM存储卡，SM卡已淘汰。

5．记忆棒

记忆棒是由日本索尼公司研发的存储设备。其尺寸为50 mm×21.5 mm×2.8 mm，质量为4 g，具有写保护开关，如图10-7所示。

记忆棒外形轻巧，稳定性和兼容性极高。它大量应用于索尼系列的产品中，如摄像机、数码照相机、个人计算机、彩色打印机、IC录音机、LCD电视等。

记忆棒的缺点：只能在索尼数码照相机和PSP中使用，且容量尚不够大。

图10-7　记忆棒

10.3　移动硬盘

移动硬盘顾名思义是以硬盘为存储介质，强调便携性的存储产品。目前，市场上出售的移动硬盘如图10-8所示。

由于采用硬盘为存储介质，因此移动硬盘在数据的读写模式与标准IDE硬盘是相同的。移动硬盘多采用USB、IEEE 1394等传输速率较快的接口，能够以较高的速度与系统进行数据传输。

目前，移动硬盘品牌厂家有：西部数据、希捷、东芝、日立、三星、爱国者等。主流产品为2.5英寸移动硬盘，采用USB 3.0接口，传输速率为100～140 MB/s。

图 10-8　移动硬盘

10.3.1　移动硬盘基本知识

　　市场上出售的移动硬盘主要有两种形式：一种是直接购买由硬盘厂商推出的整个移动硬盘产品，包括硬盘和硬盘盒，乃至相关的附件等；购买整套产品能获得整体的质量保证。另一种则是通过分别购买笔记本硬盘和硬盘盒的组装方式，由用户自行选择硬盘和盒子，自由度大，可按需组装移动硬盘。

　　下面介绍移动硬盘的特点和选购方法。

1．移动硬盘特点

（1）容量大

　　移动硬盘可以提供相当大的存储容量，目前市场上移动硬盘容量较低的为 500 GB，容量 8 TB 的移动硬盘已经面市。

　　移动硬盘是一种高性价比的移动存储产品。目前，500 GB 的移动硬盘市场价 300 多元，1 TB 的移动硬盘市场价 400 多元。128 GB 的 U 盘价格高达 400 多元，U 盘在容量和性价比两方面还无法与移动硬盘媲美。

（2）传输速率高

　　移动硬盘大多采用 USB 与 IEEE 1394 两种类型接口。目前，移动硬盘主流采用 USB 3.0 接口。当 USB 3.0 的硬盘接入 USB 3.0 的计算机时，传输速率可达 180 MB/s，当 USB 3.0 硬盘接入 USB 2.0 计算机时，传输速度能提升到 35 MB/s，较之纯 USB 2.0 硬盘的 20 MB/s，传输速率有显著提升。

（3）使用方便

　　当今，USB 接口已成为个人计算机的基本配置。主板通常提供 2 ~ 8 个 USB 接口。在 Windows 系统中，大多数 USB 设备都不需要安装驱动程序，即插即用。

（4）可靠性高

　　数据安全是移动存储用户最为关心的问题，也是人们衡量产品性能好坏的重要标准。

　　移动硬盘除了具有高速、大容量、轻巧便捷等优点之外，其突出优点还在于存储数据安全可靠。

　　移动硬盘采用硅氧盘片，这是一种比铝、磁更为坚固耐用的盘片材质，并且具有更大的存储量和更高的可靠性。由于采用以硅氧为材料的磁盘驱动器，盘面硬度更高、更加平滑，降低了因盘片不规则而导致数据不可靠的影响，大大提高了硬盘的可靠性。

2．移动硬盘选购

选购移动硬盘应考虑如下几个因素：

（1）容量

容量是选购时首先要考虑的问题。目前市场上的移动硬盘的容量有 500 GB、1 TB、2 TB、4 TB、8 TB 等。用户不能盲目地求大，要根据实际需求，选定合适容量，以免造成不必要的浪费；以够用为准则，同时又要留有一定的余地。

（2）接口

移动硬盘的常见接口主要有 USB 和 IEEE 1394 两种。目前，主流移动硬盘采用 USB 3.0 接口，传输速率可达 180 MB/s。IEEE 1394 的接口的优点是速度较快，但通用性较差。

（3）体积

目前，移动硬盘主要有 2.5 英寸和 1.8 英寸两种，3.5 英寸移动硬盘已被淘汰。

1.8 英寸的移动硬盘超薄超小，但价格相对高一些。2.5 英寸的移动硬盘大小适中，携带方便，容量大，价格适中，成为大多数用户的首选。

（4）抗震

抗震性能的好坏是衡量一款移动硬盘质量的关键因素。一些品牌移动硬盘厂家采用了凝硅网抗震外衣（SGW）、柔性电路（F-PCB）和自动平衡滚轴系统等先进抗震技术。

综上所述，假如用户对移动硬盘的知识了解不多，则考虑购买品牌移动硬盘。品牌移动硬盘质量可靠，价格较贵。目前市场上品牌移动硬盘有：迈拓、希捷、西部数据、明基、易存、爱国者和纽曼等。根据笔者的经验，推荐用户购买迈拓、西部数据或希捷的移动硬盘。

10.3.2　组装移动硬盘

【任务 10-1】DIY 移动硬盘

林某是一名律师，在 SOHO 办公中，需要使用移动硬盘备份重要法律文件。购买原装移动硬盘较贵，恰好有一台被淘汰的台式计算机，欲将其硬盘拆下来，自己动手组装成移动硬盘。

使用台式计算机硬盘组装移动硬盘不妥。理由如下：

其一，台式计算机的硬盘是 3.5 英寸硬盘，加上硬盘盒，体积将会跟 5.25 英寸光盘驱动器相当，携带十分不方便。

其二，计算机的 USB 接口提供 5 V 电压，500 mA 电流。台式机硬盘电压一般是 5 V 和 12 V，电流一般在 0.3~1 A 之间。如果使用台式计算机硬盘组装移动硬盘，则必须外接电源。而常见的移动硬盘不需要专用的电源，只要将连接线插入到计算机 USB 接口就可以使用。

根据以上分析，林某放弃了使用淘汰台式计算机硬盘组装移动硬盘的方案，决定网购 2.5 英寸硬盘和硬盘盒，自己动手组装移动硬盘。

组装移动硬盘的关键是选购"盘""芯"和"壳"。很多网友推荐使用"西部数据""希捷"

或"日立"的 2.5 英寸笔记本式计算机硬盘（简称笔记本硬盘），并推荐选用"飚王天火"或"元谷"硬盘盒。由于该硬盘盒使用品牌控制芯片，能确保移动硬盘的兼容性和数据传输稳定性。目前，控制芯片的供应商主要来自美国、日本，以及中国台湾省。其中，中国台湾省的创惟科技（Genesys Logic）、扬智科技（ALi），美国 Cypress 和日本 NEC 的控制芯片，质量和稳定性都较为出色。

DIY 移动硬盘的流程为：分析任务→中国市场调研→购置配件→安装移动存盘→移动存盘分区和格式化。

 任 务 实 现

1．购置配件

从淘宝网购入希捷的 500 GB 笔记本硬盘（见图 10-9）和元谷 USB 3.0 的移动硬盘盒（见图 10-10）。

图 10-9 希捷的 500 GB 笔记本硬盘 　　　　　图 10-10 元谷移动硬盘盒

2．安装移动硬盘

打开移动硬盘盒的包装盒，里面有移动硬盘盒、支架、海绵胶、螺丝刀和说明书。说明书详细介绍了整个安装过程。

（1）旋开移动硬盘盒底部的两枚螺钉，打开移动硬盘侧面的两块外壳，就可以看到移动硬盘盒内部的电路板，如图 10-11 所示。

（2）将笔记本硬盘对准移动硬盘盒的插口装入移动硬盘盒内，如图 10-12 所示。

注意：硬盘的 SATA 口比较脆弱，小心操作，不要损坏了接口。

图 10-11 元谷移动硬盘盒内部

（3）将装好硬盘的电路板翻转，可以看到 4 个螺钉口，用移动硬盘盒配送的 4 个螺钉将笔记本硬盘与移动硬盘盒固定好，如图 10-13 所示。

（4）将已经组装好的硬盘电路板装入外壳内，固定好上下盖，将刚才卸下的两颗螺钉拧紧。

（5）将 4 块海绵胶贴到支架的底部和两侧，防滑。至此，移动硬盘的组装已经完成。

图 10-12　笔记本硬盘装入硬盘盒

图 10-13　笔记本硬盘固定于硬盘盒

3．移动存盘分区和格式化

将组装的移动硬盘连接到计算机，右击桌面的"计算机"图标，在弹出的快捷菜单中选择"管理"命令，打开"计算机管理"窗口。选择"磁盘管理"，找到移动硬盘，接着进行分区和格式化。格式化完毕，组装的移动硬盘就可以用了。

1．DIY 移动硬盘时注意点

在 DIY 移动硬盘中，还要注意以下两点：

（1）选购硬盘盒时，宜选用金属材料外壳，这样有利于散热。

（2）选购连接线时，宜选用 Y 型且一头有两个 USB 接口的连接线，如图 10-14 所示。这样移动硬盘从两个 USB 接口取电，从而解决了移动硬盘供电不足的问题。

图 10-14　Y 型 USB 连接线

2．前置 USB 接口供电不足的原因及对策

在使用中常遇到，当移动硬盘插入前置 USB 接口时，发生找不到移动硬盘或移动硬盘不能正常运行的现象；而小功率 USB 设备，如闪存盘，插入前置 USB 接口，却能够正常使用，这是为什么？

USB 接口有 4 个触点，分别是电源+5V、数据 –、数据+、电源地，USB 设备与计算机通过"数据+"和"数据 –"通道进行数据传输，"+5V""电源地"具有为外围设备供电的能力。

计算机主板上提供了几个 USB 接口，另外还提供了两个扩展的 USB 接口，使用延长线将扩展 USB 接口连接到机箱前面板上前置的 USB 接口，以方便使用。可能由于延长线太长或屏蔽能力较差，导致前置 USB 的接口供电不足，无法使用功率稍大的设备。

解决 USB 接口供电不足有多种方法：使用 Y 型 USB 连接线，双 USB 接口取电。一些 DIY 高手则通过改造电路，为前置 USB 接口提供足够的电流。最简单的方法是把移动硬盘插到机箱后的 USB 接口。

3．移动硬盘的正确使用

在办公事务中，移动硬盘的使用越来越频繁。若不掌握其正确使用方法，可能会造成不必要的麻烦。

（1）使用过程中严禁晃动移动硬盘。

（2）移动硬盘分区不要过多。

移动硬盘的分区不要超过 2 个。因为每次插入移动硬盘连接计算机时，系统都会对硬件进行检索，如果分区过多，则每次都需要等待较长的时间。

（3）移动硬盘不需要磁盘整理。对移动硬盘进行磁盘整理，是没有意义的，反而会缩短移动硬盘的使用寿命。正确的做法应该是将数据全部复制出来，重新格式化，然后将数据复制回去。

（4）正确插拔移动硬盘。尽管移动硬盘的 USB 接口支持热插拔，但也不能随意插拔。

移动硬盘插入的正确方法是：在系统已经启动完毕的情况下，将移动硬盘的连接线插入计算机 USB 接口。要避免在系统启动过程中或处理大容量数据信息的时候插入移动硬盘。

移动硬盘更不能随意拔除，要等到移动硬盘停止工作，单击任务栏中的"安全删除硬件"图标，在弹出的列表中再单击移动硬盘的盘符，等到屏幕提示现在可以安全拔除后，才能将移动硬盘从计算机中移走。

10.4　移动光存储设备

1980 年 3 月，SONY 公司推出了全球首张 CD，标记人类记载信息历程新的里程碑。

光盘的直径为 12 cm（5 英寸），质量不到 20 g，存储容量却高达 650 MB，甚至达到 4.7 GB、8.5 GB、17 GB 和 25 GB 的海量。

光盘存储数据安全可靠、交换方便、价格低廉，能满足用户大容量数据存储和数据移动的需求。

10.4.1　光盘基本知识

光盘是以光作为媒介的一种外存储器，其存储原理不同于磁介质与半导体技术的闪存。

1．光盘分类

根据结构可将光盘分为 CD、DVD 和 BD（蓝光光盘）等几种类型。

（1）CD

CD 是英文 Compact Disk 的缩写，意为高密度盘。CD 用聚碳酸酯材料制成，有直径 80 mm 和 120 mm 两种。光盘的表面被划分为螺旋线光道。光道上的微小凹坑和平面分别表示 0 与 1。120 mm CD 的容量约 650 MB。

按照结构 CD 光盘分为三类：只读光盘（Compact Disc-Read-Only Memory，CD-ROM）、一次性写入多次读取光盘（Compact Disk-Recordable，CD-R）和可擦写光盘（Compact Disk-ReWritable，CD-RW）。

（2）DVD

DVD 的英文全称为 Digital Versatile Disc，即数字通用光盘。DVD 的结构与 CD 相似，但是 DVD 比 CD 的光道和凹坑的密度大得多。CD 的凹坑长度为 0.834 μm，光道间距为 1.6 μm，采用波长为 780～790 nm 的红外激光器读取数据；而 DVD 的凹坑长度仅为 0.4 μm，光道间距为 0.74 μm，采用波长为 635～650 nm 的红外激光器读取数据，由于激光束波长更短，所以能够更加准确地聚焦和定位在光盘上面。

DVD 可分为单面单层、单面双层、双面单层和双面双层 4 种物理结构。单面单层 DVD 的容量为 4.7 GB，约为 CD – ROM 容量的 7 倍；双面双层 DVD 的容量高达 17 GB，约为 CD-ROM 容量的 26 倍。

（3）BD

BD（Blue-ray Disc，蓝光光盘）是继 DVD 之后的新一代光盘的格式，用以存储高品质的影音和高容量的数据。蓝光光盘由于采用波长 405 nm 的蓝色激光来进行读写操作而得名。一张单层的蓝光光盘的容量为 25 GB，能够录制长达 4 小时的高清晰影片。

蓝光光盘在市场上难以推广，其原因在于读取 BD 使用的是蓝色激光。买了 BD 还得购置 BD 光驱，而 BD 光驱不能兼容使用红外激光器的 CD 和 DVD 光盘。所以，多数用户仍然青睐 DVD-RW（刻录机），它可读写广泛使用的 CD 和 DVD 光盘。

2. 光盘结构

CD、DVD 和 BD 等几种类型的光盘，虽然在结构上有所区别，但结构的基本原理基本相同。

（1）基板

基板是光盘各种功能性结构的载体，其使用的材料为无色透明的聚碳酸酯板，这种材料韧性极好、适用温度范围大、尺寸稳定且无毒性。CD 的基板厚度为 1.2 mm，直径为 120 mm，中间有圆孔。

（2）记录层（染料层）

在基板上涂抹上一层专用的有机染料，烧录时供激光记录信息。

一次性写入的 CD-R 主要采用有机染料（酞菁）。烧录时，激光把基板上所涂的有机染料烧录成一个个小"坑"，表示"0"；没有烧录的平坦部分表示"1"。烧成"坑"之后不能恢复，这就是一次性写入光盘不能擦的原由。

可擦写的 CD-RW 光盘，所涂抹的就不是有机染料，而是一种具有逆变特性的相变结晶材料，相变结晶材料具有非结晶和固定结晶两种状态，两种状态具有不同的反射率，因此可以表示不同信号"0"和"1"。通过改变 CD-RW 刻录机激光头的不同发射强度，可以使相变结晶材料在两种状态之间转换，从而实现可反复擦写。

（3）反射层

在基板底面镀上一层纯度为 99.99% 的银，用于反射激光光束。

（4）保护层

为了保护反射层和染料层免遭破坏，在其上涂一层光固化丙烯酸保护材料。

（5）印刷层

印刷层在光盘的背面，用于印刷盘片的标识和容量等信息，同时还可以起到一定的保护作用。

3. 光盘尺寸

（1）普通标准（120 型光盘）

尺寸：外径 120 mm，内径 15 mm。

厚度：1.2 mm。

容量：DVD 4.7 GB/8.6 GB；CD 650 MB/700MB/800MB/890MB。

（2）小团圆盘（80 型光盘）

尺寸：外径 80 mm，内径 21 mm。

厚度：1.2 mm。

容量：39～54 MB 不等。

4．光盘数据组织

CD-ROM 光盘的小凹坑长度为 0.834 μm，光道间距为 1.6 μm，采用波长为 780～790 nm 的红外激光器读取数据，根据小凹坑和平面反射光的弱或强分别表示 0 或 1。

磁盘上的磁道是同心圆，而光盘上的光道是螺旋线。CD-ROM 光盘有 333 000 个扇区，每个扇区存放 2 048B，总容量为：

2 048 B/扇区 × 333 000 扇区 = 681 984 000 B = 650.39 MB

DVD 的小凹坑长度仅为 0.4 μm，道间距为 0.74 μm，采用波长为 635～650 nm 的红外激光器读取数据。DVD 可以分为单面单层（容量为 4.7 GB）、单面双层（容量为 8.5 GB）、双面单层（容量为 8.5 GB）和双面双层（容量为 17 GB）4 种物理结构。

10.4.2　光驱基本知识

光驱是读写光盘的设备，不同类型的光驱其特性和功能也不相同。

1．光驱分类

目前，市场上的光驱一般分为三大类：CD-ROM 光驱、DVD-ROM 光驱和 DVD－RW（刻录机）。

（1）CD-ROM 光驱

CD-ROM 光驱是只读光驱，它只能读取 CD-ROM、CD-DA（Digital Audio）或 VCD 等只读光盘上的信息，而不能向光盘写入信息。

（2）DVD-ROM 光驱

DVD-ROM 光驱能够读取 DVD 只读光盘上的信息，这些 DVD 只读光盘包括 DVD-ROM、DVD-Audio、DVD-Video 等。它向下兼容 CD-ROM 光驱的功能。

（3）DVD－RW（刻录机）

刻录机既能读取光盘上的信息，又能将信息写入光盘。

DVD－RW 既能读写 DVD 光盘，又向下兼容，能够读写 CD。

2．数据传输速率

数据传输速率是光驱最主要的性能指标。它是指光驱在 1 s 时间内能读取的最大数据量。通常以每秒从光驱向主机传输的字节数来表示。单速光驱的数据传输速率为 150 KB/s。

光驱的速度通常使用在乘号前加"倍速数"来表示。明基 DW1670 刻录机的数据传输速率为"48 ×"表示 48 倍速，即数据传输率为 48 × 150=7 200 KB/s。

3．缓存容量

光驱高速缓存用于临时存放从光盘中读取的数据，然后再将数据发送给计算机系统进行处理。这样可以减少光驱读盘的次数，确保稳定的数据流量，提高了数据传输速率。缓存越大连续读取数据的性能越好。

目前，一般 CD-ROM 的缓存为 128 KB，DVD-ROM 的缓存为 512 KB，刻录机的缓存为 2～4 MB。

10.4.3 刻录机的使用方法

DVD 刻录机不但能够读写 DVD，还能够向下兼容读写 CD。目前，市场上 24 倍速的 DVD 刻录机的价格已降到 150 元以下，这使得 DVD 刻录机在办公领域和家庭普及成为现实。

【任务 10-2】使用刻录机

海西文化传媒公司购置了一台华硕 DRW-24D1ST 刻录机，如图 10-15 所示。现在要求把它安装到台式计算机，然后使用该刻录机将硬盘中重要的文件资料刻录到 DVD，作为数据备份。

图 10-15　华硕 DRW-24D1STL 刻录机

任务分析

华硕 DRW-24D3ST 是 24 速 DVD 刻录机，接口类型为 SATA，可写入 $24 \times DVD \pm R$ 格式，读取 $16 \times DVD \pm R$ 格式。

华硕 DRW-24D3ST 采用 E-Green 技术，不使用时，自动关闭刻录机，耗电可节省 50% 以上。它采用 Disc Encryption II 加密技术，具备密码控制和隐藏双重机制，可保护用户资料的安全；采用 OTS 技术，提高了刻录的成功率；操作简便，只需 3 个步骤即完成光盘刻录。

总之，华硕 DRW-24D3ST 是一款性价比相当高的全兼容格式的 DVD 刻录机，能够满足用户办公和日常刻录的业务需求。

刻录机的使用流程如下：安装刻录机→安装刻录程序→刻录光盘。

任务实现

1. 安装硬件

（1）安装刻录机

① 取下机箱前面用于安装光驱的挡板。

② 小心地放入刻录机，并且慢慢推进，直到光驱的前面板与机箱正面对齐。此时刻录机两侧的固定用螺钉孔应与装置槽的预留孔位相符，以便锁上螺钉，如图 10-16 所示。

③ 初步固定刻录机与主机装置槽的两侧四颗螺钉，先不要拧紧，接着细致调整刻录机的位置，然后再拧紧螺钉。

（2）连接刻录机的线缆

① 从计算机的电源供电器取一条电源线连接到刻录机的电源插座。

② 将刻录机的 IDE 排线插入主机板上的 IDE 插座（建议插入 Secondary IDE 插座）。

说明： 排线以红色涂装的那一侧即为第一脚的位置。

③ 若安装音效卡或者主机板有内建音效功能，就将音源线的一端连接到刻录机的音源插座，另一端则连接到主机板的音效插座或声卡上标记有 CD-In 的插座，如图 10-17 所示。

注意不要插错音频线。音频线接头有一个箭头标示（一般是在白色那根线上），将其与刻录和声卡的音频线接口上标示 "L" 的位置对应。

说明：由于本机只安装一台光驱，所以不必跳线设置模式。

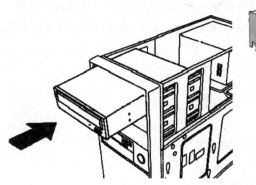

图 10-16　安装刻录机

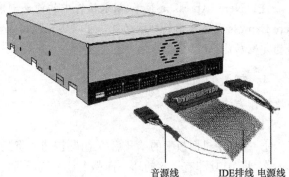

音源线　　IDE排线 电源线

图 10-17　连接刻录机各类线缆

2．熟悉刻录机的面板

要掌握刻录机的使用，必须先熟悉刻录机的面板。华硕 DRW-24D3ST 刻录机的面板如图 10-18 所示。

（1）"开启/关闭"按钮

按下"开启/关闭"按钮即可退出光盘托盘。要关闭光盘托盘只需再按一次"开启/关闭"按钮或者轻轻地推动托盘的前缘，直到它退回到刻录机中。使用"开启/关闭"按钮来放入或退出光盘是标准的动作，如果直接以手推动托盘使之收回刻录机，会导致托盘老化后易脱轨的后果。

光盘托盘 紧急退片孔　读写指示灯 开启/关闭按钮

图 10-18　刻录机的面板

（2）光盘托盘

光盘托盘用来放置欲读取或写入的光盘。按下"开启/关闭"按钮，让光盘托盘弹出，然后将 DVD 或 CD 光盘放入托盘中。注意有标签的那一面朝上，再按"开启/关闭"按钮，让托盘收回。

（3）读写指示灯

当这个指示灯亮绿灯时，表示正在读取或写入光盘中的数据。

（4）紧急退片孔

有时会遇到按下"开启/关闭"按钮或通过计算机窗口操作都不能使光盘托盘弹出的情况，此时用户可以用约 5 cm 长的针状物（如拉直的回纹针等），从刻录机面板上的紧急退片孔中伸入，稍加施力迫使刻录机中的齿轮装置动作，而使托盘退出刻录机。取出光盘后再轻轻地将托盘推回刻录机中。

此举只用于托盘不能正常退出的情况，正常情况下，不要使用此方法。

3．安装刻录软件

（1）将华硕刻录机自带的 Nero 刻录软件光盘装入刻录机。

（2）打开"计算机"窗口，在光驱的根目录找到 Setupx.exe 文件，然后双击，按照安装向导的提示，完成 Nero 刻录软件的安装。

注：Nero Express 是 Nero 刻录软件中的简易刻录组件，一般以免费的方式授权用户使用。Nero Express 具备基本的刻录功能，可以实现数据光盘、音频光盘、视频光盘的刻录，并具备光盘的复制功能。

4．刻录 DVD 数据光盘

操作方法如下：

（1）装入光盘

① 按刻录机面板上的"开启/关闭"按钮，将托盘推出。

② 将 DVD 印有标签的那一面朝上放入刻录机的托盘中。

③ 按刻录机面板上的"开启/关闭"按钮再将托盘送回。

（2）运行 Nero 刻录软件

① 双击桌面上的 Nero Express 快捷图标，打开 Nero Express 窗口，如图 10-19 所示。

② 在左窗格，选择"数据光盘"；在右窗格，单击"数据 DVD"选项，打开"Nero Express _ 光盘内容"窗口，如图 10-20 所示。

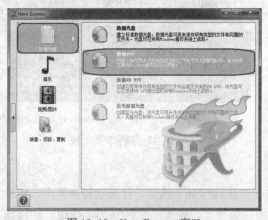

图 10-19　Nero Express 窗口

图 10-20　"Nero Express _ 光盘内容"窗口

③ 单击"添加"按钮，打开"添加文件和文件夹"窗口。选定要刻录的文件夹，如图 10-21 所示。

④ 在"添加文件和文件夹"窗口中，单击"添加"按钮，将所选的文件及文件夹添加到"Nero Express _ 光盘内容"窗口中。用户可以再次单击"添加"按钮，将所选的文件及文件夹添加到"Nero Express _ 光盘内容"窗口中，如图 10-22 所示。然后，关闭"请选择文件及文件夹"窗口。

⑤ 单击"下一步"按钮，打开"Nero Express _ 最终刻录设置"窗口。在"光盘名称"文本框中输入"2013 年照片"；并选中"允许以后添加文件（多区段光盘）"复选框，取消"刻录后检验光盘数据"复选框，如图 10-23 所示。

⑥ 单击"刻录"按钮，打开"Nero Express _ 刻录过程"窗口。刻录软件先将数据读入缓冲区，然后再写入光盘，如图 10-24 所示。

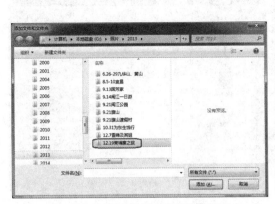

图 10-21 "添加文件和文件夹"窗口

图 10-22 "Nero Express_光盘内容"窗口

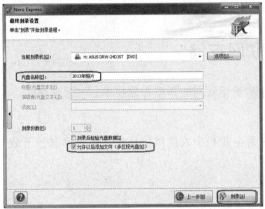

图 10-23 "Nero Express_最终刻录设置"窗口

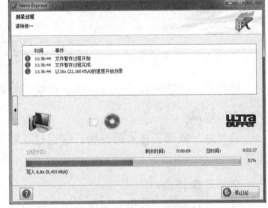

图 10-24 "Nero Express_刻录过程"窗口

⑦ 刻录完毕,弹出刻录机托盘,同时显示 Nero Express 对话框,如图 10-25 所示。

⑧ 单击"确定"按钮,返回"Nero Express_刻录过程"窗口,如图 10-26 所示。

图 10-25 "Nero Express"对话框

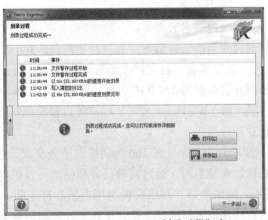

图 10-26 "Nero Express_刻录过程"窗口

⑨ 单击"下一步"按钮,打开"Nero Express_项目选择"窗口,如图 10-27 所示。

⑩ 单击"新建项目"按钮,打开 Nero Express 窗口,如图 10-28 所示。

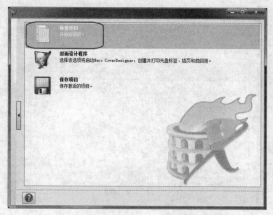
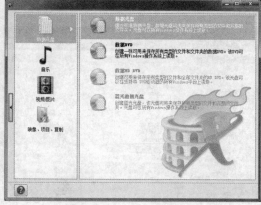

图 10-27 "Nero Express _ 项目选择" 窗口　　　　图 10-28　Nero Express 窗口

用户可以继续进行刻录操作，也可以单击"关闭"按钮，关闭 Nero Express 窗口。

10.5　互联网存储

近些年，互联网技术飞速发展，产生了一种基于互联网的新型存储技术——云盘存储。

1．云盘

云盘是互联网云技术的产物，它通过互联网为企业和个人提供信息的存储、读取、下载等服务。

2．云盘特点

（1）安全保密：密码和手机绑定、空间访问信息随时告知。

（2）超大存储空间：不限单个文件大小，支持 10 TB 独享存储。

（3）好友共享：通过提取码轻松分享。

3．国内外云盘

（1）国内知名云盘

国内知名的云盘服务商有：百度网盘、360 云盘、腾讯微云、金山快盘等。

① 百度网盘：百度网盘是百度推出的一项云存储服务，是百度云的其中一个服务，首次注册即有机会获得 15GB 的空间，目前有 Web 版、Windows 客户端、Android 手机客户端、iPhone 版、iPad 版、WinPhone 版等，用户可以轻松把自己的文件上传到网盘上，并可以跨终端随时随地查看和分享。

② 360 云盘：奇虎 360 公司推出的分享式云存储服务。360 云盘为每个用户提供 18 GB 的免费初始容量空间，通过简单任务和抽奖可以扩容到 36 GB 甚至更多。

③ 腾讯微云：腾讯公司为用户精心打造的一项智能云服务，用户可以通过微云方便地在手机和计算机之间同步文件，推送照片和传输数据。支持文件、照片一键分享到微信，微信支持微云插件发送照片、文件，支持 2G/3G 网络下传送照片。

2013 年 8 月 29 日，腾讯微云宣布推出 10 TB 免费云空间，使得个人云存储从"G 时代"进入"T 时代"。

微云是腾讯公司为用户精心打造的一项智能云服务，可以通过微云方便地在手机和计算机之间同步文件，推送照片和传输数据。

④ 金山快盘：由金山软件研发的免费同步网盘，提供免费的 100 GB 空间，服务用户超过 8 000 万。安装金山快盘的客户端，计算机、手机、平板计算机、网站之间都能够直接跨平台互通互联，彻底抛弃 U 盘、移动硬盘和数据线数，随时随地访问个人的个人文件。

（2）国外知名云盘

目前，国外云存储服务主要包括以下 6 家：

① Google Drive：

免费存空间：5GB。

付费服务：每月支付 2.49 美元可获得 25 GB 存储空间，每月支付 50 美元可升级至 1 000 GB。

② 亚马逊 Cloud Drive：

免费存空间：5GB。

付费服务：每月支付 2 美元可获得 20 GB 存储空间，每月支付 80 美元可升级至 1 000 GB。

③ Box：

免费存空间：5 GB，存储文件限制在 25 MB 以内。

付费服务：每月支付 9.99 美元可获得 25 GB 存储空间，每月支付 19.99 美元可获得 50 GB 存储空间，两项服务都将存储文件限制在 1 GB 以内。

④ Dropbox：

免费存空间：2GB。

付费服务：每月支付 9.99 美元可获得 50 GB 存储空间，每月支付 19.99 美元可获得 100 GB 存储空间。

⑤ 苹果 iCloud：

免费存空间：5GB。

付费服务：每年支付 20 美元可获得 10 GB 存储空间，每年支付 100 美元可获得 50 GB 存储空间。

⑥ 微软 Skydrive：

免费存空间：7GB。

付费服务：每年支付 10 美元可获得 20 GB 存储空间，每年支付 50 美元可获得 100 GB 存储空间。

4．云盘的优缺点

云盘较之传统的实体盘来说，其优点是安全稳定、海量存储、使用方便。目前，云盘存在的最大问题是受到网速的制约，传送大型文件，速度很慢。

课后习题 10

一、选择题

1. 下列不属于移动存设备的是（　　　）。

　　A．U 盘　　　　　B．移动硬盘　　　　C．扫描仪　　　　D．SD 卡

2. 闪存的存储介质（　　　）。

    A. 与磁带相同　　　B. 与硬盘相同　　　C. 是半导体电介质　　　D. 与 CD 光盘相同

3. 下面关于 U 盘的叙述，正确的是（　　　）。

    A. 目前大多数 U 盘是 USB 1.0 接口

    B. U 盘是一种支持热插拔的设备，使用完毕，直接将 U 盘从计算机上拔下

    C. U 盘使用一段时间后，需要整理碎片

    D. Flash 芯片是 U 盘的关键部件

4. 移动硬盘的读写方式（　　　）。

    A. 与刻录机相同　　　　　　　　　　B. 与闪存相同

    C. 采用非接触方式磁感应　　　　　　D. 与 CD‐ROM 光驱相同

5. 下面关于移动硬盘的叙述，正确的是（　　　）。

    A. 移动硬盘可以多建几个分区，以方便存放数据

    B. 移动硬盘的 USB 接口支持热插拔，所以可以随意插拔

    C. 移动硬盘应当经常整理磁盘碎片，这样读写速度才会快

    D. 移动硬盘的供电不足是最常见的故障。应选用一头有两个 USB 接头的连接线，通过两个 USB 接口取电

6. 自己装配一台计算机，光驱最好选用（　　　）。

    A. CD-ROM 光驱　　B. DVD 刻录机　　　C. DVD-ROM 光驱　　　D. CD-RW

7. 下面关于 DVD 刻录机的叙述，错误的是（　　　）。

    A. DVD 刻录机可读写 BD（蓝光光盘）　B. DVD 刻录机可读写 DVD 光盘

    C. DVD 刻录机可读 VCD 光盘　　　　　D. DVD 刻录机可读写 CD 光盘

8. 下面关于云盘的叙述，错误的是（　　　）。

    A. 云盘通过互联网提供信息的存储、读取、下载服务

    B. 云盘较比实体盘存储速度更快，所以云盘将替代实体盘

    C. 国内知名的云盘服务商有：百度网盘、360 云盘、腾讯微云、金山快盘等

    D. 云盘较之实体盘，其优点是使用方便，安全保密

二、应用题

1. 使用移动硬盘移动数据

使用移动硬盘将一台计算机硬盘中的数据复制到另一台计算机中。

2. 组装移动硬盘

找一台废弃计算机，将其硬盘拆卸下来，然后到电子商城购买移动硬盘盒和 Y 型连接线，自己动手组装移动硬盘。

3. 使用刻录机制作数据备份光盘

要求如下：

（1）安装 DVD 刻录机。

（2）安装 Nero 刻录软件。

（3）将本机硬盘中的一些文件主文件夹刻录到光盘，制作成数据备份光盘。

第11章 办公复印设备

复印就是制作与原稿相同的副本。复印技术按工作原理可分为光化学复印、热敏复印和静电复印三类。

静电复印是应用最广泛的复印技术，它是使用硒作为光敏材料，在暗处充上电荷，接受原稿图像曝光，形成静电潜像，然后经显影、转印和定影等过程而形成复印件。

11.1 复 印 机

复印机就是按照书写、绘制或印刷的原稿制作等大、放大或缩小的复印品的设备。复印机复印的速度快，操作简便，与传统的铅字印刷、蜡纸油印、胶印等的主要区别是无须经过制版等中间环节，而能直接从原稿获得复印品。复印份数不多时较为经济。

静电复印机是办公系统应用最广泛的设备，本节介绍静电复印机的诞生和分类。

11.1.1 复印机的诞生

说到静电复印技术，不得不介绍静电复印技术的创始人——切斯特·卡尔森（Chester Carlson）。1906 年，切斯特·卡尔森诞生于美国西雅图，在艰苦的条件下坚持学习，并获得加州技术学院的物理学位。

卡尔森在公司的专利部工作，长年累月就是按照手稿打字，或将图纸送去照相制版。堆积如山的文件资料令卡尔森疲惫不堪。他立志要发明一种办公设备，只要按下按钮，就可以方便地把文稿复制下来。

他一边工作，一边以巨大的热情投入复印技术的研究。1938 年 10 月，卡尔森用棉布在暗室中摩擦一块涂有硫黄的锌板，使之带电，然后在上面覆盖以带有图像的透明原稿，曝光之后撒上石松粉末，即显示出原稿图像。1939 年 4 月，卡尔森制造了一台静电复印机模型，并申请了专利。他试图将这发明变成产品，前后奔波了 8 年，无人问津。后来得到哈洛伊德公司（即现在的施乐公司）的支持，1959 年 9 月第一台 914 型静电复印机诞生。虽然 914 复印机近 300 kg 重，高 120 cm，但它操作方便，15 s 就可以输出一份复印件。第一台性能较完善的、具有实用意义的静电复印机诞生了。

11.1.2 复印机的分类

1959 年，第一台性能较完善的 914 型复印机诞生之后，复印机的研究和生产发展很快，不同厂家各种型号的复印机如雨后春笋般地涌现出来。下面介绍静电复印机的分类。

（1）按工作原理分类

按工作原理复印机可分为模拟复印机和数字复印机。二者的主要区别在于扫描系统。

① 模拟复印机是将扫描原稿所得到的光学图像通过光学系统直接投射到已被充电的感光鼓上而产生静电潜像，然后经过显影、转印、定影等步骤，完成复印过程。目前，模拟复印机已经被淘汰。

② 数字复印机就是一台扫描仪和一台激光打印机的组合体，首先通过对原稿曝光、扫描产生光模拟信号，通过 CCD（电荷耦合器件）传感器将光模拟信号转换成数字光信号输入到激光调制器，调制后的激光束对充电的感光鼓进行扫描。在感光鼓上产生由点组成的静电潜像，再经过显影、转印、定影等步骤来完成复印过程。

数字复印机与模拟复印机的主要区别在于扫描系统的光信号不同，前者用数字光信号扫描，后者用模拟光信号扫描。

由于数字复印机采用了数字图像处理技术，可以进行图文编辑，大大提高了复印的能力和质量，并实现了一次扫描、多次复印，且能够进行电子分页。

市场上没有单一功能的"数字复印机"，而是兼有复印、打印、扫描、传真多功能的"数码复合机"。

（2）按用途分类

按用途复印机可分为家用型复印机、办公型复印机、便携式复印机和工程复印机。

① 家用型复印机价格较为低廉，一般兼有扫描仪，打印机的功能，打印方式主要以喷墨打印为主。

② 办公型复印机就是人们最常见的复印机，基本上是以 A3 幅面的产品为主。其主要用途就是在日常的办公中复印各类文稿。目前，基本上都是数字型产品，模拟型产品已淘汰。

③ 便携式复印机的特点是体形小巧、重量较轻，复印件的最大幅面一般只有 A4。目前，基本上都是数字型产品，具有"复印/打印/扫描"3 项功能。

④ 工程复印机最大的特点就是幅面大，一般可以达到 A0 幅面，用以复印建筑设计、机械设计、船舶设计、勘测设计等工程图纸。模拟工程复印机已经淘汰，目前，工程复印机都是数字型的，其原理和办公型数码复合机一样。

11.2 数码复合机

随着科技进步，目前传统模拟复印机已经淘汰，代之的是数码复合机。

数码复合机是以复印功能为基础，增加打印、扫描、传真功能；采用数码原理，以激光打印的方式输出文稿，可以根据需要对图像、文字进行编辑操作，并可以将数据保存下来；拥有大容量纸盘，高内存、大硬盘、强大的网络支持和多任务并行处理能力，能够满足用户的大任务量需要。数码复合机是一种大型综合办公设备。

11.2.1 数码复合机的功能

目前，市场上数码复合机绝大多数兼备复印、打印、扫描、传真多项功能的多功能数码复合机。

1．复印功能

复印是数码复合机的核心功能，其复印功能远超传统的复印机。不但复印的内容可以存储，且衍生出多种特色的复印功功能。例如，缩放复印、海报复印、名片复印、组合复印等功能。

2．打印功能

打印是数码复合机的一种扩展功能，数码复合机完全可以作为打印机使用，不但在打印速度、打印质量、纸张处理能力、打印功能方面可与普通打印机媲美，而且在打印负荷和单页打印成本方面优于普通打印机。

3．扫描功能

扫描也是数码复合机的一种扩展功能，相较于普通扫描仪，数码复合机的扫描功能侧重于文档扫描，不过分追求扫描的分辨率和色彩深度，完全能够满足对文档的文字和图片扫描的要求。数码复合机的扫描速度、批量扫描能力、双面扫描功能是普通扫描仪所无法企及。

文档电子化是数码复合机扫描功能的进一步拓展，利用数码复合机的扫描功能可以快速将各类文档电子化。电子化后的文档可以保存在计算机中，分类、检索和传输都非常方便。

4．网络功能

数码复合机可以接入网络，与信息系统和办公系统融合，成为企事业信息化系统的重要组成部分。

5．传真功能

数码复合机含有普通传真、网络传真功能。

此外，数码复合机配备有大尺寸液晶显示屏，触摸输入方式，大大加强了人机交互能力。数码复合机配置有硬盘，具有强大的存储能力。数码复合机兼备文档分拣、装订功能。它是一台功能完备的文档处理设备。

11.2.2 数码复合机的分类

1．按功能分类

按功能可分为：数码复印机（仅复印）、多功能数码复合机（复印、打印、扫描、传真、网络等）。

2．按复印件颜色分类

按复印件颜色可分为：黑白数码复合机、彩色数码复合机。

3．按出纸速度分类

按出纸速度可分为：低速机、中速机、高速机。

11.2.3 数码复合机的优点

由于数码复合机采用了数字图像处理技术，使其可以进行复杂的图文编辑，大大提高了复印机的制作能力和复印质量，降低了使用中的故障率。其主要优点在于：

1．一次扫描，多次复印

数码复合机只需对原稿进行一次扫描，便可多次（达 999 次）复印。由于减少了扫描次数，从而减少了扫描器的磨损。

2．复印质量高

数码复合机具有"文稿、图片/文稿、图片、复印稿、低密度稿、浅色稿"六项模式的复印功能，256 级灰色浓度，400 dpi 的分辨率，能够保证复印件质量清晰。

3．电子分页

一次复印，分页可达 999 份。

4．环保节能

数码复合机产生的废粉少、废纸少、低臭氧；具备自动关机功能，实现环保节能。

5．图像处理功能强

数码复合机在复印图像时，能够自动缩放、单向缩放、自动启动、双面复印、组合复印、重叠复印、图像旋转、黑白反转、25%～400%缩放倍率。

6．传真功能强大

数码复合机具有 A3 幅面 3 秒高速激光传真机的功能，可以直接传送书本、杂志、钉装文件，甚至可以直接传送三维稿件。

7．打印功能强大

数码复合机与计算机连接，成为高速激光打印机，打印速度达到 20 张/分～45 张/分，打印精度达 1 200 dpi，并能够以 A3 幅面双面打印。

11.2.4　数码复合机的原理

数码复合机的原理如图 11-1 所示。

首先，光学系统对原稿进行扫描，所产生的光学模拟图像信号经过透镜聚集后照在光电转换器件 CCD（电荷耦合器件）上，由 CCD 将光信号转变为电信号；然后经过数字图像处理电路对图像信号进行处理，接着将经过处理的图像信号输入到激光调制器，使用被图像信号调制的激光束对预先充电后表面均匀带电的感光体进行扫描曝光，在感光体上形成静电潜像，再经过显影、转印、定影等过程，最后获得原稿的复制品。

从图 11-1 可以看出，数码复合机的光学图像信号在输入到印刷机构前要经过两次转换，即光信号变为电信号，电信号又恢复为光（激光）信号。而模拟式复印机的光图像信号是由光学系统直接投射到感光体上的。

由于数码复合机与模拟复印机的成像原理不同，所以在结构上有很大区别。

数码复合机分离的两部分，上部相当于一台图像扫描仪，下部相当于一台激光打印机，两者之间通过电信号来连接。而模拟复印机的扫描机构和印刷机构是一个整体。

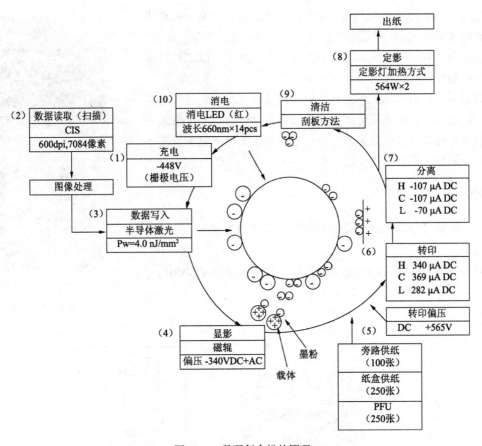

图 11-1　数码复合机的原理

11.2.5　数码复合机的使用

全球品牌数码复合机多数是日本厂商。其中著名的品牌有：富士施乐、理光（RICOH）、佳能（Canon）、东芝（TEC）、夏普（SHARP）、京瓷（KYOCERA）和惠普（HP）。

【任务 11-1】使用数码复合机

海西文印店购置一台型号为 TOSHIBA e-STUDIO 305 的数码复合机，如图 11-2 所示，用于日常复印、打印、扫描和传真业务。

 任务分析

东芝 e-STUDIO305 是一款黑白数码复合机，内存容量为 1GB，硬盘容量为 60GB，接口类型为 10/100BaseT, USB 2.0；标准纸张容量：1200 页；最大纸张容量：3200 页。东芝 e-STUDIO305 采用间接静电照相法；支持封面插入，内页插入，一次扫描多次复印，电子分页，X-Y 缩放，注释，页码复印，杂志分页，交错分页，文档存储，多合一。

总之，东芝 e-STUDIO305 是一款功能涵盖打印、复印、扫描的黑白数码复合机，价格适中，性能稳定，能够胜任文印店的业务需求。

东芝 e-STUDIO305 数码复合机是一种大型办公设备,机器的安装和调试都较复杂,商家会派遣专业人员上门安装调试。此时,用户借机熟悉数码复合机的结构和使用方法,对于不懂之处要多问,最好做简要的书面记录。

数码复合机的操作流程为:认识数码复合机的结构→接通数码复合机电源→显示触摸屏复印功能基本菜单→放置复印纸张→在触摸屏上选择纸盒中放置的纸张尺寸和纸质类型→放置原稿→输入复印份数→停止复印。

图 11-2   TOSHIBA e-STUDIO
305 数码复合机

 任 务 实 现

1. 认识 TOSHIBA e-STUDIO 305 数码复合机

(1)前/右侧

TOSHIBA e-STUDIO 305 数码复合机的前/右侧如图 11-3 所示。

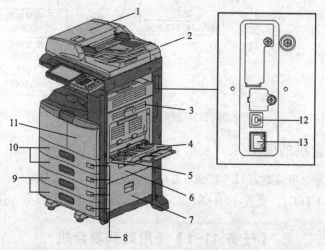

图 11-3   TOSHIBA e-STUDIO 305 数码复合机的前/右侧

图中数字指示项的含义如下:

1——自动双面输稿器(选购件,MR-3021/1718-3022):逐页扫描放置好的原稿,可扫描原稿双面,一次最多可放置 100 页。

2——操作手册盒(背面,选购件,KK-1660):用于放置手册。

3——自动双面器:用来实现双面打印。发生卡纸时,请打开。

4——旁路供纸托盘:用来在 OHP 胶片等特殊介质类型上打印。

5——纸张定位杆:用于设置旁路供纸托盘上放置的纸张。

6——供纸盖板:当清除纸盒供纸区域误送的纸张时,打开此盖板。

7——供纸盖板(选购件):当清除供纸工作台(选购件)或大容量供纸器(选购件)误送的纸张时,打开此盖板。

办公自动化任务驱动教程

8——纸张尺寸标签。

9——供纸工作台：（选购件，1(0-1025)和附加纸盒模块（选购件，MY1033）和大容量供纸器（选购件，KD-1026)。

10——纸盒：一次最多可放置550页的普通纸。

11——前盖板：当更换墨粉盒等时，打开此盖板。

12——USB终端（4插脚）：当使用商用USB线缆连接设备和PC时，使用此终端。

13——网络接口：当连接设备到网络时，使用此接口。

（2）左/内侧

TOSHIBA e-STUDIO 305数码复合机的左/内侧如图11-4所示。

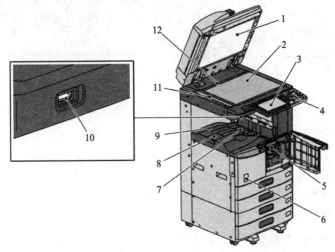

图11-4 TOSHIBA e-STUDIO 305数码复合机的左/内侧

图中数字指示项的含义如下：

1——稿台白板。

2——原稿玻璃：用来复印三维原稿、书本型原稿和特殊纸张，例如，投影透明纸、描图纸、及普通纸。

3——触摸屏：用来设置和操作各种不同类型的功能，例如，复印和传真。

4——控制面板：用来设置和操作各种不同类型的功能，例如，复印和传真。

5——墨粉盒。

6——主电源开关：用来打开或关闭设备的电源。

7——出纸支撑托盘：该托盘将打印输出的纸张对齐。

8——出纸限位块：用来防止输出纸张散落。

9——出纸托盘：打印的纸张输出到该托盘上。

10——USB端口：用来打印USB设备中存储的文件或将扫描数据存储到USB设备中。

11——扫描区域：在此扫描从自动双面输稿器（选购件，MR-3021）输送的原稿数据。

12——原稿标尺：用来检测放置在原稿玻璃上的原稿尺寸。

（3）控制面板

TOSHIBA e-STUDIO 305数码复合机的控制面板如图11-5所示。

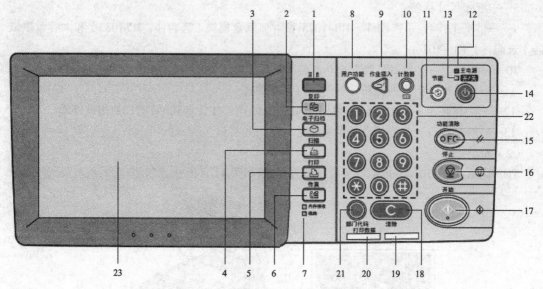

图 11-5　TOSHIBA e-STUDIO 305 数码复合机的控制面板

图中数字指示项的含义如下：

1——"菜单"键：按下此键，显示经常使用的模板。

2——"复印"键：按下此键，使用复印功能。

3——"电子归档"键：按下此键，使用扫描功能。

4——"扫描"键：按下此键，使用扫描功能。

5——"打印"键：按下此键，使用设备的打印功能，例如，私密打印。

6——"传真"键：按下此键，使用传真/互联网传真功能。

7——内存接收/线路灯：这些灯显示传真数据接收和传真通信的状态。即使这些灯亮起，也可操作设备。

8——"用户功能"键：按下此键，设置纸盒内的纸张尺寸、介质类型，注册复印、扫描和传真设置，包括默认设置更改。

9——"作业插入"键：按下此键，中断当前的（打印）作业并开始新的（复印）作业。可以再次按下此键恢复中断的作业。

10——"计数器"键：按下此键，显示计数器。

11——"节能"键：按下此键，设备进入节能模式。

12——主电源灯：当打开设备的主电源开关时，此灯亮起。

13——"开/关"灯：当设备的电源为开时，此灯亮起。

14——"电源"键：使用此键关机。

15——"功能清除"键：按下此键后，所有选中的功能都被清除并返回默认设置。如果在控制面板上更改了默认设置，并执行了复印、扫描或传真等类似操作，此键会闪烁。

16——"停止"键：按下此键，停止正在进行的扫描和复印操作。

17——"开始"键：按下此键，开始复印、扫描和传真操作。

18——"清除"键：使用此键，更正键入的数字，例如，复印份数。

19——"警告"灯：当出现错误并需要对设备采取某些措施时，此灯亮起。

20——"打印数据"灯：接收打印等数据时，此灯亮起。

21——"部门代码"键：使用此键设置部门代码或用户信息。

22——数字键：使用这些键，输入复印份数、电话号码或密码等数字。

23——触摸屏：可在触摸屏上对复印、扫描和传真功能进行各种设置。它也显示设备状态，例如，加纸或卡纸。

2．打开与关闭电源

（1）开机

① 如果主电源灯没有亮起，则打开主电源开关盖板，使用主电源开关来打开电源，如图 11-6 所示。

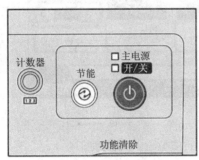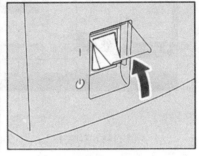

图 11-6　打开主电源开关

② 如果主电源灯亮起，则按"电源"键直到"开/关"灯亮起，如图 11-7 所示。

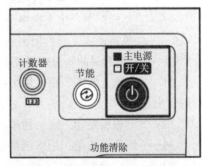

此时，设备开始预热。在预热过程中，触摸屏显示"等待预热"。大约 20 s，触摸屏显示"就绪"。

（2）关闭电源（关机）

关闭设备电源时，先检查以下三点：

① 打印作业列表中没有遗留任何作业。

② 打印数据、内存接收和线路灯均未闪烁。如果在上述任何灯闪烁的情况下关闭设备，正在进行的作业（如：传真接收）将中止。

图 11-7　"电源"键与【开/关】灯

③ 网络中没有计算机访问设备。

关机与开机的顺序相反。

先按控制面板上的"电源"键，并确认"开/关"灯未亮起，然后使用主电源开关来关闭电源。

3．复印功能基本菜单

打开电源几秒后，触摸屏上显示复印功能基本菜单，如图 11-8 所示。

图中数字指示项的含义如下：

1——信息指示区域：此处以信息形式概述多功能数码复印机的功能或当前状态。

2——设备状态指示区域：此处显示各纸盒中的纸张尺寸、类型及剩余纸量。

3——索引标签（基本、编辑、图像）：用来切换"基本""编辑"和"图像"菜单。

4——警告信息指示区域：此处显示警告信息，例如，墨粉盒的更换时间。

5——"自动选纸"键：用来切换至自动选纸模式。

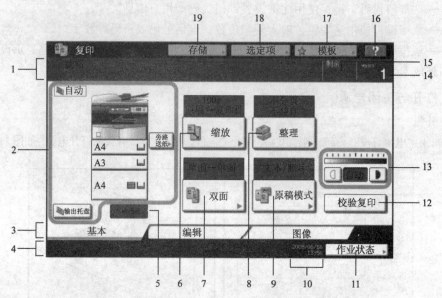

图 11-8　TOSHIBA e-STUDIO 305 数码复合机的触摸屏

6——"缩放"键：用来更改图像的缩放倍率。

7——"双面"键：用来选择单面/双面复印（例如：单面→双面，双面→双面）。

8——"整理"键：用来选择分页模式。

9——"原稿模式"键：用来选择原稿模式。

10——日期和时间：显示日期和时间。

11——"作业状态"键：用来确认复印、传真、扫描或打印作业的处理状态，也可查看它们的历史记录。

12——"校验复印"键：用来在进行大量复印前，制作一份样稿来检查图像。

13——浓度调整键：用来调整图像的浓度。

14——复印份数。

15——剩余复印份数。

16——"帮助"键：用来在触摸屏上查看各功能或键的说明。

17——"模板"键：用来使用模板功能。

18——"选定项"键：用来检查当前设置的功能。

19——"存储"键：用来使用存储功能。

4．放置复印纸张

（1）在纸盒中放置复印纸张的操作步骤

① 拉出纸盒并放入纸张。

② 按箭头方向推动末端导板的下部，移动它到纸张的边缘。

③ 按住前端导板的绿色杠杆，调整两侧的导板到适合的纸张尺寸位置。

④ 将纸盒推入设备直到停止，如图 11-9 所示。

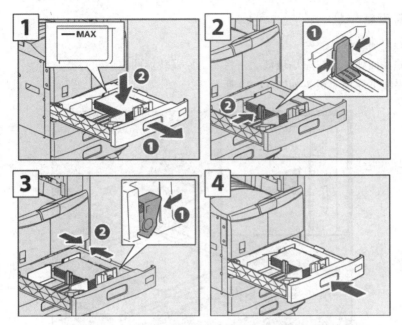

图 11-9 放置复印纸张

（2）确认纸张尺寸和纸质类型

在纸盒中放置纸张之后，触摸屏弹出"确认纸张尺寸和纸质类型"对话框，如图 11-10 所示。

如果纸质类型或纸张尺寸不同于纸盒内的纸质类型或纸张尺寸，则按触摸屏上的"是"键；相同时，按"否"键。

5. 在触摸屏上选择纸盒中放置的纸张尺寸和纸质类型

（1）选择纸张尺寸。

（2）根据需要，选择纸质类型。

（3）按"确定"键，如图 11-11 所示。

图 11-10 确认纸张尺寸和纸质类型

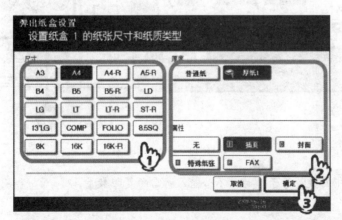

图 11-11 在触摸屏上选择纸盒中放置的纸张尺寸和纸质类型

6. 放置原稿

（1）抬起原稿盖板。

（2）将原稿面朝下放在原稿玻璃上，将其与原稿玻璃的左后角对齐。

（3）慢慢放下原稿盖板，如图 11-12 所示。

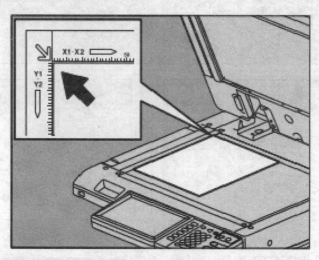

图 11-12　放置原稿

7. 输入复印份数

使用控制面板中的数字键（见图 11-13 中的❶），输入所需的复印份数，然后按"开始"键（见图 11-13 中的❷）。

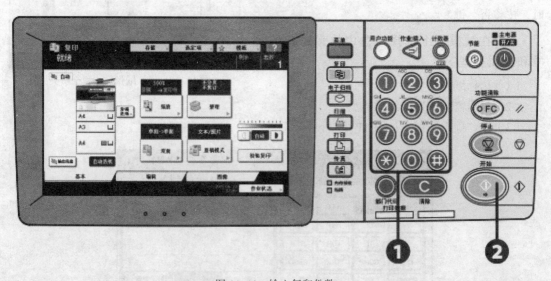

图 11-13　输入复印份数

注意：当复印的数量等于 1 时，不必输入所需的复印数量。

8. 停止复印

（1）按控制面板上的"停止"键（见图 11-14），则停止复印。

（2）按控制面板上的"功能清除"键，已扫描的数据将被删除，如图 11-15 所示。

图 11-14　控制面板上的"停止"键

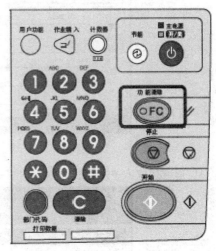

图 11-15　控制面板上的"功能清除"键

 拓 展 知 识

数码复合机不但具有复印功能，还具有扫描、传真、打印多项功能。

1. 发送传真

（1）放置原稿。按照图 11-16 所示的正确方向将原稿放在原稿玻璃上。

（2）按控制面板上的"传真"键（见图 11-17），显示传真屏幕。

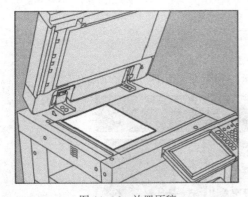

图 11-16　放置原稿

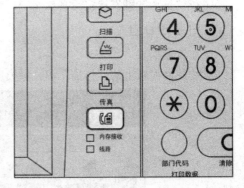

图 11-17　控制面板

（3）如图 11-18 所示，按触摸屏中的"选项"键，显示传送条件设置屏幕。然后，按要求设置分辨率、原稿模式、曝光和传送模式等传送条件。

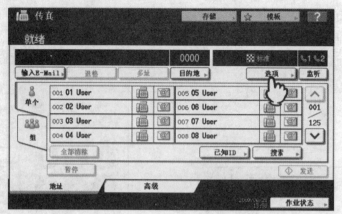

图 11-18　触摸屏中的【选项】键

（4）指定接收人：用控制面板上的数字键拨号或者使用地址簿（见图 11-19）指定接收人。

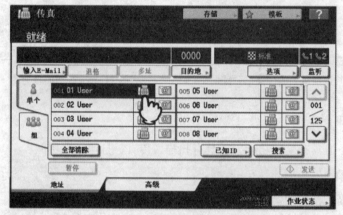

图 11-19　触摸屏中的地址簿

（5）按"发送"键发送留传真。

2. 扫描到 U 盘

（1）放置原稿。

（2）按控制面板上的"扫描"键，触摸屏显示扫描菜单，如图 11-20 所示。

图 11-20　触摸屏中的扫描选择菜单

（3）将 U 盘插到数码复合机上（见图 11-21），并稍候几秒。

（4）当触摸屏上显示"发现 USB 设备"时，按"本地 MFP"键来取消该键的选择，然后按"USB 存储器"键，使该键高亮显示，如图 11-22 所示。

（5）根据需要，定义新文件的设置。

① 按"文件名"键，更改文件名。

② 选择文件格式或多页/单页设置的选项。

③ 最后，按"确定"键，如图 11-23 所示。

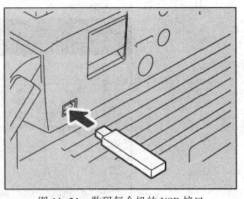

图 11-21 数码复合机的 USB 接口

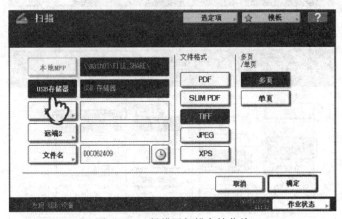

图 11-22 触摸屏扫描存储菜单

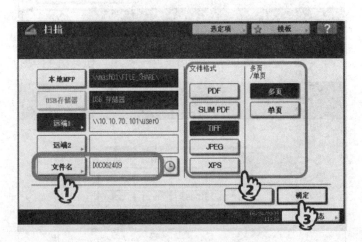

图 11-23 触摸屏定义扫描文件菜单

（6）按"扫描"键（见图 11-24），则开始扫描。

（7）按"通用设置"键，触摸屏显示"扫描通用设置"菜单。在"彩色模式"选项组中，选择"彩色"；在"分辨率"选项组中选择"200"；在"原稿模式"选项组中选择"文本"；在"单面/双面扫描"选项组中选择"单面"；如见图 11-25 所示。

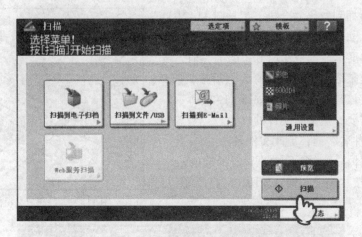

图 11-24　触摸屏扫描到菜单

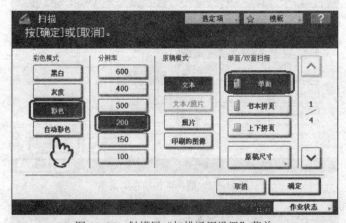

图 11-25　触摸屏"扫描通用设置"菜单

（8）按"原稿尺寸"键，触摸屏显示"原稿尺寸"菜单，如见图 11-26 所示。

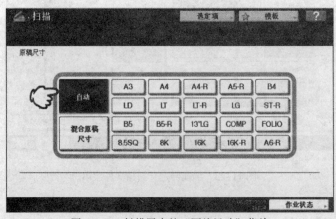

图 11-26　触摸屏中的"原稿尺寸"菜单

（9）按"自动"键，返回触摸屏"扫描通用设置"菜单；按"确定"键，开始扫描。

3．数码复合机日常保养

（1）放置环境

数码复合机应安装在干净、通风、干燥的室内，保持水平状态，离墙至少 10 cm。

（2）日常清洁

将毛巾浸入清水拧干后擦拭数码复合机，切不可使用有机溶剂擦拭数码复合机。

（3）纸张防潮

保持纸张干燥。可在复印机纸盒内放置一包干燥剂，以保持纸张的干燥。

（4）预热烘干

每天早晨上班后，打开数码复合机预热，以烘干机内潮气。

11.3 速 印 机

一体化速印机简称为速印机或高速数码印刷机，是集制版、印刷为一体的油印设备。

速印机利用油印机的工作原理，从根本上革新了油印机的蜡纸刻制工艺。它能够像复印机那样扫描原稿，将得到的模拟光信号转换成数字信号，并调制到激光束上，激光扫描滚筒上的热敏蜡纸制成印版，然后利用印版进行印刷。

速印机不仅继承了油印机大批量印刷、经济实惠的优点，而且它具有高速度、缩放印刷、拼接印刷和自动分纸控制等多种功能，大多数的机型还可以支持计算机打印直接输出的功能。

11.3.1 速印机的基本知识

由于速印机具有印刷快速和经济等特点，在办公系统中得到广泛应用。下面介绍速印机与复印机的区别、速印机应用领域及其优点。

1．速印机与数码复合机的区别

速印机与数码复合机的外形非常相似，在功能上它们也有许多相似之处，制板时也是将原稿放在玻璃稿台上。但是，速印机的工作原理和数码复合机有着本质差别。速印机在印刷的过程，首先需要制版，然后使用印版进行印刷，印刷后的印版就报废了，无法反复使用。

数码复合机的光学系统对原稿进行扫描，所产生的光学模拟图像信号经过透镜聚集后照在光电转换器件 CCD，由 CCD 将光信号转变为电信号；接着将经过处理的图像信号输入到激光调制器，被图像信号调制的激光束对预先充电后表面均匀带电的感光体进行扫描曝光，在感光体上形成静电潜像，再经过显影、转印、定影等过程。数码复合机得到原稿复制品的可编辑和保存的数字文件。

正因为原理上的不同，对于一份多页的原稿，速印机只可以逐页复印，而数码复合机既可以逐页复印，又可以逐份复印。

2．速印机的应用领域

速印机是油印机和复印机的综合产品。其操作步骤类似于复印机，而使用费用接近油印机。速印机印刷需要制版，一张蜡纸的成本大约 1 元多，它适用一次性印刷量在数百张到数千张的范围。如果仅复印几张或几十张，则使用复印机更便宜且方便。如果需要大规模的印刷，如上万张的印刷或者出版书籍，则应使用专业的印刷机。

因此，速印机比较适合政府机关、事业单位，金融保险机构、大中型企业单位的办公室印发大批量的文件、通知和表格等。

速印机特别适合学校印刷试卷、复习资料和讲义的要求，其特点是批量大，成本低，时间性强。

3. 一体化速印机的优点

（1）印刷质量高

一体机的工作原理与传统油印机相似，均是通过油墨穿过蜡纸上的细微小孔将图像印于纸上。速印机所用的热敏蜡纸是由一层非常薄的聚酯胶片，热敏头在每英寸长度内可熔穿几百个点（小孔），具有 300～600 dpi 的高分辨率，能够印出非常精细的高质量印刷品。

（2）印刷速度快

速印机一旦制版完成（制版时间大约 20 s），就可用速干油墨，连续印刷几千份纸张。印刷速度在每分钟 100 张以上。

（3）功耗低

速印机在等待状态下不需要保持测试或预热，在印刷状态下最大功率消耗仅为 220 W，而一般的中型复印机的功率高达 1 500 W。

（4）幅面范围广

对于一般的机型，原稿的幅面可以为最大的 A3（297 mm × 420 mm）到最小的名片（50 mm × 90 mm）。

输出纸张尺寸可以为最大的 A3（297 mm × 420 mm）到最小 B5（90 mm × 140 mm），还提供多级的缩放比例，供用户自主选择。

（5）可与计算机连接

一体化速印机不仅可以进行原稿扫描制版印刷，目前，多数型号的速印机还内置了计算机打印接口，就像一台超高速、大幅面、高精度的打印机，可以直接印刷计算机编辑的图文资料。

11.3.2 速印机的工作原理

速印机一般可分为原稿扫描、制版、进纸、印刷、出纸、控制电路和操作面板 7 个功能部分，其基本组成和工作流程如图 11-27 所示。

各部分的作用如下：

（1）原稿扫描：需要印刷的原稿的图像经过扫描、光电转换和模数转换，得到数字化的图像信号。

（2）制版：扫描得到的数字化的图像信号经电热敏头在版纸上产生与原稿一致的图像，并自动地将版纸装在印刷滚筒上。

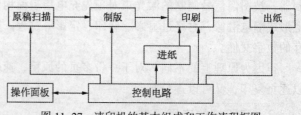

图 11-27　速印机的基本组成和工作流程框图

（3）进纸：通过搓动进纸机构，将印刷用纸一张一张地送入印刷机构。

（4）印刷：将滚筒版纸上的图像转印到进纸机构送进来的纸上。

（5）出纸：将印刷好的印刷件一张一张地送出到出纸台上。

（6）控制电路：接收控制面板输入的各种操作命令和其他各功能部件的反馈信息，控制整个系统，使之自动协调地工作。

（7）操作面板：接收用户输入的各种操作命令，并显示所输入的命令和机器工作的状态信息。

11.3.3　速印机的使用方法

目前，市场上品牌速印机有：理想、理光、佳文、基士得耶、得宝等，多数是日本厂商。如果是单位使用，建议选购理想、理光或佳文一体化速印机。如果是私人使用，可考虑日本二手速印机（性能好，价格低）。

【任务 11-2】使用一体化速印机

海西大学附属中学购置一台理光 DX3443C 一体化速印机（见图 11-28），用于日常教务工作中印刷试卷、复习资料和讲义等。

图 11-28　理光 DX3443C 一体化速印机

理光 DX3443C 是一款性价比较高的一体化速印机，可用单页或书本原稿进行复印，原稿最大尺寸 297 mm × 432 mm(A3)，最小尺寸 105 mm × 128 mm；采用数码式制版，制版分辨率为 300 dpi × 300 dpi，扫描分辨率为 600 dpi × 300 dpi；印刷面积为 250 dpi × 355 mm；印刷速度分为 3 级，分别是 80 100 130 张/分钟；能够缩放印刷，缩小比率分别为 71%、82%、87%、93%；放大比率分别为 115%、122%、141%；纸张尺寸最大 275 mm × 395 mm，最小 90 mm × 140 mm A3 进纸模式 297 mm × 420 mm。

理光 DX3443C 一体化速印机能够满足中学日常教务的印刷需求。

一体化速印机操作的流程为：认识一体化速印机的结构→印刷前准备→放置原稿→印刷操作→印刷之后关闭主开关→关上纸盘。

1．认识理光 DX3443C 一体化速印机

（1）前/右侧

理光 DX3443C 速印机前/右侧如图 11-29 所示。

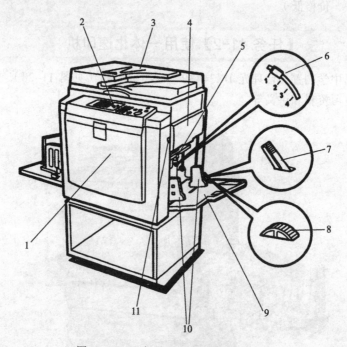

图 11-29　理光 DX3443C 速印机前/右侧

图中数字指示项的含义如下：

1——前盖：打开前盖可进入机器内部。

2——控制面板：操作控制键和指示灯均位于该面板。

3——曝光玻璃盖或自动送稿（选购件）：放下此盖压住曝光玻璃上的原稿。

4——版纸纸盘：装入版纸时开启此纸盘。

5——搓纸辊压力杆：用于根据纸张厚度调整搓纸辊的接触压力。

6——分离压力杆：用于防止夹带。

7——进纸导向板锁定杆：用于锁定或释放进纸导向板。

8——纸盘侧向微调旋钮：用于侧向移动进纸盘。

9——进纸盘：在该纸盘上放置用于印刷的纸张。

10——进纸导向板：用来防止纸张歪斜。

11——进纸盘下降键：按该键用于降低进纸盘。

（2）前/左侧

理光 DX3443C 速印机前/左侧如图 11-30 所示。

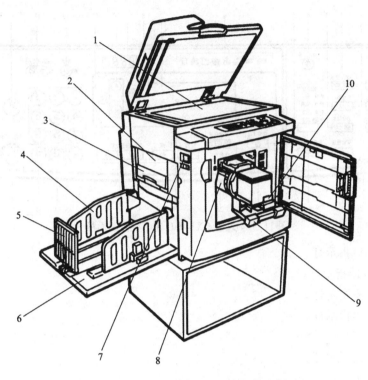

图 11-30　理光 DX3443C 速印机前/左侧

图中数字指示项的含义如下：

1——曝光玻璃：用来放置原稿。

2——版纸卸出单元：打开此单元，可取出卡住的版纸。

3——版纸卸出盒：用过的版纸被存放在这里。

4——纸张输出侧导向板：用来对齐输出纸盘上的印刷件。

5——纸张输出尾部挡板：用来对齐印刷件的前缘。

6——输出纸盘：完成的印刷件被输到这里。

7——主开关：用来接通或断开电源。

8——印筒单元：版纸卷在该单元上。

9——印筒单元锁定杆：抬起该杆可释放并拉出印筒单元。

10——墨盒托架：在该托架上放置墨盒。

（3）控制面板

理光 DX3443C 速印机的控制面板如图 11-31 所示。

图中数字指示项的含义如下：

1——"省墨"键：按该键进入节省模式。

2——"记忆/分班"键：按该键选择记忆或分班模式。

3——"消除边影"键：按下以选择印刷件上的消除页边。

4——"用户工具"键：按此键更改默认设置以适合要求。

5——"版纸制作浓度"键。

6——指示灯：显示错误和设备状态。

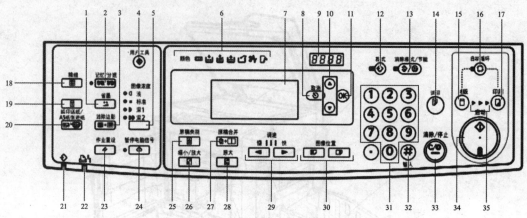

图 11-31　理光 DX3443C 速印机控制面板

⊛：彩色印筒指示灯。

▣：主计数器指示灯。

▣：添加油墨指示灯。

▣：版纸用尽指示灯。

▣：装纸指示灯。

▣：版纸卸出指示灯。

▣：卡纸指示灯。

▣：打开门盖/单元指示灯。

7——面板显示屏：显示设备状态、错误信息和功能菜单。

8——"取消"键：按该键以取消选择或输入项，并返回上一屏。

9——计数器：显示输入的印刷数量。印刷时，显示要印刷的剩余数量。

10——"▲""▼"键：按该键在面板显示屏上选择项目。

11——"OK"键：按该键确认选择或输入项。

12——"程式"键：按该键输入或调用用户程序。

13——"清除模式/节能"键：

● 消除模式：按该键清除先前输入的作业设置。

● 节能：按该键可切换节能模式。

14——"试印"键：按该键进行试印。

15——"制版"模式选择键：按该键选择制版模式。

16——"自动循环"键：按该键通过一步操作就能进行制版和印刷。

17——"印刷"模式选择键：按该键选择印刷模式。

18——"精细"键：按该键选择精细图像。

19——"保密"键：按该键印刷机密文件。

20——"延印送纸/A3 纸张进纸"键：按该键选择延印送纸或 A3 纸张进纸印刷。

21——数据输入指示灯（绿）。

- 开：等待制版和印刷的数据已在设备中。
- 闪烁：正在接收数据，或者在进行制版或印刷。
- 关：制版和印刷已完成。

22——错误指示灯（红）。

- 开：发生错误，制版和印刷停止。
- 关：正常状态。

23——"作业重设"键：按该键取消选购打印机控制器的数据。

24——"暂停电脑信号"键：按该键暂停联机印刷。

25——"原稿类别"键：按该键选择文字、照片、文字/照片、淡色或铅笔模式。

26——"缩小/放大"键：按该键以预设比例缩小或放大图像。

27——"原稿合并"键：按该键可将两份原稿合并到一份印刷件上。

28——"原大"键：按该键进行等倍尺寸印刷。

29——"◀"和"▶"键（调速）：按该键可调整印刷速度。

30——"图像位置"键：按该键可使图像前后移动。

31——数字键：按这些键输入需要印刷的数量或选定模式的数据。

32——"#"键：按该键在选定模式下输入数据。

33——"清除/停止"键：按该键取消已输入的数字或停止印刷。

34——"启动"键：按该键开始制版或印刷。

35——处理指示灯：显示制版到印刷的过程。

2．印刷前准备

（1）装入纸张

① 打开进纸盘，如图 11-32 所示。

② 向前移动进纸导向板锁定杆，并调整侧导向板使之与纸张尺寸匹配，如图 11-33 所示。

图 11-32　打开进纸盘

图 11-33　调整进纸侧导向板

③ 将纸装入进纸盘，如图 11-34 所示。

④ 让进纸导向板与纸张轻轻接触，然后将锁定杆移回原位，如图 11-35 所示。

（2）安装输出纸盘

① 打开输出纸盘，如图 11-36 所示。

② 抬起纸张输出导向板，将宽度调整到纸张尺寸，如图 11-37 所示。

图 11-34　将纸装入进纸盘

图 11-35　将锁定杆移回原位

图 11-36　打开输出纸盘

图 11-37　调整纸张输出导向板

③ 抬起纸张输出尾部挡板，移至与印刷纸尺寸匹配的位置，如图 11-38 所示。

④ 抬起纸张输出尾部挡板，调整到与纸张尺寸匹配的位置，如图 11-39 所示。

图 11-38　移出尾部挡板

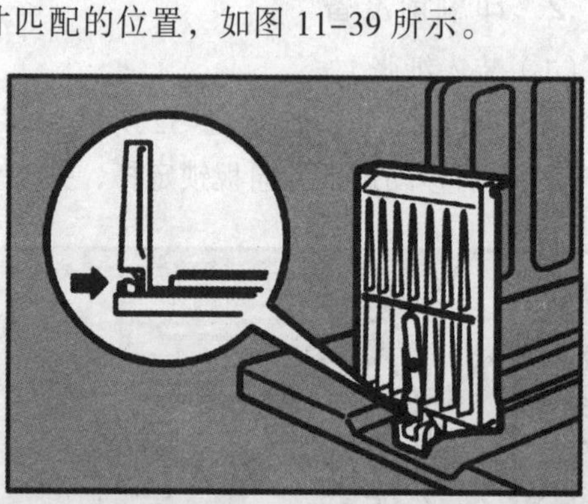

图 11-39　调整尾部挡板

3．放置原稿

（1）将原稿放置在曝光玻璃上

① 抬起曝光玻璃盖，如图 11-40 所示。

② 将原稿正面朝下放在曝光玻璃上，使之与左刻度上标记 1 对齐，如图 11-41 所示。

（2）将原稿放入自动送稿器

① 根据原稿尺寸调整导板。

图 11-40　抬起曝光玻璃盖

办公自动化任务驱动教程

② 将对齐的原稿正面朝上插入自动送稿器（Automatic Direction Finder：ADF）中，如图 11-42 所示。

图 11-41　放置原稿

图 11-42　将原稿放入自动送稿器

4．印刷操作

印刷基本操作步骤如下：

（1）接通主电源后，查看控制面板中设备是否准备就绪。

（2）确认没有残留先前的设置。

如果先前的设置仍存在，则按控制面板中的"清除模式/节能"键，然后输入用户自己的设置。

（3）放置原稿。

（4）确认"制版"模式选择键亮起。

如果不亮，则按控制面板中的"制版"模式选择键。

（5）进行必要的设置。

（6）按控制面板中的"启动"键（见图 11-43），开始制板。

（7）按控制面板中的"试印"键（见图 11-44），在印刷前检查图像。

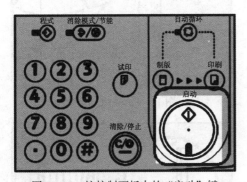

图 11-43　按控制面板中的"启动"键

图 11-44　按控制面板中的"试印"键

（8）确认"印刷"模式选择键亮起，如图 11-45 所示。

（9）使用数字键输入所需的印刷数量，如图 11-46 所示。

印刷数量可设置在 1（最小）～9999（最大）之间。

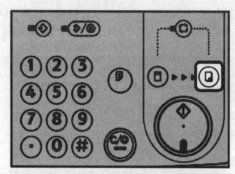

图 11-45 "印刷"模式选择键亮起

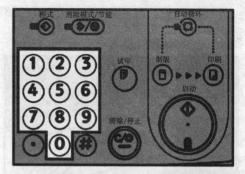

图 11-46 用数字键输入印刷数量

（10）按控制面板中的"启动"键（见图 11-47），开始印刷。

（11）印刷作业完成时，按"清除模式"键，清除先前输入的作业设置。

5．印刷之后

（1）将纸张从进纸盘取出，如图 11-48 所示。

（2）关闭主开关，如图 11-49 所示。

（3）关闭进纸盘，如图 11-50 所示。

（4）移动尾部挡板直到手柄与纸盘末端齐平，如图 11-51 所示。

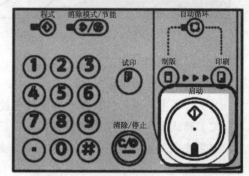

图 11-47 按控制面板中的【启动】键

图 11-48 取出纸张

图 11-49 关闭主开关

图 11-50 关闭进纸盘

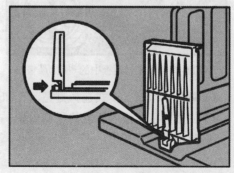

图 11-51 移动尾部挡板

办公自动化任务驱动教程

（5）放下尾部挡板，如图 11-52 所示。

（6）将导向板移至两侧，然后翻下，如图 11-53 所示。

图 11-52　放下尾部挡板

图 11-53　导向板复原

（7）关上纸盘。

 拓 展 知 识

数码复合机不但具有复印功能，还具有扫描、传真、打印等多项功能。

1．自动循环模式印刷

"自动循环"是使用该默认设置，通过一步操作完成制版和印刷。自动循环模式印刷步骤如下：

（1）确认按控制面板中的"自动循环"键亮起，如图 11-54 所示。如果不亮，则按"自动循环"键。

（2）放置原稿。

（3）确认"制版"模式选择键亮起。

（4）进行必要的设置。

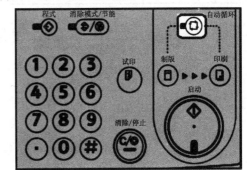

图 11-54　"自动循环"键亮起

（5）使用数字键输入所需的印刷数量（见图 11-46）。

（6）按控制面板中的"启动"键（见图 11-47）开始印刷。

（7）印刷作业完成时，按"清除模式"键，清除先前输入的作业设置。

2．日常维护和保养

（1）清洁维护

机器使用一定时间后，要进行清洁维护。要清洁的部位、时间间隔和清洁工具如表 11-1 所示。

表 11-1　清洁的部位、时间间隔和清洁工

清　洁　部　位	时　间　间　隔	清　洁　工　具
原稿压板盖	任何时间	棉布和水
曝光玻璃	任何时间	棉布和玻璃清洁剂
热敏头	500 张版	热敏头清洁剂
进纸辊	任何时间	棉布、肥皂水（或酒精）
压力辊	任何时间	棉布、肥皂水（或酒精）

（2）加注润滑油

先除去速印机部件上的油墨和纸毛，然后加注润滑油。加注润滑油的部位时间间隔和润滑油类型如表 11-2 所示。

表 11-2 加注的润滑点和润滑油类型

润 滑 点	时 间 间 隔	类 型
滚筒驱动轴轴承	一年	机油
凸轮轴轴承	一年	机油
主电动机轴轴承	一年	机油
变速轴轴承	一年	机油
滚筒驱动轴上的齿轮	一年	黄油
各只凸齿轮	一年	黄油
纸张输送扇形轮	一年	黄油
第二输送扇形轮	一年	黄油
凸轮边缘	一年	黄油
纸版压力板导槽	一年	黄油

课后习题 11

一、选择题

1. 世界上第一台静电复印机诞生于（　　）。

A. 美国　　　　　　B. 英国　　　　　　C. 日本　　　　　　C. 德国

2. 1939 年，切斯特·卡尔森发明了第一台复印机，其原理是（　　）。

A. 气泡喷墨式　　B. 感热式　　　C. 重氮式　　　D. 静电式

3. 数码复合机具有（　　）功能。

A. 复印　　　　　B. 扫描　　　　C. 打印和传真　　D. 以上 4 项

4. 下面关于数码复合机的叙述，错误的是（　　）。

A. 按印件颜色可分为黑白数码复合机和彩色数码复合机

B. 按出纸速度可分为低速、中速和高速数码复合机

C. 复印件不能够缩小或放大

D. 一次扫描，多次复印

5. 下面关于速印机工作原理的叙述，正确的是（　　）。

A. 速印机与复印机工作原理相同

B. 速印机与油印机工作原理相同

C. 速印机与喷墨打印机工作原理相同

D. 速印机是集复印机和油印机功能为一体的设备

6. 下面关于速印机与数码复合机的叙述，正确的是（　　）。

A. 速印机与数码复合机的原理完全相同

B. 速印机比数码复合机复印成本更低，所以适用于大批量复印

C. 速印机只能逐页复印，而数码复合机既可以逐页复印，又可以逐份复印

D. 速印机像数码复合机一样无须制版

二、应用题

1. 使用复印机复印文稿

（1）如果你工作单位有数码复合机，亲自动手复印一份文稿，掌握使用数码复合机复印文稿的操作全过程。

（2）如果你工作单位没有数码复合机，请到复印店，认真观察数码复合机复印文稿的操作全过程。

2. 使用速印机速印材料

如果工作单位有速印机，亲自动手速印一批材料，掌握速印机操作的全过程。

第1章 课后习题1

一、选择题答案

1. B 2. C 3. C 4. B 5. D 6. B 7. C 8. B 9. D
10. C 11. C 12. C 13. B 14. C 15. D 16. C 17. D

第2章 课后习题2

一、选择题答案

1. D 2. C 3. C 4. B 5. B 6. B 7. C 8. C 9. A
10. B 11. D 12. A 13. D 14. D 15. B 16. C 17. A 18. A
19. C 20. C 21. C 22. B 23. B 24. D 25. B 26. C 27. D
28. A 29. B 30. C 31. C 32. D 33. C 34. B 35. B 36. C
37. C 38. A 39. D 40. D 41. C 42. D 43. D 44. B 45. B
46. B 47. C 48. D 49. B 50. C 51. A 52. C

第3章 课后习题3

一、选择题答案

1. B 2. D 4. C 4. D 5. C 6. B 7. A 8. B 9. A
10. D 11. A 12. B 13. D 14. D 15. C 16. B 17. D 18. A
19. D 20. B 21. C 22. B 23. D 24. B 25. A 26. C

第4章 课后习题4

一、选择题答案

1. C 2. B 3. C 4. B 5. D 6. C 7. C 8. C

第 5 章　课后习题 5

一、选择题答案

1. A　2. C　3. D　4. B　5. B　6. C　7. B　8. A　9. C
10. C　11. D　12. C　13. A　14. C　15. C　16. B　17. C　18. A

第 6 章　课后习题 6

一、选择题答案

1.C　2. D　3. C　4. B　5. A　6. D　7. C　8. B　9. A
10. D　11.D　12. C　13. D　14. C

第 7 章　课后习题 7

一、选择题答案

1. B　2. B　3. D　4. B　5. B　6. A　7. B　8. D　9. B
10. A　11. C　12. B　13. A　14. A　15. D　16. B　17. B　18. B
19. C　20. A　21. C　22. C　23. D　24. A　25. B　26. D

第 8 章　课后习题 8

一、选择题答案

1. C　2. D　3. C　4. B　5. A

第 9 章　课后习题 9

一、选择题答案

1. B　2. C　3. B　4. C　5. B　6. A

第 10 章　课后习题 10

一、选择题答案

1. C　2. C　3. D　4. C　5. D　6. B　7. A　8. B

第 11 章　课后习题 11

一、选择题答案

1. A　2. D　3. D　4. C　5. D　6. C

参 考 文 献

[1] 黄培周，江速勇. 办公自动化案例教程[M]. 北京：中国铁道出版社，2008.

[2] 江速勇，陈健，郑爱媛，等. 计算机应用基础[M]. 北京：中国铁道出版社，2012.

[3] 张锡华，詹文英. 办公软件高级应用案例教程[M]. 北京：中国铁道出版社，2012.